高等学校电子信息类专业"十三五"规划教材

常用低压电器与可编程序控制器

(第二版)

刘 涳 编著

U0318574

西安电子科技大学出版社

内 容 简 介

本书是根据高等学校电气工程及自动化类专业课程的教学大纲和电气技术的应用及发展情况编写的。全书分为上、下篇。上篇从工程应用的实际和便于教学的角度出发,主要介绍低压电器的工作原理、常用低压电器、三相异步电动机基本控制环节与基本电路及电器控制线路设计。下篇针对目前应用日益广泛的可编程序控制器,以 OMRON CPM1A 为对象,对可编程序控制器的工作原理、程序编制、程序设计方法、通信系统、设计步骤与抗干扰以及编程工具等进行了较为详细的介绍。上、下篇均附有适量的习题。

本书可作为高等学校电气工程及自动化类专业的教材,也可作为电气工程类技术人员的参考书。

★ 本书配有电子教案,需要者可与出版社联系,免费提供。

图书在版编目(CIP)数据

常用低压电器与可编程序控制器 / 刘淬编著. —2 版.
—西安:西安电子科技大学出版社,2014.3(2016.3 重印)
高等学校电子信息类专业"十三五"规划教材
ISBN 978-7-5606-3326-8

Ⅰ. ① 常… Ⅱ. ① 刘… Ⅲ. ① 低压电器—高等学校—教材 ② 可编程序控制器—高等学校—教材

Ⅳ. ① TM52 ② TM571.6

中国版本图书馆 CIP 数据核字(2014)第 020430 号

策 划 云立实
责任编辑 云立实
出版发行 西安电子科技大学出版社(西安市太白南路 2 号)
电 话 (029)88242885 88201467 邮 编 710071
网 址 www.xduph.com 电子邮箱 xdupfxb001@163.com
经 销 新华书店
印刷单位 陕西华沐印刷科技有限责任公司
版 次 2014 年 3 月第 2 版 2016 年 3 月第 6 次印刷
开 本 787 毫米×1092 毫米 1/16 印张 20.5
字 数 487 千字
印 数 18 001~21 000 册
定 价 36.00 元

ISBN 978-7-5606-3326-8/TM

XDUP 3618002-6

*** 如有印装问题可调换 ***

本社图书封面为激光防伪覆膜,谨防盗版。

前　　言

自本书第一版出版以来，得到了广大师生与读者的厚爱。为了使其更加适应 21 世纪科技进步和教育事业发展的需要，根据近几年的教学体会、教学特点及热心读者的意见和建议，我们重新修订了该书，使其更适合工业自动化、电气技术及相近专业本科生使用，也更符合教学大纲的要求。

本书根据高等学校电气工程及自动化专业的教学大纲，依据当前高等学校教学的实际要求和电气技术的实际应用与发展情况而编写，力求深入浅出、通俗易懂、突出应用，使对计算机不很熟悉的读者也能读懂，便于教学和读者自学。

全书共 11 章，分上、下两篇。上篇为第 1～4 章，主要介绍低压电器的原理、常用低压电器、三相异步电动机基本控制环节与基本电路及电器控制线路设计。下篇为第 5～11 章，主要讲述可编程序控制器的原理、程序编制、程序设计方法、通信系统、设计步骤与抗干扰以及编程工具。上、下篇的末尾均附有适量的习题。

在本书编写过程中，编者参考了有关文献的相关内容，在本书第一版出版时就由西安交通大学虞鹤松教授和长安大学巨永锋教授对本书进行了仔细的审阅，并得到了西安西昱自动化控制工程有限公司田刚民高级工程师及陕西省测绘局马晓萍高级工程师的大力支持和帮助。此次再版时，又得到西安电子科技大学出版社有关同志的鼎力协助。在此，编者对上述个人以及所列主要参考文献的作者一并表示衷心的感谢！

由于编者水平有限，书中难免仍有错误和不妥之处，敬请读者批评指正。

刘 涊

2013 年 11 月

第一版前言

本书是根据高等学校电气工程及自动化专业的教学大纲，充分考虑了当前高等学校教学的实际要求和电气技术的实际应用与发展情况而编写的。

本书深入浅出，通俗易懂，突出应用，力求使对计算机不很熟悉的读者也能读懂，便于教学和读者自学。

全书共 11 章，分上、下两篇。上篇为第 1～4 章，主要介绍低压电器的原理、常用低压电器、三相异步电动机基本控制环节与基本电路及电器控制线路设计。下篇为第 5～11 章，主要讲述可编程序控制器的原理、程序编制、程序设计方法、通信系统、设计步骤与抗干扰以及编程工具。上、下篇的末尾均附有适量的习题。

本书可作为高等院校工业自动化、电气技术及相近专业的教材，也可作为电气工程技术人员的参考书。

西安交通大学虞鹤松教授和长安大学巨永锋教授对本书进行了仔细的审阅，并提出了许多宝贵意见。在本书编写过程中，编者参考了有关文献的相关内容，并得到了西安西昱自动化控制工程有限公司田刚民高级工程师及陕西省测绘局马晓萍高级工程师的大力支持和帮助。在此，编者对上述个人以及所列主要参考文献的作者一并表示衷心的感谢！

由于编者水平有限，书中难免有错误和不妥之处，敬请读者批评指正。

编 者

2004 年 12 月

目　录

上篇　常用低压电器

下篇　可编程序控制器

常用低压电器

上篇

第1章 低压电器的基本原理

根据我国电工专业范围的划分与分工，低压电器通常是指在交流 1200 V 及以下和直流 1500 V 及以下电路中起通断、控制、保护和调节作用的电器设备。低压电器包括配电电器和控制电器两大类。根据构成方式的不同，可将低压电器分为以下几种：采用电磁原理构成的低压电器元件称为电磁式低压电器；采用集成电路或电子元件构成的低压电器元件称为电子式低压电器；采用现代控制原理构成的低压电器元件或装置称为自动化电器、智能化电器或可通信电器。根据电器的控制原理、结构原理及用途，又可分为终端组合式电器、智能化电器和模数化电器等。

低压电器是现代工业过程自动化的重要基础元件，是组成电器成套设备的基础。一套自动生产线的电器设备中，可能需要使用几万件低压电器，其投资费用可能接近或超过主机的投资。

随着电子技术、自动控制技术和计算机技术的迅猛发展，一些电器元件可能被电子线路所取代，但是由于电器元件本身也朝着新的领域扩展(表现在提高元件的性能，生产新型元件，实现机、电、仪一体化，扩展元件的应用范围等方面)，且有些电器元件有其特殊性，因此，低压电器在现代工业自动化设备中是不可能被完全取代的。

1.1 低压电器的基本结构

从结构上看，低压电器一般都具有两个基本组成部分，即感受部分与执行部分。感受部分接收外界输入的信号，并通过转换、放大与判断做出有规律的反应，使执行部分动作，输出相应的指令，实现控制的目的。对于有触点的电磁式电器，感受部分大都是电磁机构，执行部分则是触头系统。

1.1.1 电磁机构

电磁机构是电磁式电器的主要组成部分，其工作原理是将电磁能转换成为机械能，从而带动执行部分触头动作。

电磁机构由吸引线圈(励磁线圈)和磁路两部分组成。磁路包括铁心、衔铁和空气隙。当吸引线圈通入电流后，产生磁场，磁通经铁心、衔铁和工作气隙形成闭合回路，产生电磁吸力，将衔铁吸向铁心。与此同时，衔铁还要受到反作用弹簧的拉力，只有当电磁吸力大于弹簧拉力时，衔铁才可靠地被铁心吸住。其结构型式按铁心型式分有单 E 型、螺管型等；按动作方式分有直动式、转动式等，见图 1-1。

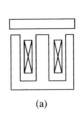

(a)   (b)   (c)

图 1-1 　电磁机构的几种形式

(a) 单 E 型电磁铁；(b) 螺管型电磁铁；(c) 转动式

　　电磁机构按吸引线圈的通电种类可分为直流电磁线圈和交流电磁线圈。当交流电磁线圈接通交流电源时，铁心中有磁滞损失与涡流损失。为了减小由此造成的能量损失和温升，铁心和衔铁用硅钢片叠成，而且线圈粗短并有线圈骨架将线圈与铁心隔开，以免铁心发热传给线圈，使其过热而烧毁。当直流电磁线圈接通直流电源时，铁心中没有磁滞损失与涡流损失，只有线圈本身的铜损，所以直流电磁线圈没有骨架，且成细长形，铁心和衔铁可以用整块电工软钢做成。

　　线圈是电磁铁的心脏，也是电能与磁场能量转换的场所。大多数电磁线圈并接在电源电压两端，称为电压线圈。它的特点是匝数多，线径较细，阻抗大，电流小，常用绝缘性能好的电磁线绕制而成。当需反映电路电流时，则将线圈串接于电路中，成为电流线圈。它的特点是匝数少，线径较粗，常用扁铜带或粗铜线绕制。

　　电磁机构的工作特性常用吸力特性和反力特性来表达。电磁机构使衔铁吸合的力与气隙的关系曲线称为吸力特性。电磁机构使衔铁释放的力与气隙的关系曲线称为反力特性。

1. 直流电磁铁的电磁吸力

　　直流电磁铁的电磁吸力根据麦克斯韦公式计算：

$$F = 4B^2 S \times 10^5 \propto \Phi^2 \propto \left(\frac{1}{\delta}\right)^2 \tag{1-1}$$

式中：F——电磁铁磁极的表面吸力(N)；

　　　　B——工作气隙磁感应强度(T)；

　　　　S——铁心截面积(m^2)；

　　　　Φ——气隙磁通；

　　　　δ——磁路空气隙。

　　直流电磁铁的吸力特性如图 1-2 所示。

　　由图 1-2 可知，在电磁铁安匝数不变的情况下，电磁吸力与气隙大小的二次方成反比。它表明衔铁闭合前后吸力变化很大，气隙越小，吸力越大。由于衔铁闭合前后励磁线圈的电流不变，因此直流电磁机构适用于动作频繁的场合，且吸合后电磁吸力大，工作可靠性好。但是，当直流电磁机构的励磁线圈断电时，磁势会迅速接近于零。电磁机构的磁通 Φ 也会发生相应的变化，因此会在励磁线圈中感生很大的反电势。此反电势可达线圈额定电压的 10～20 倍，很容易使线圈因过电压而损坏。为减小此反电势，通常在励磁线圈 K 上需并联一个由电阻 R 和硅二极管 V 组成的放电回路，如图 1-3 所示。

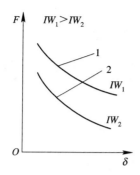

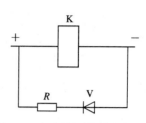

图 1-2 直流电磁铁的吸力特性　　　　图 1-3 直流线圈并联放电电路

这样，当线圈断电时，放电电路使原先存储于磁场中的能量消耗在电阻上，不致产生过电压。通常，放电电阻的电阻值可取线圈直流电阻的 6～8 倍。

2. 交流电磁铁的电磁吸力

交流电磁铁的电磁吸力公式为

$$F = 4B^2 S \times 10^5$$

$$= 4S \times 10^5 B_m^2 \sin^2 \omega t$$

$$= 2B_m^2 S(1 - \cos 2\omega t) \times 10^5$$

$$= 2B_m^2 S \times 10^5 - 2B_m^2 S \times 10^5 \cos 2\omega t \qquad (1\text{-}2)$$

式中：B_m 为 B 的最大值。由式(1-2)可知，虽然交流电磁铁磁感应强度是正、负交变的，但电磁吸力却是脉动的、方向不变的。电磁吸力由两项组成：第一项为平均吸力 F_{av}，其值为最大吸力的一半；第二项为以电源频率两倍变化的交变分量，如图 1-4 所示。

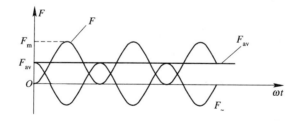

图 1-4 交流电磁铁吸力的变化情况

即式(1-2)中的第二项为

$$F_\sim = F_{av} \cos 2\omega t \qquad (1\text{-}3)$$

交流电磁吸力是在最大值为 $2F_{av}$ 和最小值为 0 的范围内以两倍于电源频率周期地变化的，因此在每一个周期内，必然有某一段时刻的吸力小于弹簧产生的反作用力。这时衔铁在反力作用下将开始释放，而当吸力再次大于反力时，衔铁又被吸合。如此周而复始，衔铁会产生振动。这种振动对电器工作十分不利，同时还会发出噪声。为此，必须采取措施消除振动。

3. 短路环的作用

在单相交流电磁铁铁心极面上加装短路环可消除振动和噪声。

设将铁心极面上的磁通分成两部分 φ_{m1} 和 φ_{m2}，其相应的截面积为 S_1 和 S_2。若使这两部分交变磁通间有一个相位差，则两部分磁通所产生的吸力间也有一个相位差。这样，虽然每部分吸力都有到达零值的时刻，但二者合成后的吸力却无零值的时刻。如果合成吸力在任一时刻都大于反力，就可消除振动和噪声。

在一部分铁心极面上安装短路环即可达到磁通的分相作用，如图 1-5 所示。

短路环相当于在磁路参数中有一个磁抗。因此，被短路环包围的部分是一个有磁抗的分支磁路，而未被包围的部分则是一个只有气隙磁阻的分支磁路，其等效磁路如图 1-6 所示，可以由式(1-4)表示。

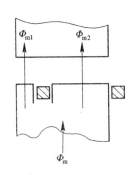 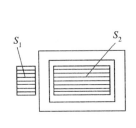 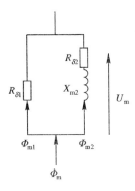

图 1-5　短路环　　　　　　　　　　图 1-6　有短路环的局部等效磁路

$$U_m = \Phi_{m1}R_{\delta1} = \Phi_{m2}(R_{\delta2} + jX_{m2})$$
$$= \Phi_{m2}\sqrt{R_{\delta2}^2 + X_{m2}^2}\,e^{j\psi}$$
$$\psi = \arctan\frac{X_{m2}}{R_{\delta2}} \tag{1-4}$$
$$R_{\delta2} = \frac{\delta_2}{\mu_0 S_2}$$
$$X_{m2} = \frac{\omega W^2}{r} = \frac{\omega}{r}$$

式中：X_{m2}——短路环的磁抗(Ω)；

　　　　r——短路环的电阻(Ω)；

　　　　ψ——磁通 Φ_{m1} 与 Φ_{m2} 的相位差；

　　　　W——短路环匝数，通常 $W = 1$。

磁通 φ_1、φ_2 可表示为

$$\varphi_1 = \Phi_{m1}\sin\omega t \tag{1-5}$$

$$\varphi_2 = \Phi_{m2}\sin(\omega t - \psi) \tag{1-6}$$

则由式(1-4)可得 φ_1 和 φ_2 在衔铁上产生的电磁吸力分别为

$$F_1 = F_{av1}(1 - \cos 2\omega t) \tag{1-7}$$

$$F_2 = F_{av2}[1 - \cos 2(\omega t - \psi)] \tag{1-8}$$

由 F_1 和 F_2 相加构成的合成吸力即为电磁铁的电磁力，图 1-7 所示为 $\varphi_1(\omega t)$、$\varphi_2(\omega t)$、$F_1(\omega t)$ 和 $F_2(\omega t)$、$F(\omega t)$ 的关系曲线。图中，F_{max} 为合成电磁吸力的最大值，F_{min} 为合成电磁吸力的最小值，F_r 为反力，只要 $F_{min} > F_r$，即可满足消除振动和噪声的要求。但必须指出，即使满足 $F_{min} > F_r$，吸力仍是脉动的。为减小脉动，应取 $\psi = 50° \sim 80°$，而 $S_2/S_1 \approx 3 \sim 4$。短路环应采用导电性能好、机械强度高的材料制作。

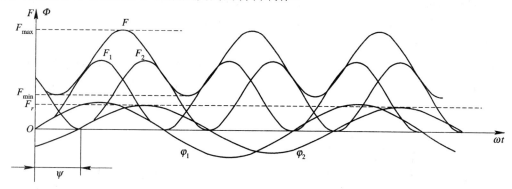

图 1-7　有短路环时的吸力变化曲线

4. 交流电磁机构的吸力特性

交流电磁机构励磁线圈的阻抗主要取决于线圈的电抗(电阻相对很小)，则

$$U \approx E = 4.44 f \Phi W \tag{1-9}$$

$$\Phi = \frac{U}{4.44 fW} \tag{1-10}$$

式中：U ——线圈电压(V)；

　　　E ——线圈感应电势(V)；

　　　f ——线圈外加电压的频率(Hz)；

　　　Φ ——气隙磁通(Wb)；

　　　W ——线圈匝数。

当频率 f、匝数 W 和外加电压 U 为常数时，由式(1-10)可知，磁通 Φ 亦为常数，因此电磁吸力 F 的幅值也为常数。由于线圈外加电压 U 与磁路空气隙 δ 的变化无关，因此电磁吸力 F 亦与气隙 δ 的大小无关。实际上，考虑到漏磁通的影响，吸力 F 随气隙 δ 的减小会略有增加。其吸力特性如图 1-8 所示。

虽然交流电磁机构的气隙磁通 Φ 近似不变，但气隙磁阻随气隙长度 δ 而变化。根据磁路定律：

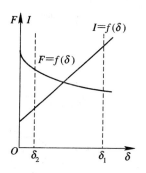

图 1-8　交流吸力特性

$$\Phi = \frac{IW}{R_{\mathrm{m}}} = \frac{IW}{\dfrac{\delta}{\mu_0 S}} = \frac{(IW)(\mu_0 S)}{\delta} \tag{1-11}$$

得出交流励磁线圈的电流 I 与气隙 δ 成正比。

　　一般当 U 形交流电磁机构的励磁线圈通电而衔铁尚未动作时，其电流可达到吸合后额定电流的 5～6 倍；E 形电磁机构电流则达到额定电流的 10～15 倍。因此，当衔铁卡住不能吸合或者频繁动作时，交流励磁线圈很可能因过电流而烧毁。所以在可靠性要求高或操作频繁的场合，一般不采用交流电磁机构。

5. 吸力特性与反力特性的配合

　　电磁铁中的衔铁除受电磁吸力作用外，同时还受到与电磁吸力方向相反的作用力。这些反作用力通常包括反作用弹簧力、触点弹簧所产生的力、运动部分的重力与摩擦力等几部分。若不计后两种力，则反力特性如图 1-9 所示。

　　为了使电磁铁能正常工作，衔铁在吸合时，吸力必须始终大于反力，即吸力特性始终处于反力特性的上方；衔铁释放时，吸力特性必须处于反力特性的下方。图 1-10 为吸力特性与反力特性的配合情况。

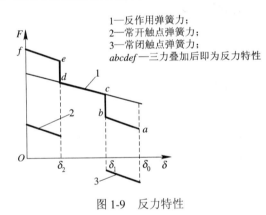

图 1-9　反力特性　　　　　　图 1-10　吸力特性与反力特性的配合

　　由图 1-10 可见，在吸力特性与反力特性曲线之间有一块面积，这块面积代表了衔铁在运动过程中积聚的能量。此面积越大，表示衔铁积聚的能量越大，其动作速度也越大，动静触头接触时的冲击力也越大，严重时会导致触头的熔焊或烧损。因此，吸力特性与反力特性应尽可能靠近，以利于改善电器的性能。

1.1.2　触头和电弧

　　触头是一切有触点电器的执行部件，这些电器就是通过触头的动作来接通或分断电路的。

1. 触头的接触电阻

　　触头亦称触点，起接通和分断电路的作用。在有触头的电器元件中，电器元件的基本功能是靠触头来完成的，所以要求触头导电、导热性能良好。触头通常用铜、银、镍及其合金材料制成，有时也在铜触头表面电镀锡、银或镍。铜的表面容易氧化而生成一层氧化铜，它将增大触头的接触电阻，使触头的损耗增大，温度上升。所以，有些特殊用途的电器，如微型继电器和小容量的电器，触头常采用银质材料。这不仅因为其导电和导热性能均优于铜触头，更主要的原因是其氧化膜电阻率很低，仅是纯铜的十几分之一，甚至还小，而且要在较高的温度下才会形成，并容易粉化。因此，银触头具有较低且稳定的接触电阻。在大、中容量的低压电器结构设计上，触头采用滚动接触，可将氧化膜去掉，这种结构的触头常采用铜质材料。

触头之间的接触电阻包括"膜电阻"和"收缩电阻"。"膜电阻"是触头接触表面在大气中自然氧化而生成的氧化膜造成的。氧化膜的电阻要比触头本身的电阻大几十到几千倍，导电性能极差，甚至不导电，而且受环境的影响较大。"收缩电阻"是由于触头的接触表面不光滑造成的。在接触时，实际接触的面积总是小于触头原有的可接触面积，这样使有效导电截面减小，当电流流经时，就会产生电流收缩现象，从而使电阻增加及接触区的导电性能变差。

如果触头之间的接触电阻较大，则会在电流流过触头时造成较大的电压降，这对弱电控制系统影响较严重。另外，电流流过触头时电阻损耗大，将使触头发热而致温度升高，导致触头表面的"膜电阻"进一步增加及相邻绝缘材料老化，严重时可使触头熔焊，造成电气系统故障。因此，对各种电器的触头都规定了它的最高环境温度和允许温升。

除此之外，触头在运行时还存在触头磨损的情况。触头的磨损包括电磨损和机械磨损。电磨损是由于在通断过程中触头间的放电作用使触头材料发生物理性能和化学性能变化而引起的。电磨损的程度决定于放电时间内通过触头间隙的电荷量的多少及触头材料的性质等。电磨损是引起触头材料损耗的主要原因之一。机械磨损是指由于机械作用而使触头材料产生的磨损和消耗。机械磨损的程度取决于材料硬度、触头压力及触头的滑动方式等。为了使接触电阻尽可能地小，要注意三个方面的问题：一是要选用导电性好、耐磨性好的金属材料作触头，使触头本身的电阻尽量减小；二是要使触头接触得紧密一些；另外，在使用过程中尽量保持触头清洁，在有条件的情况下应定期清理触头表面。

2. 触头的接触形式

触头的接触形式及结构形式很多，通常按其接触形式归为三种，即点接触、线接触和面接触，如图1-11所示。触头的结构形式有指形和桥形等。显然，面接触时的实际接触面要比线接触的大，而线接触的又要比点接触的大。

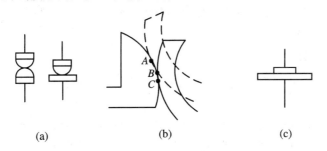

图 1-11 触点的三种接触形式

(a) 点接触；(b) 线接触；(c) 面接触

图1-11 (a) 所示为点接触，它由两个半球形触头或一个半球形与一个平面形触头构成。

这种结构容易提高单位面积上的压力，减小触头表面电阻。它常用于小电流电器中，如接触器的辅助触头和继电器触头。图 1-11(b)所示为线接触，常做成指形触头结构，它的接触区是一条直线。线触头的通断过程是滚动接触并产生滚动摩擦，以利于去掉氧化膜。如图 1-11(b)所示，开始接触时，静、动触头在 A 点接触，靠弹簧压力经 B 点滚动到 C 点，并在 C 点保持接通状态。断开时作相反运动，这样可以在通断过程中自动清除触头表面的氧化膜。同时，长时期工作在 C 点，保证了触头的良好接触。这种滚动线接触适用于通电次数多，电流大的场合，多用于中等容量电器。图 1-11(c)所示为面接触。这种触头一般在接触表面上镶有合金，以减小触头的接触电阻，提高触头的抗熔焊、抗磨损能力，允许通过较大的电流。中、小容量的接触器的主触头多采用这种结构。

触头在接触时，其基本性能要求接触电阻尽可能小。为了使触头接触得紧密以减小接触电阻，消除开始接触时产生的振动，一般在制造时，触头上装有接触弹簧，使触头在刚刚接触时具有初压力 F_1，它随着触头的闭合逐渐增大。图 1-12 是两个点接触的桥式触头，两个触头串于同一条电路中，构成一个桥路，电路的接通与断开由两个触头共同完成。触头闭合后由于弹簧变形而产生一终压力 F_2，如图 1-12(c)所示。弹簧压缩的距离 L 称为触头的超行程，即从静、动触头开始接触到触头压紧时，整个触头系统移动的距离。有了超行程，在触头磨损的情况下，仍具有一定压力。磨损严重时超行程将失效。

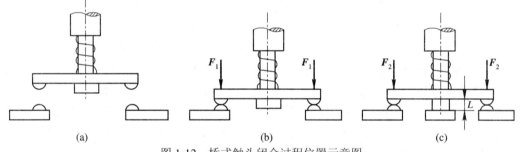

图 1-12　桥式触头闭合过程位置示意图

(a) 最终断开位置；(b) 初始接触位置；(c) 最终闭合位置

触头按其原始状态可分为常开触头和常闭触头。原始状态时断开(即线圈未通电)，线圈通电后闭合的触头叫常开触头。原始状态闭合，线圈通电后断开的触头叫常闭触头。线圈断电后所有触头复原。按触头控制电路的不同可将其分为主触头和辅助触头。主触头用于接通或断开主电路，允许通过较大的电流；辅助触头用于接通或断开控制电路，只能通过较小的电流。

3. 触头的工作过程

触头的工作可分为三种工作状态：闭合过程、闭合状态和分断过程。

1) 载流情况下触头的闭合

在触头闭合的过程中，往往会发生运动部分的弹跳，而触头的这一机械振动又使触头表面产生电气磨损，严重时将发生触头熔焊。为此，可适当增大触头弹簧的初压力，减小触头质量，降低触头的接通速度，即采用指式触头等。

2) 闭合状态运行的触头

触头闭合工作时，由于"收缩电阻"及氧化膜的影响，致使损耗增大，温度升高；而温度的升高又反过来使触头表面氧化膜加剧。因此，触头工作在闭合状态时的主要问题是减小接触电阻，限制温升。

3）载流情况下触头的分断

两触头之间的接触实质上是许多个点的接触，触头在分断时最终将出现一个点接触的现象。这时，若分断电流足够大，该点处的电流密度可达到 $10^7 \sim 10^{12}$ A/m^2，致使金属熔化，并随着触头的分离形成熔化了的高温金属液桥。一旦触头完全分开，金属液桥被拉断，会在断口处产生电弧。因此，在载流情况下触头分断时的主要问题是电弧的熄灭。

4. 电弧的产生及灭弧方法

在自然环境中断开电路时，如果被断开电路的电流(电压)超过某一数值(根据触头材料的不同，其值约在 0.25~1 A，12~20 V)，则触头间隙中就会产生电弧。电弧实际上是触头间气体在强场作用下产生的放电现象。所谓气体放电，就是触头间隙中的气体被游离而产生大量的电子和离子，在强电场作用下，大量的带电粒子作定向运动，于是绝缘气体就变成了导体。电流通过这个游离区时所消耗的电能转换为热能和光能，发出光和热的效应，产生高温及强光，使触头烧损，并使电路切断时间延长，甚至不能断开，造成严重事故。电弧对电器的影响主要有以下几个方面：

(1) 触头虽已打开，但由于电弧的存在，使要断开的电路实际上并没有断开。

(2) 电弧的温度很高，严重时可使触头熔化。

(3) 电弧向四周喷射，会使电器及其周围物质损坏，甚至造成短路，引起火灾。

1）电弧的产生过程

电弧的产生主要经历以下四个物理过程：

(1) 强电场放射。触头开始分离时，间隙很小，电路电压几乎全部降落在触头间很小的间隙上，因此该处电场强度很高，此强电场将触头阴极表面(与电源负极连接的触头)的自由电子拉出到气隙中，使触头间隙气体存在较多的电子，这种现象即所谓的强电场放射。

(2) 撞击电离。触头间隙中的自由电子在电场作用下，向正极加速运动，经过一定路程后获得足够的动能。它在前进途中撞击气体原子，该原子被分裂成电子和正离子。电子在向正极运动过程中将撞击其他原子，使触头间隙中气体中的电荷越来越多，这种现象称为撞击电离。触头间隙中的电场强度越强，电子在加速过程中所走的路程越长，它所获得的能量就越大，故撞击电离的电子就越多。

(3) 热电子发射。撞击电离产生的正离子向阴极运动，撞击在阴极上会使阴极温度逐渐升高，使阴极金属中电子动能增加。当阴极温度达到一定程度时，一部分电子将有足够动能从阴极表面逸出，再参与撞击电离，这种现象称为热电子发射。

(4) 高温游离。当电弧间隙中气体的温度升高时，气体分子热运动速度加快。当电弧的温度达到 3000℃ 或更高时，气体分子将发生强烈的不规则热运动并造成相互碰撞，结果使中性分子游离成为电子和正离子。这种因高温使分子撞击所产生的游离称为高温游离。当电弧间隙中有金属蒸气时，高温游离将大大增加。

在触头分断的过程中，以上四个过程引起电离原因的作用是不一致的。在触头刚开始分离时，首先是强电场放射，这是产生电弧的起因。当触头完全打开时，触头间的距离增加，电场强度减弱，维持电弧存在主要靠热电子发射、撞击电离和高温游离，而其中又以高温游离作用最大。此外，伴随着电离的进行，还存在着消电离作用。消电离是指正负带电粒子结合成为中性粒子的同时，又减弱了电离的过程。消电离过程可分为复合和扩散两种。

当正离子和电子彼此接近时，由于异性电荷的吸力结合在一起，正离子和电子成为中性的气体分子。另外，电子附在中性原子上成为负离子，负离子与正离子相遇就复合为中性分子。这种复合只有在带电粒子的运动速度较低时才有可能。因此利用液体或气体人工冷却电弧，或将电弧挤入绝缘壁做成的窄缝里，可以迅速导出电弧内部的热量，降低温度，减小离子的运动速度，加强复合过程。

在燃弧过程中，弧柱内的电子、正负离子要从含量大、温度高的地方扩散到周围的冷介质中去，扩散出来的电子、离子互相结合又成为中性分子。因此，降低弧柱周围的温度，或用人工方法减小电弧直径，使电弧内部电子、离子的含量增加，就可以增加扩散作用。

2) 灭弧方法

电离和消电离作用是同时存在的，当电离速度大于消电离速度时，电弧就增强；当电离速度与消电离速度相等时，电弧就稳定燃烧；当消电离速度大于电离速度时，电弧就熄灭。因此，熄灭电弧一方面是减弱电离作用，另一方面是增强消电离作用。实际上，作为减弱电离作用的措施，同时也往往是增强消电离作用的途径。

熄灭电弧的基本途径有：

(1) 拉长电弧以降低电场强度。

(2) 用电磁力使电弧在冷却介质中运动，降低弧柱周围的温度。

(3) 将电弧挤入绝缘壁组成的窄缝中以冷却电弧。

(4) 将电弧分成许多串联的短弧，增加对维持电弧所需的临界电压降的要求。

(5) 将电弧密封于高气压或真空的容器中。

5. 常用的灭弧方法和装置

触头在通断过程中将产生电弧，电弧会烧损触头，造成其他故障。对于通断大电流电路的电器，如接触器、低压断路器等，这个问题更为突出，因此要有较完善的灭弧装置。对于小容量继电器、主令电器等，由于它们的触头是通断小电流电路的，因此不要求有完善的灭弧装置。根据以上分析的原理，常用的灭弧方法和装置有以下几种。

1) 桥式结构双断口灭弧

图 1-13 是一种桥式结构的双断口触头原理图。

流过触头两端的电流方向相反，将产生互相推斥的电动力。当触头打开时，在断口中产生电弧。电弧电流在两电弧之间产生图中以"⊕"表示的磁场，根据左手定则，电弧电流要受到一个指向外侧的电动力 F 的作用，使电弧向外运动并拉长，电弧电流迅速穿越冷却介质而使电弧加快冷却并熄灭。此外，还可将

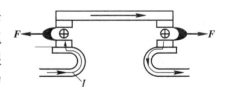

图 1-13 桥式触头灭弧原理

一个电弧分为两个来削弱电弧的作用。这种灭弧方法效果较弱，故一般多用于小功率的电器中。但是，当其配合栅片灭弧后，也可用于大功率的电器中。交流接触器常采用这种灭弧方法。

2) 栅片灭弧

图 1-14 为栅片灭弧示意图。

灭弧栅一般由多片镀铜薄钢片(称为栅片)和石棉绝缘板组成,它们安放在电器触头上方的灭弧室内,彼此之间互相绝缘,片间距离约为 2～5 mm。当触头分断电路时,在触头之间产生电弧,电弧电流产生磁场。由于钢片磁阻比空气磁阻小得多,因此,电弧上方的磁通非常稀疏,而下方的磁通却非常密集。这种上疏下密的磁场将电弧拉入灭弧室中。当电弧进入灭弧室后,被灭弧栅分割成数段串联的短弧,这样,每两片灭弧栅片都可以看做一对电极。维持每对电极间的电弧都需要一定的电压,同时栅片吸收电弧热量。当栅片间的电压不足以维持电弧燃烧电压时,电弧迅速冷却并很快熄灭。

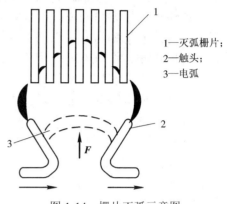

1—灭弧栅片;
2—触头;
3—电弧

图 1-14　栅片灭弧示意图

当触头上加交流电压时,产生的交流电弧要比直流电弧容易熄灭。因为交流电压每个周期有两次过零点,显然电压为零时电弧容易熄灭。另外,灭弧栅对交流电弧还有"阴极效应",更有利于电弧熄灭,即当电弧电流过零后,间隙中的电子和正离子的运动方向要随触头电极极性的改变而改变。由于正离子比电子质量大得多,因此在触头电极极性改变后(即原阳极变为新阴极,原阴极变为新阳极),原阳极附近的电子能很快地回头向相反的方向运动(走向新阳极),而正离子几乎还停留在原来的地方,这样使得新阴极附近缺少电子而造成断流区,从而使电弧熄灭。若要使电压过零后电弧重新燃烧,两栅片间必须要有 150～250 V 的电压,显然灭弧栅总的重燃电压所需值将大于电源电压,因此电弧自然熄灭后就很难重燃。所以,灭弧栅装置常用作交流灭弧。

3) 磁吹灭弧

磁吹灭弧方法是让电弧在磁场中受力,将电弧拉长,并使电弧在冷却的灭弧罩窄缝隙中运动,产生强烈的消电离作用,从而将电弧熄灭。其原理如图 1-15 所示。

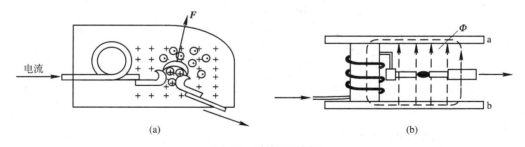

图 1-15　磁吹灭弧原理

(a) 磁吹线圈对电弧产生推力;(b) 顶视图

图 1-15 中,导磁体(软钢)固定于薄钢板 a 和 b 之间,在它上面绕有线圈(吹弧线圈),线圈可与触头电路串联。当主电流通过线圈时产生磁通 Φ,根据右手螺旋定则可知,该

磁通从导磁体通过导磁夹片 b 及两夹片间隙到达夹片 a,在触头间隙中形成磁场。图 1-15 中的"+"符号表示 Φ 方向为进入纸面。当触头打开时，在触头间隙中产生电弧，电弧自身也产生一个磁场。该磁场在电弧上侧，方向为从纸面出来，用"⊙"符号表示，它与线圈产生的磁场方向相反。而在电弧下侧，电弧磁场方向为进入纸面，用"⊕"符号表示，它与线圈的磁场方向相同。这样，两侧的合成磁通就不相等，下侧大于上侧，因此，产生的电磁力将电弧向上侧推动，使电弧进入灭弧罩，被拉长并受到冷却而熄灭。灭弧罩多用陶瓷或石棉做成。这种灭弧方法的优点是：当触头中的电流方向改变时，由于外磁场的方向也跟着改变，因此电弧受力的方向不变。灭弧的吹力大小在设计时可以控制，从而达到最好的灭弧效果。此外，由于这种灭弧装置是利用电弧电流本身灭弧的，因而电弧电流越大，吹弧能力就越强。这种方法广泛应用于直流灭弧装置中(如直流接触器中)。但也应注意，对于线圈与触头串联的形式，其吹力与电流平方成正比。当电流减小时，吹力成平方减小，结果使灭弧效果大大减弱，所以不能用大容量的磁吹灭弧装置来控制小功率系统；反之也不可行，因为将造成危险。对于并联线圈的磁吹装置，可以由外加固定电源供电而使线圈的磁通稳定不变，因为吹力大小只受触头电流大小的影响。但要注意线圈的极性和触头的极性，如果将两者的极性接反，则会使电弧吹向内侧，反而烧坏电器。

4) 窄缝灭弧

窄缝灭弧通过灭弧室灭弧。灭弧室由耐弧陶土、石棉、水泥或耐弧塑料制成，用来引导电弧纵向吹出并防止相间短路，同时通过电弧与灭弧室的绝缘壁接触，使其迅速冷却，增强去游离作用，使电弧熄灭。为此制成窄缝灭弧室，如图 1-16 所示。

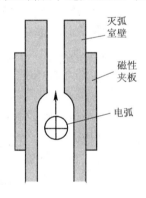

图 1-16　窄缝灭弧室

缝宽小于电弧直径，使电弧紧密与缝壁接触，加强冷却，同时也加大了电弧运动的阻力，使电弧运动速度下降。

6. 过电压和浪涌电压抑制器

控制电器的触头在切断具有电感负载的电路时，由于电流由某一稳定值突然降为零，电流的变化率 $\mathrm{d}i/\mathrm{d}t$ 很大，因此会在触头间隙产生较高的过电压。此电压超过 $270\sim300\text{ V}$ 时，就会在触头间隙产生火花放电现象。火花放电与电弧的不同之处是：火花放电的电压高，电流小，而且是在局部范围内产生不稳定的火花放电；火花放电会使触头产生电磨损，缩短它的寿命；同时，火花放电造成的高频干扰信号将影响和干扰无线电通信及弱电控制系统的正常工作。为此，我们需要消除由于过电压引起的火花放电现象。常用的熄火花电路有以下两种。

1) 半导体二极管与电感负载并联整流式抑制器

半导体二极管与电感负载并联整流式抑制器的原理图如图 1-17 所示。

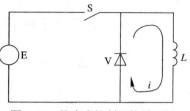

图 1-17 整流式抑制器的原理图

在触头 S 闭合时，电感负载 L 中有稳定的电流流过。当触头突然打开时，由于二极管 V 的存在，电流不是从某一稳定值突然降为零，而是在由电感 L 和二极管 V 组成的放电回路中逐渐降为零，即减小了电流的变化率 di/dt，从而减小了电感 L 产生的过电压。这样使触头 S 的间隙不会产生火花放电，另外也使电感 L 的绝缘不会因过电压而被击穿。

2) 与触头并联阻容电路 RC 抑制器

与触头并联阻容电路 RC 抑制器的原理图如图 1-18 所示。

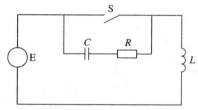

图 1-18 RC 抑制器的原理图

在触头突然打开时，电感的磁场能量就转为电容的电场能量，此时表现为对电容器的充电。因此当触头突然打开时，电感 L 的电流不会立刻降为零，而是随着电容器逐渐充满电荷而降为零，电感 L 就不会产生过电压。

1.2 低压电器的主要技术性能和参数

了解有关低压电器的主要技术性能指标和参数对正确选择和使用电器元件是十分重要的。低压电器根据其在线路中的作用通常分为两大类：主电路开关电器和辅助电路控制电器。

主电路开关电器指用于电气控制中配电线路或系统主电路中的开关电器及其组合，主要包括刀开关(或刀形转换开关)、隔离器(隔离开关)、断路器、熔断器及其与其他开关电器的组合、接触器和主要由接触器与保护继电器组成的启动器等。这些开关电器在不同电路中有不同的用途和不同的配合关系，其特征和主要参数也各不相同。主电路开关电器的选用首先是要满足电路负载要求，同时要做到所选开关电器在技术、经济指标等方面合理。在满足配电、控制和保护任务的前提下，要充分发挥电器所具备的各种功能和作用。因此，在选用时不但需要了解各种开关电器的用途、分类、性能和主要参数以及有关的选用原则，同时还要分析具体的使用条件和负载要求，例如电源数据、短路特性、负载特点和要求等，以便提出合理的选用要求。

辅助电路控制电器指在电路中起发布命令、控制、转换和联络作用的开关电器，包括各种主令控制电器、控制继电器、传感器(非电量指示开关)和具有不同功能的其他控制开关等。主电路开关电器上的辅助触头及控制用附件也包括在辅助电路控制电器范围之内。

选用辅助电路控制电器，除应满足电路对辅助电路控制电器的要求外，还应满足工艺要求等，这些要求随电器的动作原理、防护等级等的不同而不同。此外，还要求这些电器具备安装方便，端子标记清楚，接线简便、可靠等特点。

1.2.1 开关电器的通断工作类型及相关参数

1. 开关电器的通断工作类型

(1) 隔离。隔离指开关电器具有将电器设备和电源"隔开"的功能，在对电器设备的带电部分进行维修时以确保人员和设备的安全。隔离不仅要求各电流通路之间、电流通路和邻近的接地零部件之间应保持规定的电气间隙，而且要求电器的动、静触头之间也应保持规定的电气间隙。能满足隔离功能的开关电器是隔离器。如果在维修期间需要确保电器设备一直处于无电状态，应选用操作机构分断位置能上锁的隔离器。

(2) 无载(空载)通断。无载(空载)通断指接通或分断电路时不分断电流，分开的两触头间不会出现明显电压的情况。选用无载通断的开关电器时，必须有其他措施可以保证不会出现有载通断的可能性，否则有造成事故，损坏设备，甚至危及人身安全的危险。无载通断的开关电器仅在某些专门场所使用，如隔离器。

(3) 有载通断。有载通断是相对于无载通断而言的，其开关电器需接通和分断一定的负载电流(具体负载电流的数据因负载类型而异)。有的隔离器产品也能在非故障条件下接通和分断电路，其通断能力大致和其需要通断的额定电流相同。产品样本中隔离器和熔断器式隔离器的通断能力常按额定电流的倍数给出，因此，有些隔离器也能分断各种工作过电流，如电动机的启动电流。

(4) 控制电动机通断。控制电动机通断通常指电动机开关。电动机开关是指用来接通和分断电动机的开关电器或电路，其通断能力应能满足各种型号的电动机按不同工作方式(如点动和反接)工作的控制要求。电动机开关有控制开关、电动机用负荷开关、接触器、电动机用断路器及其组合控制电路等。

(5) 在短路条件下通断。在短路条件下通断负载应选用有短路保护功能的开关电器。断路器就是一种不仅可以接通和分断正常负载电流、电动机工作电流和过载电流，而且可以接通和分断短路电流的开关电器。

2. 开关电器的相关参数

(1) 通电持续率：电器的有载时间与工作时间之比，常用百分数表示。

(2) 通断能力：开关电器在规定的条件下，能在给定的电压下接通和分断的预期电流值。

(3) 分断能力：开关电器在规定的条件下，能在给定的电压下分断的预期分断电流值。

(4) 接通能力：开关电器在规定的条件下，能在给定的电压下接通的预期接通电流值。

1.2.2 与低压电器有关的电网参数

实际工作中选用电器开关时，必须考虑电网参数，即额定电压、额定频率和过电流(短路、过载电流)等数据。

当按额定绝缘电压 U_i 和额定工作电压 U_e 选用开关电器时，电网电压和电网频率是决定性因素。额定绝缘电压 U_i 是标准电压，指在规定条件下，用来度量电器及其部件的不同电位部分的绝缘强度、电气间隙和爬电距离的名义电压值。除非另有规定，此值为电器的最大额定工作电压，各种开关电器及其附件的绝缘等级都根据这个电压确定。某一开关电器的额定工作电压 U_e 指在规定条件下，保证电器正常工作的电压值。它又和其他一些因素有关。例如，断路器的工作电压就和其通断特性有关，电动机启动器的工作电压则和工作方式及使用类别有关。

在三相交流系统中，线电压或相电压是基础数据。开关电器可根据其特性参数(如通断能力和使用寿命)规定不同的额定工作电压值，但开关电器的最高额定工作电压不得超过额定绝缘电压。各种开关电器的额定绝缘电压 U_i 和额定工作电压 U_e 都在相应的产品样本和说明书中列出。

在按短路强度和额定通断能力选用开关电器时，短路点处的短路电流值是一个决定性因素，常用以下指标来衡量。

1) **峰值耐受(短路)电流 I_p(动稳定短路强度)**

该电流是电路中允许出现的最大瞬时短路电流，其电动力效应也最大。峰值耐受电流值是指在规定的使用和性能条件下，开关电器在闭合位置上所能承受的电流峰值。

2) **额定短时耐受电流 I_s(热稳定短路强度)**

该电流是电路中允许出现的短时电流，指在规定的使用和性能条件下，开关电器在指定的短时间内，在闭合位置上所能承载的电流。开关电器必须能承受这个电流持续 1 s，且不会受到破坏。

3) **额定短路分断能力**

额定短路分断能力指在规定的条件下，包括开关电器出线端短路在内的分断能力。如断路器在额定频率和给定功率因数、额定工作电压提高 10% 的条件下能够分断短路电流，这个短路电流用短路电流周期分量的有效值表示。

4) **额定短路通断能力**

额定短路通断能力指在规定的条件下，能在给定的电压下接通和分断的预期电流值。

有短路保护功能的开关电器的额定短路通断能力是指其在额定工作电压提高 10%，频率和功率因数均为额定值的条件下能够接通和分断的额定电流。额定短路接通能力以电器安装处预期短路电流的峰值为最大值；额定短路分断能力则以短路电流周期分量的有效值表示。

在选用开关电器时应保证它的额定短路通断能力高于电路中预期短路电流的相应数据。

5) **约定脱扣电流**

约定脱扣电流是指在约定时间内能使继电器或脱扣器动作的规定电流值。

6) **约定熔断电流**

约定熔断电流是指在约定时间内能使熔断体熔断的规定电流值。

一般的开关电器的分断能力、接通能力和通断能力是指在给定的电压下分断、接通和通断时对应的预期电流值。在选用时应保证开关电器的额定通断能力高于电路中预期电流的相应数据。

1.2.3　与开关电器动作时间有关的参数

(1) 断开时间。开关电器从断开操作开始瞬间起到所有极的弧触头都分开瞬间为止的时间间隔。

(2) 燃弧时间。电器分断电路过程中，从触头断开或熔断体熔断出现电弧的瞬间开始，至电弧完全熄灭为止的时间间隔。

(3) 分断时间。从开关电器的断开时间开始起到燃弧时间结束为止的时间间隔。

(4) 接通时间。开关电器从闭合操作开始瞬间起到电流开始流过主电路瞬间为止的时间间隔。

(5) 闭合时间。开关电器从闭合操作开始瞬间起到所有极的触头都接触瞬间为止的时间间隔。

(6) 通断时间。从电流开始在开关电器一个极流过瞬间起到所有极的电弧最终熄灭瞬间为止的时间间隔。

1.2.4　颜色标志

为了保证正确操作，防止事故，对各个电器元件与装备之间的接线、配线、敷线和相对安装位置及它们之间的电连接关系易于识别，方便设备的操作和维护，及时排除故障以及确保人身和设备的安全，需要对各种绝缘导线的连接标记、颜色、指示灯的颜色及接线端子的标记做出统一规定。

表1-1列出了指示灯的颜色及含义，表1-2列出了按钮的颜色及含义。指示灯和按钮的选色原则是，依指示灯被接通(发光、闪光)后所反映的信息或按钮被操作(按压)后所引起的功能来选色。

表1-1　指示灯的颜色及含义

颜色	含　义	解　释	典　型　应　用
红色	异常情况或警报	对可能出现危险和需要立即处理的情况报警	温度超过规定(或安全)限制，设备的重要部分已被保护电器切断
黄色	警告	状态改变或变量接近其极限值	温度偏离正常值，允许存在一定时间的过载现象
绿色	准备、安全	安全运行条件指示或机械准备启动	冷却系统运转
蓝色	特殊指示	上述几种颜色即红、黄、绿色未包括的任一种功能	选择开关处于指定位置
白色	一般信号	上述几种颜色即红、黄、绿、蓝色未包括的各种功能，如某种动作正常	

表 1-2 按钮的颜色及含义

颜色	含 义	典 型 应 用
红色	危险情况下的操作	紧急停止
	停止或分断	全部停机;停止一台或多台电动机;停止一台机器的某一部分,使电器元件失电,有停止功能的复位按钮
黄色	应急、干预	应急操作,抑制不正常情况或中断不理想的工作周期
绿色	启动或接通	启动一台或多台电动机;启动一台机器的一部分,使某电器元件加电
蓝色	上述几种颜色即红、黄、绿色未包括的任一种功能	
黑色 灰色 白色	无专门指定功能	可用于停止和分断以外的任何情况

指示灯的作用是借以指示某个指令、某种状态、某些条件或某类演变正在执行或已被执行,从而引起操作者注意或指示操作者应做的某种操作。指示灯的闪光信息则引起操作者进一步注意或需立即采取行动等。

对于按钮的颜色,红色按钮用于停止、断电;绿色按钮优先用于启动或通电,但也允许选用黑、白或灰色按钮;一钮双用的,如启动与停止、通电与断电或交替按压后改变功能的,应用黑、白或灰色按钮;按压时运动,抬起时停止运动(如点动、微动),应用黑、白、灰或绿色按钮,最好是黑色按钮;用于单一复位功能的,用蓝、黑、白或灰色按钮;同时有复位、停止与断电功能的,用红色按钮。灯光按钮不得用作事故按钮。

1.3 电气控制技术中常用的图形和文字符号

电气控制线路图是工程技术的通用语言,它由各种电器元件的图形、文字符号要素组成。为了便于交流与沟通,应使用国家标准规定的有关电气设备的标准化图形符号。表 1-3 列出了常用电气图形、文字符号以供参考,详细的内容请参见有关文献。

表 1-3 中给出的图形符号是按功能在未激励状态下,无电压、无外力作用时的正常状态。绘制电气图时也应按此状态绘制。

表 1-3 常用电气图形和文字符号表

名称	图形符号	文字符号	名称		图形符号	文字符号	名称		图形符号	文字符号
一般三极电源开关		QS	接触器	主触头		K、KM	热继电器	常闭触头		FR
低压断路器		QF		常开辅助触头			继电器	中间继电器线圈		KM
				常闭辅助触头				欠电压继电器线圈		KV
位置开关	常开触头	SQ	速度继电器	常开助头		BV		过电流继电器线圈		KA
	常闭触头			常闭助头				常开触头		相应继电器符号
	复合触头		时间继电器	线圈		KT		常闭触头		
转换开关		SA		常开延时闭合触头				欠电流继电器线圈		KA
按钮	起动	SB		常闭延时打开触头				熔断器		FU
	停止			常闭延时闭合触头				熔断器式刀开关		QS
	复合			常开延时打开触头				熔断器式隔离开关		QS

名　称	图形符号	文字符号	名　称	图形符号	文字符号	名　称	图形符号	文字符号
接触器　线圈		K、KM	热继电器　热元件		FR	熔断器式负荷开关		QM
桥式整流装置		VC	三相笼型异步电动机		M	三相自耦变压器		T
蜂鸣器		H	三相绕线转子异步电动机			PNP型三极管		V
信号灯		HL				NPN型三极管		
电阻器	或	R	他励直流电动机			晶闸管(阴极侧受控)		
接插器		X	并励直流电动机			半导体二极管		
电磁铁		YA	直流发电机		G	接近敏感开关动合触头		
电磁吸盘		YH	单相变压器　整流变压器　照明变压器		T	磁铁接近时动作的接近开关的动合触头		
串励直流电动机		M	控制电路电源用变压器		TC	接近开关动合触头		
复励直流电动机			电位器		RP			

在绘制电气控制线路时，应遵循电流方向自上而下(垂直方位画时)或自左向右(水平方位画时)的原则；绘制动合触头和动断触头时，应遵循左开右闭(垂直方位画时)、下开上闭(水平方位画时)的原则，即静触头在上或左，动触头在下或右。对于开关电器，如果按图面布置的需要，采用的图形符号的方位与表1-3中所示的一致，则直接采用；若方位不一致，应遵循按图例逆时针旋转90°的原则绘制，但文字和指示方向不得颠倒。图形符号的矩形长边和圆的直径宜设计为2 M 的倍数，一般取 M = 2.5 mm。对于较小的图形符号，则可选用1.5 M、1.0 M 或 0.5 M。

在国家标准中,电气技术中的文字符号分为基本文字符号(单字母或双字母)和辅助文字符号。在 GB7159—1987《电气技术中的文字符号制订通则》中,单字母符号等同于 IEC750《电气技术中项目代号》标准中的种类代号,双字母符号等同于 IEC204《项目代号、图解、简图、表格和说明举例》中的双字母代码。因此,上述单字母和双字母符号在国际上是通用的。

基本文字符号中的单字母符号按拉丁字母将各种电气设备、装置和元器件划分为 23 个大类,每个大类用一个专用单字母符号表示。如"K"表示继电器、接触器类,"F"表示保护器件类等。单字母符号应优先采用。双字母符号是由一个表示种类的单字母符号与另一字母组成的,其组合形式应以单字母符号在前,另一字母在后的次序列出。只有当用单字母符号不能满足要求,容易混淆,需要将大类进一步划分时,才采用双字母符号,以便较详细和更具体地表述电气设备、装置和元器件。如"F"表示保护器件类,而"FU"表示熔断器,"FR"表示热继电器等。双字母符号的第一位字母只允许按 GB7159—1987《电气技术中的文字符号制订通则》中单字母所表示的种类使用,见表 1-4。

表 1-4　单字母和双字母符号的使用规则

基本文字符号		项目种类	设备、装置元器件举例	基本文字符号		项目种类	设备、装置元器件举例
单字母	双字母			单字母	双字母		
A	AT	组件部件	抽屉柜	Q	QF QM QS	开关器件	断路器 电动机保护开关 隔离开关
B	BP BQ BT BV	非电量到电量变换器,或电量到非电量变换器	压力变换器 位置变换器 温度变换器 速度变换器	R	RP RT RV	电阻器	电位器 热敏电阻器 压敏电阻器
F	FU FV	保护器件	熔断器 限压保护器件	S	SA SB SP SQ ST	控制、记忆、信号电路的开关器件选择器	控制开关 按钮开关 压力传感器 位置传感器 温度传感器
H	HA HL	信号器件	声响指示器 指示灯	T	TA TC TM TV	变压器	电流互感器 电源变压器 电力变压器 电压互感器
K	KA KM KP KR KT	接触器继电器	瞬时接触继电器 交流继电器 接触器 中间继电器 极化继电器 簧片继电器 延时有或无继电器	X	XP XS XT	端子、插头、插座	插头 插座 端子板
P	PA PJ PS PV PT	测量设备实验设备	电流表 电度表 记录仪器 电压表 时钟、操作时间表	Y	YA YV YB	电气操作的机械器件	电磁铁 电磁阀 电磁离合器

在绘制电气控制线路图中的支路、元件和接点等时，一般都要加上标号。主电路标号由文字和数字组成。文字用以标明主电路中的元件或线路的主要特征；数字用以区别电路的不同线段。如三相交流电源引入线端采用 L_1、L_2、L_3 标号，电源开关之后的三相交流电源主电路和负载端分别标 U、V、W。如 U_{11} 表示电动机的第一相的第一个接点，U_{12} 为第一相的第二个接点，依此类推。控制电路由三位或三位以下的数字组成，交流控制电路的标号一般以主要压降元件(如电器元件线圈)为分界，左侧用奇数标号，右侧用偶数标号。直流控制电路中正极按奇数标号，负极按偶数标号。

第2章　常用低压电器

常用低压电器的种类较多，功能多样，用途广泛，掌握低压电器元件的工作原理及其应用，是学习、设计、使用、操作自动化控制系统的基础。本章主要介绍常用低压电器的结构、工作原理、用途及其应用等有关知识，并介绍它们的选用方法，为正确选择和合理使用这些电器打下基础。

2.1　常用低压电器的分类

低压电器按所控制的对象分为低压配电电器和低压控制电器。低压配电电器主要用在配电系统中，对此类电器的要求是工作可靠，有足够的动稳定性与热稳定性。电器的动稳定性是指电器承受短路(冲击)电流的电动力作用而不致损坏的能力；电器的热稳定性是指电器承受规定时间内短路电流产生的热效应而不致损坏的能力。这类电器主要有刀开关、熔断器等。低压控制电器主要用于电力拖动自动控制系统和用电设备中，要求这类电器工作准确可靠，操作频率高，寿命长。这类电器主要有接触器、控制继电器、主令开关、启动器、电磁铁等。

低压电器按动作性质可分为自动切换电器和非自动切换电器。自动切换电器是指它在完成接通、分断、启动、反向和停止等动作时是依靠本身参数或外来信号自动进行的，不由人直接操作；非自动切换电器又称手控电器，它主要是用人手直接操作进行切换的。

电力拖动自动控制系统中常用的低压电器分类如图 2-1 所示。

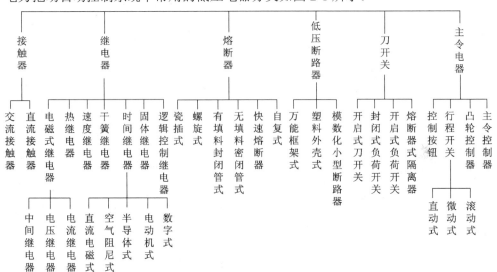

图 2-1　常用低压电器分类

2.2 刀 开 关

刀开关(刀形转换开关)是一种结构简单，应用十分广泛的手动电器，主要供无载通断电路使用，即用于在不分断负载电流，或分断时各极触头间不会出现明显极间电压的条件下接通或分断电路，有时也可用来通断较小的工作电流，作为照明设备和小型电动机等不频繁操作设备的电源开关。当可满足隔离功能要求时，刀开关也可用作电源隔离开关。

在对电器设备的带电部分进行维修时，必须将电器设备从电网脱开并隔离，使这些部分处于无电状态。能起这种隔离电源作用的刀开关电器称为隔离器。隔离器分断时能将电路中所有电流通路切断，并保持有效的隔离距离。隔离器的电源隔离作用不仅要求各极动、静触头之间处于分断状态时保持规定的电气间隙(距离)，而且要求各电流通路之间、电流通路和邻近接地零部件之间也应保持规定的电气间隙。

隔离器一般属于无载通、断电器，只能接通或分断"可忽略的电流"(指套管、母线、连接线和电缆等的分布电容电流和电压互感器或分压器的电流)。但也有一些隔离器产品有一定的通断能力，能在非故障条件下接通和分断电气设备或成套设备中的某一部分，这时其通断能力应和所需通断的电流相适应。

根据工作条件和用途的不同，刀开关有不同的结构形式，但其工作原理基本相似。刀开关按极数可分为单极、二极、三极和四极刀开关；按切换功能(位置数)可分为单投和双投刀开关；按操纵方式又可分为中央手柄式和带杠杆机构操纵式等。

刀开关主要有开启式刀开关、封闭式负荷开关(铁壳开关)、开启式负荷开关(胶盖瓷底刀开关)、熔断器式刀开关、熔断器式隔离器、组合开关等，产品种类很多，尤其在近几年出现了很多新产品和新型号。

2.2.1 常用刀开关

1. 开启式刀开关

开启式刀开关一般在额定电压为 AC 380 V、DC 440 V，额定电流为 1500 A 以下的配电设备中作电源隔离之用。它带有各种杠杆操作机构及灭弧室的开关，可按其分断能力非频繁地切断负荷电路。图 2-2 所示为 HD11—100/38 板前接线开启式刀开关。

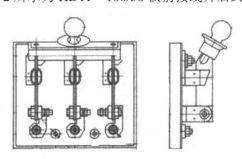

图 2-2 HD11—100/38 板前接线开启式刀开关

国产刀开关产品型号含义如图 2-3 所示。

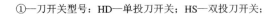

①—刀开关型号：HD—单投刀开关；HS—双投刀开关；

②—操作方式：11—中央手柄式；

12—侧方正面杠杆操作机构式；

13—中央正面杠杆操作机构式；

14—侧面手柄式；

③—额定电流(A)；

④—极数：1—单极；2—双极；3—三极；

⑤—灭弧室及接线方式：0—不装灭弧室；

1—装灭弧室；

8—不装灭弧室板前接线方式；

9—不装灭弧室板后接线方式；

无—板后接线方式

图 2-3　国产刀开关产品型号含义

例如：HD11—400/39 为单投三极刀开关，无灭弧室，中央手柄式板后接线；HS12—400/31 为双投三极刀开关，有灭弧室，侧方正面杠杆操作机构式。

2. 封闭式负荷开关

封闭式负荷开关俗称铁壳开关，适合于额定电压为 AC 380 V、DC 440 V，额定电流为 60 A 以下的电路。此开关用于手动非频繁地接通与分断负荷电路及短路保护，在一定条件下也可起连续过负荷保护作用，一般用于控制小容量的交流异步电动机。该开关是由刀开关及熔断器组合而成的，能快速接通和分断负荷电路；采用正面或侧面手柄操作，并装有联锁装置，保证箱盖打开时开关不能闭合及开关闭合时箱盖不能打开。开关的外壳分为钢板拉伸式和折板式两种，上下均有进出线孔。HH 型负荷开关如图 2-4 所示。

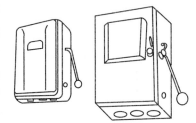

图 2-4　HH 型负荷开关

3. 开启式负荷开关

开启式负荷开关俗称瓷底胶壳刀开关，是一种结构简单，应用广泛的手动电器，常用作交流额定电压为 AC 380/220 V、额定电流为 100 A 的照明配电线路的电源开关和小容量电动机非频繁启动的操作开关。

胶壳刀开关由操作手柄、熔断丝、触刀、触刀座和底座等组成，如图 2-5 所示。胶壳的作用是防止操作时电弧飞出灼伤操作人员，并防止极间电弧造成电源短路。因此操作前一定要将胶壳安装好。熔断丝主要起短路和严重过电流保护作用。

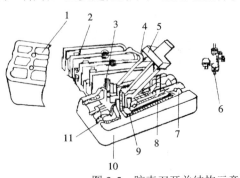

1—上胶盖；
2—下胶盖；
3—触刀座；
4—触刀；
5—瓷柄；
6—胶盖紧固螺帽；
7—出线端子；
8—熔丝；
9—触刀铰链；
10—瓷底座；
11—进线端子

图 2-5　胶壳刀开关结构示意图

4. 熔断器式隔离器

熔断器式隔离器是一种新型电器,有多种结构型式,一般多由有填料熔断器和刀开关组合而成,广泛应用于开关柜或与终端电器配套的电器装置中,作为线路或用电设备的电源隔离开关及严重过载和短路保护之用。在回路正常供电的情况下,接通和切断电源由刀开关来承担,当线路或用电设备过载或短路时,熔断器的熔体熔断,及时切断故障电流。HG1 系列熔断器式隔离器结构如图 2-6 所示。

图 2-6　HG1 系列熔断器式隔离器

安装刀开关时,手柄要向上,不得倒装或平装。若倒装,手柄有可能会自动下滑而引起误合闸,造成人身伤害事故。接线时,应将电源进线端接在上端端子上,负载接在下端端子上。这样,拉开刀闸后,刀开关与电源隔离,便于检修。

2.2.2　隔离器和刀开关的选用原则

隔离器、刀开关的主要功能是隔离电源。在满足隔离功能要求的前提下,选用隔离器和刀开关的主要原则是保证其额定绝缘电压和额定工作电压不低于线路的相应数据,额定工作电流不小于线路的计算电流。当要求有通断能力时,必须选用具备相应额定通断能力的隔离器。如需接通短路电流,则应选用具备相应短路接通能力的隔离开关。

选择隔离器、刀开关电路特性时,要根据线路要求决定电路数、触头种类和数量。有些产品是可以改装的,制造厂可在一定范围内按订货要求满足不同的需要。

熔断器组合电器的选用,需在上述隔离器、刀开关的选用要求之外再考虑熔断器的特点(参见熔断器的选用原则)。

目前常用的刀开关产品有两大类:一类是带杠杆操作机构的单投或双投刀开关。这种刀开关能切断额定电流值以下的负载电流,主要用于低压配电装置中的开关板或动力箱等产品。另一类是中央手柄式的单投或双投刀开关。这种刀开关不能分断电流,只能作为隔离电源的隔离器,主要用于一般的控制屏。

常用的熔断器组合电器和负荷开关(也称铁壳开关或钢壳开关)的最大额定电流可达 400 A,有二极和三极两种形式。这种开关的外壳上一般都装有门联锁机构,当门打开时开关不能合闸。

2.3　熔　断　器

熔断器是一种结构简单,使用方便,价格低廉的保护电器。它是一种利用热效应原理工作的电流保护电器,广泛应用于低压配电系统和控制系统及用电设备中,是电工技术中应用最普遍的保护器件。使用时,熔断器串接于被保护电路中,当电路发生短路故障时,熔体被瞬时熔断而分断电路,故熔断器主要用于短路保护。

电气设备的电流保护有两种主要形式:过载延时保护和短路瞬时保护。过载一般是指

10倍额定电流以下的过电流，而短路则是指超过10倍额定电流以上的过电流。过载延时保护和短路瞬时保护有三点不同：一是电流的倍数不同；二是特性不同，过载需反时限保护特性，而短路则需要瞬时保护特性；三是参数不同，过载要求熔化系数小，发热时间常数大，而短路则要求较大的限流系数，较小的发热时间常数，较高的分断力和较低的过电压。从工作原理看，过载动作的物理过程主要是熔化过程，而短路则主要是电弧的熄灭过程。

熔断器与其他开关电器组合可构成各种熔断器组合电器，如熔断器式隔离器、熔断器式刀开关、隔离器熔断器组和负荷开关等。

2.3.1 熔断器的结构及工作原理

熔断器结构上一般由熔断管(或座)、熔断体、填料及导电部件等部分组成(见图2-7)。其中，熔断管一般是由硬质纤维或瓷质绝缘材料制成的封闭或半封闭式管状外壳。熔断体装于其内，并有利于熔断体熔断时熄灭电弧。熔断体是由金属材料制成的，可以是丝状、带状、片状或笼状。除丝状外，其他熔断体通常制成变截面结构，目的是改善熔断体材料性能及控制不同故障情况下的熔化时间。

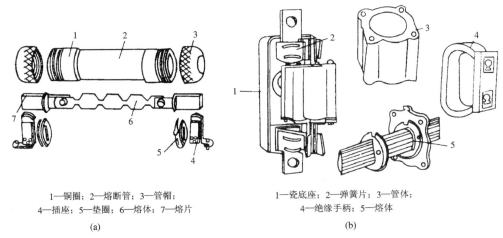

1—铜圈；2—熔断管；3—管帽；
4—插座；5—垫圈；6—熔体；7—熔片

(a)

1—瓷底座；2—弹簧片；3—管体；
4—绝缘手柄；5—熔体

(b)

图2-7 密封管式熔断器

(a) 无填料密封管式熔断器； (b) 有填料密封管式熔断器

熔断体材料分为低熔点材料和高熔点材料两大类。目前常用的低熔点材料有锑铅合金、锡铅合金、锌等，高熔点材料有铜、银和铝等。铝比银的熔点低，而比铅、锌的熔点高。铝的电阻率比银、铜的大。铜的熔点最高为1083℃，而锡的熔点最低为232℃。对于高分断能力的熔断器通常用铜作主体材料，而用锡及其合金作辅助材料，以提高熔断器的性能。熔断体是熔断器的心脏部件，它应具备的基本性能是功耗小、限流能力强和分断能力高。填料也是熔断器中的关键材料，目前广泛应用的填料是石英砂。石英砂主要有两个作用，作为灭弧介质和帮助熔体散热，从而有助于提高熔断器的限流能力和分断能力。

熔断体串接于被保护电路中，当电路发生短路或过电流时，通过熔断体的电流使其发热，当达到熔断体金属熔化温度时就会自行熔断。这期间伴随着燃弧和熄弧过程，随之切断故障电路，起到保护作用。因为当电路正常工作时，熔断体在额定电流下不应熔断，所以其最小熔化电流必须大于额定电流。最小熔化电流是指当通过熔断体的电流等于这个电流值时，熔断体能够达到其稳定温度并且熔断。

熔断器的主要特性为熔断器的安秒特性，即熔断器的熔断时间 t 与熔断电流 I 的关系曲线。因 $t \propto 1/I^2$，所以熔断器的安秒特性如图2-8所示。图中，I_∞ 为最小熔化电流或称临界电流，即通过熔体的电流小于此电流时不会熔断，所以选择的熔体额定电流 I_N 应小于 I_∞。通常，$I_N/I_\infty \approx 1.5 \sim 2$，称为熔化系数，该系数反映熔断器在过载时的保护特性。若要使熔断器能保护小过载电流，则熔化系数应低些；为避免电动机启动时的短时过电流，熔体熔化系数应高些。

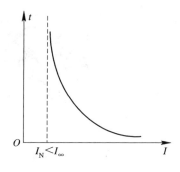

图 2-8　熔断器的安秒特性

2.3.2　常用典型熔断器

熔断器的产品系列、种类很多，常用产品系列有 RL 系列螺旋式熔断器、RC 系列插入式熔断器、R 系列玻璃管式熔断器、RT 系列有填料密封管式熔断器、RM 系列无填料密封管式熔断器、NT/RT 系列高分断能力熔断器、RLS/RST/RS 系列半导体器件保护用快速熔断器、HG 系列熔断器式隔离器和特殊熔断器(如断相自动显示熔断器、自复式熔断器)等。

1. 插入式熔断器

插入式熔断器又称瓷插式熔断器，如图2-9所示。这种熔断器一般用于民用交流50 Hz、额定电压至380 V、额定电流200 A 以下的低压照明线路末端或分支电路中，用于短路保护及高倍过电流保护。熔断器所用熔体材料主要是软铅丝和铜丝，使用时应按产品目录选用合适的规格。

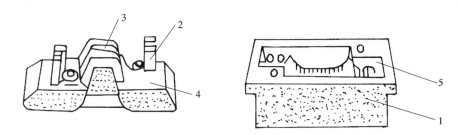

1—瓷底座；2—动触头；3—熔体；4—瓷插件；5—静触头

图 2-9　插入式熔断器

2. 螺旋式熔断器

螺旋式熔断器(如图 2-10 所示)广泛应用于工矿企业低压配电设备、机械设备的电气控制系统中，用于短路和过电流保护。螺旋式熔断器由瓷座、熔体、瓷帽等组成。熔体是一个瓷管，内装有石英砂和熔丝，熔丝的两端焊在熔体两端的导电金属端盖上，其上端盖中有一个染有红漆的熔断指示器。当熔体熔断时，熔断指示器弹出、脱落，透过瓷帽上的玻璃孔可以看见。熔断器熔断后，只要更换熔体即可。

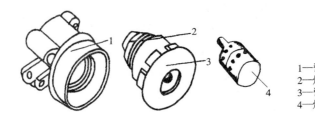

1—瓷座；
2—熔体；
3—瓷帽；
4—熔断指示器

图 2-10 螺旋式熔断器

3. 半导体器件保护熔断器

半导体器件保护熔断器是一种快速熔断器。通常，半导体器件的过电流能力极低，它们在过电流时只能在极短时间(数毫秒至数十毫秒)内承受过电流。如果其工作于过电流或短路条件下，则 PN 结的温度急剧上升，硅元件将迅速被烧坏。一般熔断器的熔断时间是以秒计的，所以不能用来保护半导体器件，为此，必须采用能迅速动作的快速熔断器。半导体器件保护熔断器采用以银片冲制的有 V 形深槽的变截面熔体。

目前，常用的快速熔断器有 RS、NGT 和 CS 系列等。RS0 系列快速熔断器用于大容量硅整流元件的过电流和短路保护，而 RS3 系列快速熔断器用于晶闸管的过电流和短路保护。此外，还有 RLS1 和 RLS2 系列的螺旋式快速熔断器，其熔体为银丝，它们适用于小容量的硅整流元件和晶闸管的短路或过电流保护。

2.3.3 熔断器的选用原则

熔断器的主要参数有额定电压、额定电流、额定分断电流等。选用时，应首先根据实际使用条件确定熔断器的类型，包括选定合适的使用类别和分断范围。在保证使熔断器的最大分断电流大于线路中可能出现的峰值短路电流有效值的前提下，选定熔断体的额定电流，同时使熔断器的额定电压不低于线路额定电压。但当熔断器用于直流电路时，应注意制造厂提供的直流电路数据或与制造厂协商，否则应降低电压使用。

选择熔断器的类型时，主要依据负载的保护特性和预期短路电流的大小。例如，对于用于保护照明和小容量电动机的熔断器，一般考虑它们的过电流保护；而对于大容量的照明线路和电动机，主要考虑短路保护及短路时的分断能力；除此以外，还应考虑加装过电流保护。

作一般用途的熔断器的选用：

(1) 用于保护负载电流比较平稳的照明或电热设备，以及一般控制电路的熔断器，其熔断体额定电流 I_N 一般按线路计算电流确定。

(2) 用于保护电动机的熔断器，应将电动机的启动电流倍数作为考虑因素，一般选熔断体额定电流 I_{FN} 为电动机额定电流 I_{MN} 的 1.5～2.5 倍。对于不经常启动或启动时间不长的电动机，选较小倍数；对于频繁启动的电动机，选较大倍数。

对于给多台电动机供电的主干线母线处的熔断器的熔断体额定电流，可按下式计算：

$$I_{FN} \geqslant (2.0 \sim 2.5)I_{MNmax} + \sum I_{MN}$$

式中： I_{FN}——熔断器的额定电流；

   I_{MN}——电动机的额定电流；

   I_{MNmax}——多台电动机中容量最大的一台电动机的额定电流；

   $\sum I_{MN}$ ——其余电动机额定电流之和。

为防止发生越级熔断，上、下级(即供电干、支线)熔断器间应有良好的协调配合，宜进行较详细的整定计算和校验。

2.4 低压断路器

低压断路器俗称自动空气开关，是低压配电网中的主要电器开关之一。它不仅可以接通和分断正常负载电流、电动机工作电流和过载电流，而且可以接通和分断短路电流。低压断路器主要在不频繁操作的低压配电线路或开关柜(箱)中作为电源开关使用，同时对线路、电器设备及电动机等实行保护。当它们发生严重过电流、过载、短路、断相、漏电等故障时，能自动切断线路，起到保护作用，应用十分广泛。高性能万能式断路器带有各种保护功能脱扣器，包括智能化脱扣器，可实现计算机网络通信。低压断路器具有的多种功能，是以脱扣器或附件的形式实现的。根据用途的不同，断路器可配备不同的脱扣器或继电器。脱扣器是断路器本身的一个组成部分，而继电器(包括热敏电阻保护单元)则通过与断路器操作机构相连的欠电压脱扣器或分励脱扣器的动作控制断路器。

低压断路器按结构型式分为万能框架式、塑壳式和模数式三种。根据断路器在电路中的不同用途，断路器被分为配电用断路器、电动机保护用断路器和其他负载(如照明)用断路器等。

2.4.1 低压断路器的结构和工作原理

低压断路器的结构示意图如图 2-11 所示。

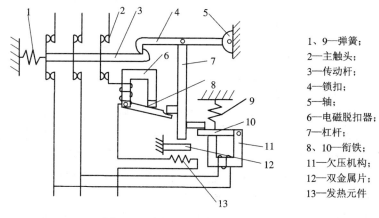

1、9—弹簧；
2—主触头；
3—传动杆；
4—锁扣；
5—轴；
6—电磁脱扣器；
7—杠杆；
8、10—衔铁；
11—欠压机构；
12—双金属片；
13—发热元件

图 2-11 低压断路器的结构示意图

低压断路器由以下三个基本部分组成：

(1) 触头和灭弧系统。这一部分是执行电路通断的主要部件。

(2) 具有不同保护功能的脱扣器。由具有不同保护功能的各种脱扣器可以组合成不同性能的低压断路器。

(3) 自由脱扣器和操作机构。这一部分是联系以上两部分的中间传递部件。

低压断路器的主触头一般由耐弧合金(如银钨合金)制成,采用灭弧栅片灭弧。主触头是由操作机构和自由脱扣器操纵其通断的,可用操作手柄操作,也可用电磁机构远距离操作。在正常情况下,触头可接通、分断工作电流。当出现故障时,触头能快速及时地切断高达数十倍额定电流的故障电流,从而保护电路及电路中的电器设备。

图 2-11 中断路器处于闭合状态,三个主触点通过传动杆与锁扣保持闭合,锁扣可绕轴转动。当电路正常运行时,电磁脱扣器的电磁线圈虽然串接在电路中,但所产生的电磁吸力不能使衔铁动作,只有当电路中的电流达到动作电流时,衔铁才被迅速吸合,同时撞击杠杆,使锁扣脱扣,主触点被弹簧迅速拉开将主电路分断。一般电磁脱扣器是瞬时动作的。图 2-11 中尚有双金属片制成的热脱扣器。热脱扣器是反时限动作的,用于过载保护。在电路中电流过载达一定倍数并经过一段时间后,热脱扣器动作使主触点断开主电路。电磁脱扣器和热脱扣器合称复式脱扣器。图 2-11 中的欠压机构在正常运行时衔铁吸合,当电源电压降低到额定电压的 40%～75% 时,吸力减小,衔铁被弹簧拉开并撞击杠杆,使锁扣脱扣,实现欠压保护。

除此以外,尚有实现远距离控制使之断开的分励脱扣器,其电路如图 2-12 所示。

在低压断路器正常工作时,分励脱扣器线圈不通电,衔铁处于打开位置。当需要实现远距离操作时,可按下停止按钮,或在保护继电器动作时,使分励脱扣线圈通电,其衔铁动作,使低压断路器断开。电路中串联的低压断路器常开辅助触点,是供分励脱扣线圈断电时用的。低压断路器还可附装辅助触点,用于欠压脱扣器及分励脱扣器电路和信号灯电路。

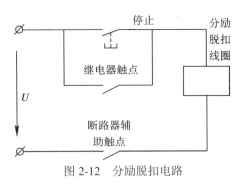

图 2-12　分励脱扣电路

2.4.2　典型低压断路器简介

1. 万能框架式断路器

万能框架式断路器一般有一个有绝缘衬垫的钢制框架,所有部件均安装在这个框架底座内,具有多段式保护特性,主要用于配电网络的总开关和保护。万能框架式断路器容量较大,可装设较多的脱扣器,辅助触头的数量也较多。不同的脱扣器组合可产生不同的保护特性,有选择型或非选择型配电用断路器及具有反时限动作特性的电动机保护用断路器。容量较小(如 600 A 以下)的万能框架式断路器多用电磁机构传动;容量较大(如 1000 A 以上)的万能框架式断路器则多用电动机机构传动(无论采用何种传动机构,都装有手柄,以备检修或传动机构发生故障时使用)。极限通断能力较高的万能框架式断路器还采用储能操作机构,以提高通断速度。

2. 塑料外壳式断路器

塑料外壳式断路器的主要特征是有一个采用聚酯绝缘材料模压而成的外壳,所有部件都装在这个封闭型外壳中。其接线方式分为板前接线和板后接线两种。大容量产品的操作机构采用储能式,小容量(50 A 以下)则常采用非储能式闭合,操作方式多为手柄扳动式。塑料外壳式断路器多为非选择型,根据断路器在电路中的不同用途,分为配电用断路器、电动机保护用断路器和其他负载(如照明)用断路器等。它常用于低压配电开关柜(箱)中,作配电线路、电动机、照明电路及电热器等设备的电源控制开关及保护。在正常情况下,断路器可分别作为线路的非频繁转换及电动机的非频繁启动之用。

3. 模数式小型断路器

模数式小型断路器是终端电器中的一大类,是组成终端组合电器的主要部件之一。终端电器是指装于线路末端的电器,该处的电器对有关电路和用电设备应进行配电、控制和保护等。模数式小型断路器在结构上具有外形尺寸模数化(9 mm 的倍数)和安装导轨化的特点。断路器由操作机构、热脱扣器、电磁脱扣器、触头系统和灭弧室等部件组成,所有部件都置于绝缘外壳中。有的产品备有报警开关、辅助触头组、分励脱扣器、欠压脱扣器和漏电脱扣器等附件,供需要时选用。该系列断路器可作为线路和交流电动机等的电源控制开关,也可起过载、短路等保护作用,广泛应用于工矿企业、建筑及家庭等场所。

2.4.3 低压断路器的选用原则

低压断路器的选用应根据具体使用条件选择使用类别、额定工作电压、额定电流、脱扣器整定电流和分励、欠压脱扣器的电压电流等,参照产品样本提供的保护特性曲线选用保护特性,并需对短路特性和灵敏系数进行校验。当与另外的断路器或其他保护电器之间有配合要求时,应选用选择型断路器。

2.5 接 触 器

接触器是一种适用于在低压配电系统中远距离控制,频繁操作交、直流主电路及大容量控制电路的自动控制开关电器,主要应用于自动控制交、直流电动机,电热设备,电容器组等设备,应用十分广泛。接触器具有强大的执行机构,大容量的主触头及迅速熄灭电弧的能力。当系统发生故障时,它能根据故障检测元件所给出的动作信号,迅速、可靠地切断电源,并有低压释放功能,与保护电器组合可构成各种电磁启动器,用于电动机的控制及保护。

接触器的分类有几种不同的方式。若按操作方式分,有电磁接触器、气动接触器和电磁气动接触器;按灭弧介质分,有空气电磁式接触器、油浸式接触器和真空接触器等;按主触头控制的电流种类分,又有交流接触器、直流接触器、切换电容接触器等,另外还有建筑用接触器、机械联锁(可逆)接触器和智能化接触器等。建筑用接触器的外形结构与模数式小型断路器类似,可与模数式小型断路器一起安装在标准导轨上。其中,应用最广泛的是空气电磁式交流接触器和空气电磁式直流接触器,习惯上简称为交流接触器和直流接触器。

2.5.1 接触器的结构及工作原理

接触器由电磁系统、触头系统、灭弧系统、释放弹簧机构、辅助触头及基座等几部分组成，如图 2-13 所示。接触器是利用电磁系统控制衔铁的运动来带动触头，使电路接通或断开的。交流接触器和直流接触器的结构和工作原理基本相同，但也有不同之处。

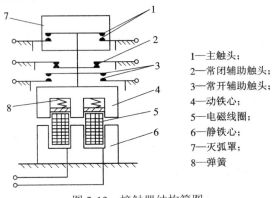

1—主触头；
2—常闭辅助触头；
3—常开辅助触头；
4—动铁心；
5—电磁线圈；
6—静铁心；
7—灭弧罩；
8—弹簧

图 2-13　接触器结构简图

在电磁机构方面，交流接触器为了减小因涡流和磁滞损耗造成的能量损失和温升，铁心和衔铁用硅钢片叠成。线圈绕在骨架上做成扁而厚的形状，与铁心隔离，有利于铁心和线圈的散热。而直流接触器由于铁心中不会产生涡流和磁滞损耗，因此不会发热。铁心和衔铁用整块电工软钢做成，为使线圈散热良好，通常将线圈绕制成高而薄的圆筒状，且不设线圈骨架，使线圈和铁心直接接触以利于散热。对于大容量的直流接触器，往往采用串联双绕组线圈，一个为启动线圈，另一个为保持线圈。接触器本身的一个常闭辅助触头与保持线圈并联连接。在电路刚接通的瞬间，保持线圈被常闭触头短接，可使启动线圈获得较大的电流和吸力。当接触器动作后，常闭触头断开，两线圈串联通电。由于电源电压不变，因此电流减小，但仍可保持衔铁吸合，因而可以减少能量损耗，延长电磁线圈的使用寿命。中、小容量交、直流接触器的电磁机构一般都采用直动式结构，大容量的接触器采用转动式结构。

接触器的触头分为两类，主触头和辅助触头。中、小容量的交、直流接触器的主、辅助触头一般都采用直动式双断点桥式结构设计，大容量的主触头采用转动式单断点指型触头。交流接触器的主触头流过交流主回路电流，产生的电弧也是交流电弧，常采用多纵缝灭弧装置灭弧。直流接触器的主触头流过直流主回路电流，产生的电弧也是直流电弧。由于直流电弧比交流电弧难以熄灭，因此直流接触器常采用磁吹式灭弧装置灭弧。接触器的辅助触头用于控制回路，可根据需要按使用类别选用。

对于商品接触器，由于其所用材料、结构等已经确定，因此选用时不得任意将交、直流接触器互换使用，否则将可能使灭弧发生困难，引起故障及事故。

2.5.2 常用典型交流接触器

1. 空气电磁式交流接触器

在接触器中，空气电磁式交流接触器应用最为广泛，产品系列、品种最多，其结构和工作原理基本相同；且各种系列产品在功能、性能和技术含量等方面各有独到之处，可根据需要择优选择。其典型产品有 CJ20、CJ21、CJ26、CJ29、CJ35、CJ40、NC、B、LCI—D、3TB 和 3TF 系列交流接触器等。其中，CJ20 是国内统一设计的产品，结构紧凑，具有我国自己的特点。其技术参数如表 2-1 和表 2-2 所示。

表 2-1　CJ20 系列交流接触器主要技术数据(一)

型　　号	额定电压/V	额定电流/A	可控制电动机最大功率/kW	$1.1U_N$ 及 $\cos\varphi = 0.35 \pm 0.05$ 时的接通能力/A	$1.1U_N$、$f \pm 10\%$ 和 $\gamma \pm 0.05$ 时的分断能力/A	操作频率/次/h AC—3	操作频率/次/h AC—4
CJ20—40	380	40	22	40×12	40×10	1200	300
CJ20—40	660	25	22	25×12	25×10	600	120
CJ20—63	380	63	30	63×12	63×10	1200	300
CJ20—63	660	40	35	63×12	40×10	600	120
CJ20—160	380	160	85	160×12	160×10	1200	300
CJ20—160	660	100	85	100×12	100×10	600	120
CJ20—160/11	1140	80	85	80×12	80×10	300	60
CJ20—250	380	250	132	250×10	250×8	600	120
CJ20—250/06	660	200	190	200×10	200×8	300	60
CJ20—630	380	630	300	630×10	630×8	600	120
CJ20—630/11	660	400	350	400×10	400×8	300	60
CJ20—630/11	1140	400	400	400×10	400×8	120	30

表 2-2　CJ20 系列交流接触器主要技术数据(二)

型　　号	电寿命(万次) AC—3	电寿命(万次) AC—4	机械寿命 (万次)	吸引线圈 额定电压/V	吸引线圈 吸合电压	吸引线圈 释放电压	吸引线圈 启动功率/(V·A/W)	吸引线圈 吸持功率/(A·V/W)
CJ20—40	100	4	1000	36	0.85～1.1U_N	0.75U_N	175/82.3	19/5.7
CJ20—40								
CJ20—63		8		127			480/153	57/16.5
CJ20—63					0.8～1.1U_N	0.7U_N		
CJ20—160	200(120)		1000(600)	220				
CJ20—160		1.5		380			855/325	85.5/34
CJ20—160/11								
CJ20—250		1		127			1710/565	152/65
CJ20—250/06					0.85～1.1U_N	0.75U_N		
CJ20—630	120(60)		600(300)	220				
CJ20—630/11		0.5		380			3578/790	250/118
CJ20—630/11								

2. 机械联锁(可逆)交流接触器

机械联锁(可逆)交流接触器实际上是由两个相同规格的交流接触器再加上机械联锁机构和电气联锁机构所组成的,可以保证在任何情况下(如机械振动或错误操作而发出的指令)都不能使两台交流接触器同时吸合;只能当一台接触器断开后,另一台接触器才能闭合,这样可有效地防止电动机正、反向转换时出现相间短路,比仅在电器控制回路中加接联锁电路的方式更安全可靠。机械联锁接触器主要用于电动机的可逆控制、双路电源的自动切换,也可用于需要频繁地进行可逆换接的电器设备上。生产厂通常将机械联锁机构和电气联锁机构以附件的形式提供。

常用的机械联锁(可逆)接触器有 LC2—D 系列(国内型号为 CJX4—N)、3TD 系列、B 系列等。3TD 系列可逆交流接触器主要适用于额定电流为 63 A 的交流电动机的启动、停止及正、反转的控制。

3. 切换电容器接触器

切换电容器接触器是专用于低压无功补偿设备中的投入或切除并联电容器组,以调整用电系统的功率因数。切换电容器接触器带有抑制浪涌装置,能有效地抑制接通电容器组时出现的合闸涌流对电容的冲击和开断时的过电压。其灭弧系统采用封闭式自然灭弧。接触器的安装既可采用螺钉安装,又可采用标准卡轨安装。

常用产品有 CJ16、CJ19、CJ41、CJX4、CJX2A、LC1—D 系列等。

4. 真空交流接触器

真空交流接触器是以真空为灭弧介质,其主触头密封在真空开关管内。真空开关管(又称真空灭弧室)以真空作为绝缘和灭弧介质,位于真空中的触头一旦分离,触头间将产生由金属蒸气和其他带电粒子组成的真空电弧。真空电弧依靠触头上蒸发出来的金属蒸气来维持,因真空介质具有很高的绝缘强度且介质恢复速度很快,真空电弧的等离子体很快向四周扩散,在第一次过零时真空电弧就能熄灭(燃弧时间一般小于 10 ms)。由于熄弧过程是在密封的真空容器中完成的,电弧和炽热的气体不会向外界喷溅,因此其开断性能稳定可靠,不会污染环境,特别适用于在矿山、冶金、建材、化工石油及重工业部门等许多重任务场合和较为恶劣的环境下使用。真空开关管是真空开关的核心元件,其主要技术参数决定真空开关的主要性能。

常用的真空接触器有 CKJ 和 EVS 系列等。

5. 直流接触器

直流接触器应用于直流电力线路中,可提供远距离接通与分断电路,以及直流电动机的频繁启动、停止、反转或反接制动控制等。

直流接触器有立体布置和平面布置两种结构。电磁系统多采用绕棱角转动的转动式结构,主触头采用双断点桥式结构或单断点转动式结构。由于有的产品是在交流接触器的基础上派生的,因此直流接触器的工作原理基本上与交流接触器相同。常用的直流接触器有 CZ18、CZ21、CZ22 和 CZ0 系列等。

6. 智能化接触器

智能化接触器的主要特征是装有智能化电磁系统，并具有与其他设备相互通信的功能，其本身还具有对运行工况自动识别、控制和执行的能力。

智能化接触器一般由基本系列的电磁接触器及附件构成。附件包括智能控制模块、辅助触头组、机械联锁机构、报警模块、测量显示模块、通信接口模块等，所有智能化功能都集成在一块以微处理器为核心的控制板上。从外形结构上看，与传统产品不同的是，智能化接触器在出线端位置增加了一块带微处理器及测量线圈的机电一体化线路板。

智能化接触器可对接触器的电磁系统进行智能化的动态控制，根据接触器动作过程中检测到的电磁系统的参数(如线圈电流、电磁吸力、运动位移、速度、加速度、正常吸合门槛电压和释放电压等)，进行实时数据处理，并选取事先存储在控制芯片中的相应控制方案实现"确定"的动作，从而同步吸合、保持和分断三个过程，保证触头开断过程的电弧能量最小，实现三过程的最佳实时控制。检测元件主要采用高精度的电压互感器和电流互感器，但这种互感器与传统的互感器有所区别。如电流互感器通过测量一次侧电流周围产生的磁通量并使之转化为二次侧的开路电压，从而确定一次侧的电流，再通过计算得出 I^2 及 I^2t 值，从而获取与控制对象相匹配的保护特性，并具有记忆、判断功能和能够自动调整、优化的保护特性。经过对被控制电路的电压和电流信号的检测、判别和变换过程，可实现对接触器电磁线圈的智能化控制，并可实现过载、断相或三相不平衡、短路、接地故障等保护功能。

智能化接触器还可通过通信接口直接与自动控制系统的通信网络相连，通过数据总线输出工作状态参数、负载数据和报警信息等，可接受上位控制计算机及可编程序控制器(PLC)的控制指令，其通信接口可以与当前工业上应用的大多数低压电器数据通信规约兼容。

目前智能化接触器的产品尚不多，已面世的产品在一定程度上代表了当今智能化接触器技术发展的动向和水平。

2.5.3　接触器的选用原则

接触器的选用主要是选择型式、主电路参数、控制电路参数和辅助电路参数，并且按电寿命、使用类别和工作制选用，另外需要考虑负载条件的影响。分述如下：

1. 型式的确定

型式的确定主要确定极数和电流种类。电流种类由系统主电流种类确定。三相交流系统中一般选用三极接触器，当需要同时控制中性线时，则选用四极交流接触器。单相交流和直流系统中则常有两极或三极并联的情况。一般场合下，选用空气电磁式接触器；易燃易爆场合应选用防爆型及真空接触器等。

2. 主电路参数的确定

主电路参数的确定主要确定额定工作电压、额定工作电流(或额定控制功率)、额定通断能力和耐受过载电流能力。接触器可以在不同的额定工作电压和额定工作电流下工作，但在任何情况下，额定工作电压都不得高于接触器的额定绝缘电压，额定工作电流(或额定控制功率)也不得高于接触器在相应工作条件下规定的额定工作电流(或额定控制功率)。接触器的额定通断能力应高于通断时电路中实际可能出现的电流值。耐受过载电流能力也应高于电路中可能出现的工作过载电流值。

3. 控制电路参数和辅助电路参数的确定

接触器的线圈电压应按选定的控制电路电压确定。交流接触器的控制电路电流种类分交流和直流两种。一般情况下多用交流,当操作频繁时则常选用直流。

接触器的辅助触头种类(常开或常闭)、数量和组合式一般应根据系统控制要求确定,同时应注意辅助触头的通断能力和其他额定参数。当接触器的辅助触头数量和其他额定参数不能满足系统要求时,可增加接触器式继电器以扩大功能。

2.6 继 电 器

继电器是一种自动电器,在控制系统中用来控制其他电器动作,或在主电路中作为保护用电器。继电器的输入量是电压、电流等电量,也可以是温度、速度等非电量。当输入量变化到某一定值时,控制继电器动作,使输出量发生预定的阶跃变化。

由于继电器的触点应用于控制电路中,控制电路的功率一般不大,因此对继电器触点的额定电流与转换能力要求不高。继电器一般不采用灭弧装置,触点的结构也比较简单。

继电器的用途广泛,种类繁多。按输入信号的不同可分为电压继电器、电流继电器、时间继电器、热继电器、速度继电器和压力继电器等。

2.6.1 继电器的结构及工作原理

任何一种继电器,不论它们的动作原理、结构形式、使用场合如何千变万化,都具备两个基本机构:一是能反应外界输入信号的感应机构;二是对被控电路实现通断控制的执行机构。继电器的感应机构将输入的电量或非电量变换成适合执行机构动作的机械能,继电器的执行机构实现对电路的通断控制。由此可见,"感应"与"执行"对任何继电器都是不可缺少的。继电器的特性称为输入—输出特性,常用继电器特性曲线表示。此曲线是一种矩形曲线,如图 2-14 所示。

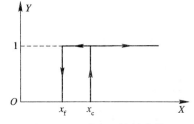

图 2-14　继电器特性曲线

当输入量 $X<X_c$ 时,衔铁不动作,其输出量 $Y=0$;当 $X=X_c$ 时,衔铁吸合,输出量 Y 从 "0" 跃变为 "1";再进一步增大输入量使 $X>X_c$,则输出量仍为 $Y=1$。当输入量 X 从 X_c 开始减小的时候,在 $X>X_f$ 的过程中虽然吸力特性降低,但因衔铁在吸合状态下的吸力仍比反力大,所以衔铁不会释放,输出量 $Y=1$。当 $X=X_f$ 时,因吸力小于反力,衔铁释放,输出量由 "1" 突变为 "0";再减小输入量,输出量仍为 "0"。图中 X_c 称为继电器的动作值,X_f 称为继电器的复归值,它们均为继电器的动作参数。

继电器的动作参数可根据使用要求进行整定。为了反映继电器吸力特性与反力特性配合的紧密程度,引入了返回系数概念。返回系数是继电器复归值 X_f 与动作值 X_c 的比值,即

$$K_I = \frac{I_f}{I_c}$$

式中：K_I——电流返回系数；

I_f——复归电流(A)；

I_c——动作电流(A)。

同理，电压返回系数 K_U 为

$$K_U = \frac{U_f}{U_c}$$

式中：U_f——复归电压(V)；

U_c——动作电压(V)。

2.6.2 常用典型继电器

1. 电磁式继电器

电磁式继电器的种类很多，如前所述的电压继电器、中间继电器、电流继电器、电磁式时间继电器、接触器式继电器等。接触器式继电器是一种作为控制开关电器使用的接触器。实际上，各种和接触器的动作原理相同的继电器如中间继电器、电压继电器等都属于接触器式继电器。接触器式继电器在电路中的作用主要是扩展控制触头的数量或增加触头的容量。

电磁式继电器反映的是电信号。当其线圈反映电压信号时，称其为电压继电器。电压继电器线圈应和电压源并联。当其线圈反映电流信号时，称其为电流继电器。电流继电器线圈应和电流源串联。为了不影响负载电路，电压继电器的线圈匝数多、导线细，而电流继电器的线圈匝数少、导线粗。

电磁式继电器有交、直流之分，是按线圈中通过的是交流电源还是直流电源来决定的。交流继电器的线圈通以交流电源，它的铁心用硅钢片叠成，磁极端面装有短路环；直流继电器的线圈通以直流电源，它的铁心用电工软钢做成，不需要装短路环。

电流继电器和电压继电器根据用途的不同，又可以分为过电流(或过电压)继电器和欠电流(或欠电压)继电器。前者的电流(电压)超过规定值时铁心才吸合，如整定范围为 1.1～6 倍的额定值；后者的电流(电压)低于规定值时铁心才释放，如整定范围为 0.3～0.7 倍的额定值。

2. 时间继电器

时间继电器按其延时原理有电磁式、机械空气阻尼式、电动机式、电子式、可编程式和数字式等。它是一种实现触头延时接通或断开的自动控制电器，主要作为辅助电器元件，用于各种电气保护及自动装置中，使被控元件达到所需要的延时，应用十分广泛。

一般电磁式时间继电器的延时时间在十几秒以下，多为断电延时，其延时整定精度和稳定性不是很高。但继电器本身适应能力较强，在一些要求不太高，工作条件又比较恶劣的场合中，多采用这种时间继电器。常用的电磁式时间继电器有 JT3 系列时间继电器。

机械阻尼式(气囊式)时间继电器的延时时间可以增加到数分钟，但整定精度往往较差，只适用于一般场合。常用的机械阻尼式有 JS7—A 系列气囊式时间继电器。

同步电动机式时间继电器的主要特点是延时时间长，可长达数十小时，重复精度也较高。常用的同步电动机式则有 JS11 系列时间继电器。

电子式、可编程式和数字式时间继电器的延时时间长，整定精度高，有通电延时、断电延时、复式延时、多制式延时等类型，应用广泛。

1) 直流电磁式时间继电器

在直流电磁式电压继电器的铁心上增加一个阻尼铜套，即可构成直流电磁式时间继电器，其结构示意图如图 2-15 所示。它是利用电磁阻尼原理产生延时的。由电磁感应定律可知，在继电器线圈通、断电过程中，铜套内将感应电势并流过感应电流，此电流产生的磁通总是阻止原磁通的变化。当继电器通电时，由于衔铁处于释放位置，气隙大、磁阻大、磁通小，铜套阻尼作用相对也小，因此衔铁吸合时延时不显著(一般忽略不计)。而当继电器断电时，磁通变化量大，铜套阻

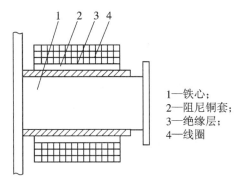

1—铁心；
2—阻尼铜套；
3—绝缘层；
4—线圈

图 2-15　直流电磁式时间继电器结构示意图

尼作用也大，使衔铁延时释放而起到延时作用。因此，这种继电器仅用作断电延时。这种时间继电器延时较短，而且准确度较低，一般只用于要求不高的场合，如电动机的延时启动等。

2) 空气阻尼式时间继电器

空气阻尼式时间继电器是利用空气阻尼原理获得延时的。它由电磁机构、延时机构、触头三部分组成。电磁机构为直动式双 E 形；触头系统采用微动开关；延时机构采用气囊式阻尼器。空气阻尼式时间继电器有通电延时型和断电延时型两种。电磁机构可以是直流的，也可以是交流的。图 2-16 为 JS7—2 A 系列通电延时型空气阻尼式时间继电器的结构原理图。轴线左边部分为延时单元，右边部分为电磁机构。将图中右边部分的电磁机构旋出固定螺钉后再旋转 180°，即为断电延时型。

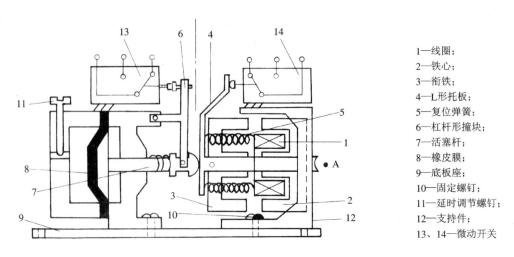

1—线圈；
2—铁心；
3—衔铁；
4—L形托板；
5—复位弹簧；
6—杠杆形撞块；
7—活塞杆；
8—橡皮膜；
9—底板座；
10—固定螺钉；
11—延时调节螺钉；
12—支持件；
13、14—微动开关

图 2-16　JS7—2A 型空气阻尼式时间继电器的结构原理图

工作原理如下，当线圈通电时，衔铁连同 L 形托板被铁心吸引而右移，微动开关的触头迅速转换，L 形托板的尾部便伸出支持件尾部至 A 点；同时，连接在气室的橡皮膜上的活塞杆也右移，由于杠杆形撞块连接在活塞杆上，故撞块的上部左移，由于橡皮膜向右运动时，橡皮膜下方气室的空气稀薄形成负压，起到空气阻尼作用，因此经缓慢右移一定的时间后，撞块上部的行程螺钉才能压动微动开关，使微动开关的触头转换，达到通电延时的目的。其移动的速度即延时时间的长短，视进气孔的大小、进入空气室的空气流量而定，可通过延时调节螺钉进行调整。当线圈断电时，电磁吸力消失，衔铁在反力弹簧的作用下释放，并通过活塞杆将活塞推向下端。这时橡皮膜下方气室内的空气通过橡皮膜、弹簧和活塞的肩部所形成的单向阀，迅速从气室缝隙中排掉，因此杠杆形撞块和微动开关能迅速复位。在线圈通电和断电时，微动开关在推板的作用下瞬时动作，即为时间继电器的瞬动触头。

空气阻尼式时间继电器的优点是，延时时间长，结构简单，寿命长，价格低廉；其缺点是误差大($\pm 10\% \sim \pm 20\%$)，无调节刻度指示，难以精确地整定延时值。在对延时精度要求高的场合，不宜使用这种时间继电器。

3) 电子式时间继电器

电子式时间继电器在时间继电器中已成为主流产品。电子式时间继电器是采用晶体管或集成电路和电子元件等构成的，目前已有采用单片机控制的时间继电器。电子式时间继电器具有延时时间长，精度高，体积小，耐冲击和耐振动，调节方便及寿命长等优点，所以发展很快，应用广泛。

晶体管式时间继电器是利用 RC 电路电容器充电时电容器上的电压逐渐上升的原理作为延时基础的。因此改变充电电路的时间常数(改变电阻值)，即可整定其延时时间。继电器的输出形式有两种：有触头式，采用晶体管驱动小型电磁式继电器；无触头式，采用晶体管或晶闸管输出。图 2-17 为 JSJ 型晶体管时间继电器的原理图。半导体时间继电器是利用 RC 电路电容器充电原理实现延时的。

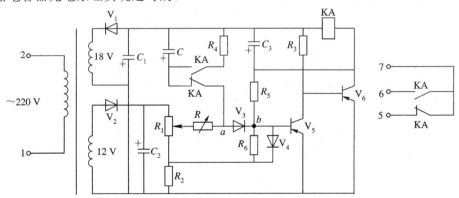

图 2-17　JSJ 型晶体管时间继电器原理图

图 2-17 中有两个电源，主电源是由变压器二次侧的 18 V 电压经整流、滤波而得到；辅助电源是由变压器二次侧的 12 V 电压经整流、滤波而得到。当电源变压器接上电源时，V_5 管导通，V_6 管截止，继电器 KA 不动作。两个电源分别向电容 C 充电，a 点电位按指数规律上升。当 a 点电位高于 b 点电位时，V_5 管截止，V_6 管导通，V_6 管集电极电流通过继电器

KA 的线圈，KA 各触点动作并输出信号。图中 KA 的常闭触头断开充电电路。常开触头闭合使电容放电，为下次工作作好准备。调节电位器 R 可以改变延时的时间大小。此电路的延时范围为 0.2～300 s。

3. 热继电器

热继电器是利用测量元件被加热到一定程度而动作的一种继电器。热继电器的测量元件通常用双金属片，它由主动层和被动层组成。主动层材料采用膨胀系数较高的铁镍铬合金；被动层材料采用膨胀系数很小的铁镍合金。双金属片在受热后将向被动层方向弯曲。

双金属片的加热方式有直接加热、间接加热和复式加热。直接加热就是把双金属片当作热元件，让电流直接通过；间接加热是用与双金属片无电联系的加热元件产生的热量来加热；复式加热是直接加热与间接加热两种加热形式的结合。双金属片受热弯曲，当其弯曲到一定程度时，通过动作机构使触点动作。热继电器主要用作三相感应电动机的过载保护。

1) 热继电器的主要技术要求

作为电动机过载保护装置的热继电器，应能保证电动机既不超过容许的过载，又能最大限度地利用电动机的过载能力，还要保证电动机的正常启动。为此，对热继电器提出了如下技术要求：

(1) 应具有可靠而合理的保护特性。一般电动机在保证绕组正常使用寿命的条件下，具有反时限的容许过载特性。作为电动机过载保护装置的热继电器，应具有一条相似的反时限保护特性曲线，其位置应居电动机容许过载特性曲线之下。热继电器保护特性如表 2-3 所示。

表 2-3　热继电器保护特性

项　号	整定电流倍数	动作时间	试验条件
1	1.05	> 2 h	冷态
2	1.2	< 2 h	热态
3	1.5	< 2 min	热态
4	6	> 5 s	冷态

(2) 具有一定的温度补偿。为避免环境温度变化引起双金属片弯曲而带来的误差，应引入温度补偿装置。

(3) 具有手动复位与自动复位功能。当热继电器动作后，可在其后 2 min 内按下手动复位按钮进行复位，或在 5 min 内可靠地自动复位。

(4) 热继电器的动作电流可以调节。通过调节凸轮，在 66%～100%的范围内可调节动作电流。

2) 热继电器的结构及工作原理

图 2-18 为双金属片热继电器的结构示意图。

主双金属片与热元件串联，通电后双金属片受热向左弯曲，推动导板，导板向左推动补偿双金属片。补偿双金属片与推杆固定在一起，它可绕轴顺时针方向转动。推杆推动片簧向右，当向右推动到一定位置后，弓簧的作用方向改变，使片簧向左运动，将触点分断。

由片簧及弓簧构成了一组跳跃机构。

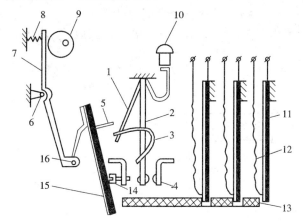

1、2—片簧；3—弓簧；
4—触点；5—推杆；
6—固定转轴；7—杠杆；
8—压簧；9—凸轮；
10—手动复位按钮；
11—主双金属片；
12—热元件；
13—导板；
14—调节螺钉；
15—补偿双金属片；
16—轴

图 2-18　双金属片热继电器的结构示意图

凸轮用来调节动作电流。旋转调节凸轮的位置，将使杠杆的位置改变，同时使补偿双金属片与导板之间的距离改变，也改变了使继电器动作所需的双金属片的挠度，即调整了热继电器的动作电流。

补偿双金属片为补偿周围介质温度变化用。如果没有补偿双金属片，当周围介质温度变化时，主双金属片的起始挠度随之改变，导板的推动距离也随之改变。有了补偿级金属片后，当周围介质温度变化时，主双金属片与补偿双金属片同时向同一方向弯曲，使导板与补偿双金属片之间的推动距离保持不变。这样，继电器的动作特性将不受周围介质温度变化的影响。

热继电器可用调节螺钉将触点调成自动复位或手动复位。若需手动复位，可将调节螺钉向左拧出，此时触点动作后就不会自动恢复原位；还必须将复位按钮向下按，迫使片簧 1 退回原位，片簧 2 立即向右动作，使触点闭合。若需自动复位，将调节螺钉向右旋入一定位置即可。

3）具有断相保护的热继电器

三相感应电动机运转时，若发生一相断路，电动机各相绕组电流的变化情况将与电动机绕组接法有关。对于星形连接的电动机，由于相电流等于线电流，因此当电源一相断路时，其他两相的电流将过载，使热继电器动作。而对于三角形连接的电动机(见图 2-19)，在正常情况下，线电流为相电流的 $\sqrt{3}$ 倍。但当电动机一相电源断路，且为额定负载的 58% 时，则流过跨接于全电压下的一相绕组的相电流 i_{p3} 等于 1.15 倍

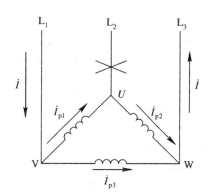

图 2-19　电动机为三角形连接时 U 相断路时的电流情况

额定相电流，而流过串联的两相绕组的电流 i_{p1}、i_{p2} 仅为额定相电流的 58%。因而可能有这种情况：电动机在 58% 额定负载下运行时，若发生一相断线，未断线相的线电流正好等

于额定线电流，而全电压下的那一相绕组中的电流可达 1.15 倍额定相电流。这时绕组内的电流已超过其额定值，但流过热继电器发热元件的线电流却小于其动作电流，因此不会动作。

为了对三相感应电动机进行断相保护，可将热继电器的导板改成差动机构，如图 2-20 所示。

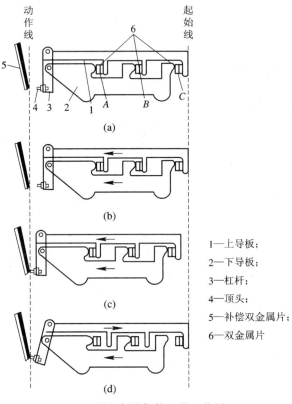

图 2-20 断相保护机构及其工作原理

(a) 未通电前；(b) 三相电流不大于整定电流时；(c) 三相同时过载；(d) W 相断路

差动机构由上导板、下导板及装有顶头的杠杆组成，它们之间均用转轴连接。图 2-20(a) 为未通电前导板的位置。图 2-20(b) 为三相电流不大于整定电流下工作的情况，上、下导板在双金属片的推动下向左移动，但由于双金属片的挠度不够，顶头尚未碰到补偿双金属片，触点不动作。图 2-20(c) 为电动机三相同时过载的情况，此时三相双金属片同时向左弯曲，顶头碰到补偿双金属片端部，使继电器动作。图 2-20(d) 为 W 相断路时的情况。这时 W 相的双金属片将冷却而向右弯曲，推动上导板向右移，而另外两相双金属片在电流加热下仍使下导板向左移，结果使杠杆在上、下导板的推动下，顺时针方向偏转，迅速推动补偿双金属片，使继电器动作。

带断相保护热继电器的保护特性见表 2-4。

表 2-4 带断相保护热继电器的保护特性

项 号	电流倍数		动作时间/h	试验条件
	任意两相	第三相		
1	1	0.9	>2	冷 态
2	1.15	0	<2	热态(以项 1 电流加热到稳定后开始)

4) 热继电器的主要技术参数及常用型号

热继电器的主要技术参数有额定电压、额定电流、相数、热元件编号、整定电流调节范围、有无断相保护等。

热继电器的额定电流是指允许装入的热元件的最大额定电流值。热元件的额定电流是指该元件长期允许通过的电流值。每一种额定电流的热继电器可分别装入若干种不同额定电流的热元件。

热继电器的整定电流是指热继电器的热元件允许长期通过，但又刚好不致引起热继电器动作的电流值。为了便于用户选择，某些型号中的不同整定电流的热元件需用不同编号来表示。对于某一热元件的热继电器，可通过调节其电流旋钮，在一定范围内调节电流整定值。

常用的热继电器有 JRS1、JR20、JR9、JR15、JR14 等系列；引进产品有 T 系列、3UA系列。

4. 速度继电器

速度继电器常用于电动机的反接制动电路中。图 2-21 为速度继电器的结构示意图。

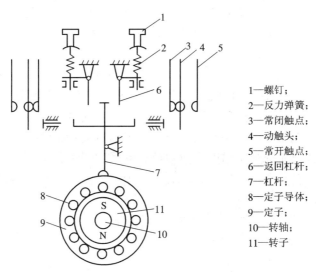

1—螺钉；
2—反力弹簧；
3—常闭触点；
4—动触头；
5—常开触点；
6—返回杠杆；
7—杠杆；
8—定子导体；
9—定子；
10—转轴；
11—转子

图 2-21 速度继电器的结构示意图

速度继电器主要由转子、定子和触头系统三部分组成。转子是一块永久磁铁，其转轴与被控电动机连接。定子结构与笼型电动机转子的结构相同，由硅钢片叠制而成，并嵌有笼型导条，套在转子外围，且经杠杆机构与触头系统连接。当被控电动机旋转时，速度继电器转子随着旋转，永久磁铁形成旋转磁场，定子中的笼型导条切割磁场而产生感应电动势、感应电流，并在磁场作用下产生电磁转矩，使定子随转子旋转方向转动。但由于有返回杠杆挡位，故定子只能随转子转动一定角度。定子的转动经杠杆作用使相应的触头动作，并在杠杆推动触头动作的同时，压缩反力弹簧，其反作用力也阻止定子转动。当被控电动机转速下降时，速度继电器转子的速度也随之下降，于是定子导体内的感应电动势、感应电流、电磁转矩减小。当电磁转矩小于反作用弹簧的反作用力矩时，定子返回到原来的位置，对应触头恢复到原来的状态。

调节螺钉的位置可以调节反力弹簧的反作用力大小，从而调节触头动作时所需转子的转速。

常用的速度继电器有 JY1 型和 JFZ0 型两种。其中，JY1 型可在 700～3600 r/min 范围内可靠地工作；JFZ0—1 型适用于 300～1000 r/min；JFZ0—2 型适用于 1000～3600 r/min。它们具有两个常开触点、两个常闭触点，触点额定电压为 380 V，额定电流为 2 A。一般速度的继电器的转轴在 130 r/min 左右即能动作，在 100 r/min 时触头即能恢复到正常位置。可通过螺钉的调节来改变速度继电器动作的转速，以适应控制电路的要求。

5. 温度继电器

温度继电器广泛应用于电动机绕组、大功率晶体管等的过热保护。例如，当电动机发生过电流时，会使其绕组温升过高。前已述及，热继电器可以起到对电动机过电流保护的作用。但当电网电压不正常升高时，即使电动机不过载，也会导致铁损增加而使铁心发热，这样也会使绕组温升过高。若电动机环境温度过高且通风不良等，也同样会使绕组温升过高。在这种情况下，若用热继电器，则不能正确反映电动机的故障状态。

温度继电器埋设在电动机发热部位，如电动机定子槽内、绕组端部等，直接反映该处的发热情况。无论是电动机本身出现过电流引起温度升高，还是其他原因引起电动机温度升高，温度继电器都会有动作，从而起到保护作用。

温度继电器大体上有两种类型，一种是双金属片式温度继电器，另一种是热敏电阻式温度继电器。

双金属片式温度继电器的工作原理与热继电器相似，在此不再赘述。

热敏电阻式温度继电器的外形同一般晶体管式时间继电器相似，但作为温度感测元件的热敏电阻不装在继电器中，而是装在电动机定子槽内或绕组的端部。热敏电阻是一种半导体器件，根据材料性质分为正温度系数和负温度系数两种。由于正温度系数热敏电阻具有明显的开关特性，且具有电阻温度系数大，体积小，灵敏度高等优点，因此得到广泛应用和迅速发展。

图 2-22 所示为正温度系数热敏电阻式温度继电器的原理电路图。

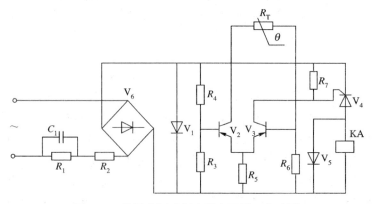

图 2-22　热敏电阻式温度继电器原理电路图

图 2-22 中，R_T 表示各绕组内埋设的热敏电阻串联后的总电阻，它同电阻 R_7、R_4、R_6 构成一电桥，由晶体管 V_2、V_3 构成的开关电路接在电桥的对角线上。当温度在 65℃以下时，

R_T 大体为一恒值，且比较小，电桥处于平衡状态，V_2 及 V_3 截止，晶闸管 V_4 不导通，执行继电器 KA 不动作。当温度上升到动作温度时，R_T 的阻值剧增，电桥出现不平衡状态而使 V_2 及 V_3 导通，晶闸管 V_4 获得门极电流也导通，执行继电器 KA 线圈得电而吸合，其常闭触头分断接触器线圈从而使电动机断电，实现了电动机的过热保护。当电动机温度下降至返回温度时，R_T 阻值锐减，电桥恢复平衡使 V_4 关断，执行继电器 KA 线圈断电而使衔铁释放。

6. 固体继电器

固体继电器是一种无触头开关器件，具有结构紧凑，开关速度快，能与微电子逻辑电路兼容等特点，目前已广泛应用于各种自动控制仪器、计算机数据采集和处理系统、交通信号管理系统等。作为执行器件，固体继电器是一种能实现无触头通断的电器开关。当控制端无信号时，其主回路呈阻断状态；当施加控制信号时，主回路呈导通状态。它利用信号光电耦合方式使控制回路与负载回路之间没有任何电磁关系，从而实现了电隔离。从其外部状态看，固体继电器具有与电磁式继电器一样的功能。因此，在有些应用场合，尤其在恶劣的工况下固体继电器可取代电磁式继电器。

固体继电器是一种四端组件，其中两端为输入端，两端为输出端。按主电路类型分为直流固体继电器和交流固体继电器两类。直流固体继电器内部的开关元件是功率晶体管；交流固体继电器内部的开关元件是晶闸管。它们的工作原理框图如图 2-23 所示。固体继电器的产品封装结构有塑封型和金属壳全密封型。

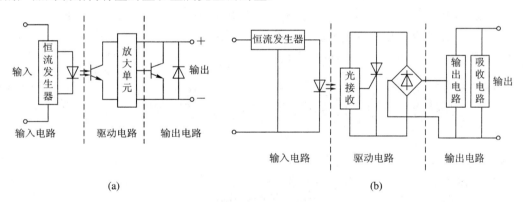

(a)　　　　　　　　　　　　(b)

图 2-23　固体继电器的工作原理框图

(a) 直流固体继电器；(b) 交流固体继电器

图 2-23 中，输入电路由恒流发生器及光电耦合器组成。光电耦合器起信号传递和电隔离作用。输出电路包括开关器件和吸收电路。吸收电路的作用是防止电源的尖峰和浪涌对开关电路产生干扰，造成开关误动作以至损坏。吸收电路一般由 RC 串联网络和压敏电阻组成。交流固体继电器的内部驱动电路是一种晶闸管触发电路，包括零压监测电路，以控制晶闸管的开关状态。固体继电器的输入驱动可以直接在其输入端外加直流电压驱动，也有的采用晶体管电路、集成电路驱动。

7. 可编程通用逻辑控制继电器

可编程通用逻辑控制继电器是近几年发展起来的一种新型通用逻辑控制继电器，亦称为通用逻辑控制模块。它可将控制程序预先存储在内部存储器中，程序编制采用梯形图或功能图语言，形象直观，简单易懂；有按钮、开关等输入开关量信号，可通过执行程序进行逻辑运算、模拟量比较、计时、计数等；另外还有参数显示、通信、仿真等功能，其内部软件功能和编程软件可替代传统逻辑控制器件及继电器电路，具有很强的抗干扰能力。同时，其硬件是标准化的，要改变控制功能只需改变程序即可。因此，在继电逻辑控制系统中，可以"以软代硬"替代其中的时间继电器、中间继电器、计数器等，以简化线路设计，并能完成较复杂的逻辑控制，甚至可以完成传统继电逻辑控制方式无法实现的功能。因此，在工业自动化控制系统、建筑电器、小型机械和装置等领域得到了广泛应用。

可编程通用逻辑控制继电器的特点：

(1) 编程操作简单。只需接通电源就可在本机上直接编程。

(2) 编程语言简单、易懂。只需把需要实现的功能用编程节点、线圈或功能块连接起来即可，就像通过导线连接中间继电器、时间继电器一样简单方便。

(3) 参数显示、设置方便。可以直接在显示面板上设置、更改和显示参数。

(4) 输出能力大。输出端能承受的电流可达 10 A(电阻性负载)、3 A(感性负载)。

(5) 通信功能。可编程通用逻辑控制继电器具有通信功能，它可以作为远程 I/O 使用。

2.6.3　继电器的选用

1. 接触器式继电器

选用此继电器时主要是按规定要求选定触头型式和通断能力，其他原则均和接触器相同。在有些应用场合，如对继电器的触头数量要求不高，但对通断能力和工作可靠性(如耐振)要求较高的场合，最好选用小规格接触器。

2. 时间继电器

选用时间继电器时要考虑的特殊要求主要是延时时间、延时类型、延时精度和工作条件。

3. 保护继电器

保护继电器指在电路中起保护作用的各种继电器。保护继电器主要包括过电流继电器、欠电流继电器、过电压继电器和欠电压(零电压、失压)继电器等。

1) 过电流继电器

过电流继电器主要用作电动机的短路保护，对其选择的主要参数是额定电流和动作电流。过电流继电器的额定电流应当大于或等于被保护电动机的额定电流，其动作电流可根据电动机的工作情况按其启动电流的 1.1～1.3 倍整定。一般绕线转子感应电动机的启动电流按 2.5 倍额定电流考虑；笼型感应电动机的启动电流按额定电流的 5～8 倍考虑。选择过电流继电器的动作电流时，应留有一定的调节余地。

2) 欠电流继电器

欠电流继电器一般连接在直流电动机的励磁回路中，用于监视励磁电流，作为直流电动机的弱磁超速保护或励磁电路与其他电路之间的联锁保护。选择欠电流继电器时应主要考虑额定电流和释放电流，其额定电流应大于或等于额定励磁电流，其释放电流整定值应低于励磁电路正常工作范围内可能出现的最小励磁电流。一般可取最小励磁电流的 85%。选用欠电流继电器时，其释放电流的整定值应留有一定的调节余地。

3) 过电压继电器

过电压继电器用来保护设备不受电源系统过电压的危害，多用于发电机—电动机机组系统中，选择的主要参数是额定电压和动作电压。过电压继电器的动作值一般按系统额定电压的 1.1～1.2 倍整定。

4) 欠电压(零电压、失压)继电器

欠电压继电器在线路中多用作失压保护，防止电源故障后恢复供电时系统的自启动。欠电压继电器常用一般电磁式继电器或小型接触器充任，选用时只要满足额定电压、额定电流等一般要求即可，对释放电压值无特殊要求。

2.7 主令电器

主令电器是电气自动控制系统中用于发送或转换控制指令的电器。主令电器应用广泛，种类繁多。常用的有控制按钮、行程开关、接近开关、万能转换开关(组合开关)、凸轮控制器、主令控制器以及脚踏开关、紧急开关等。在此仅介绍几种常用的主令电器。

2.7.1 常用主令电器

1. 控制按钮

控制按钮是一种结构简单，应用十分广泛的主令电器。在电气自动控制电路中，控制按钮用于手动发出控制信号以控制接触器、继电器、电磁启动器等。控制按钮的结构种类很多，可分为普通按钮式、蘑菇头式、自锁式、自复位式、旋柄式、带指示灯式、带灯符号式及钥匙式等，有单钮、双钮、三钮等不同组合形式，一般由按钮帽、复位弹簧、桥式触头和外壳等组成。控制按钮通常做成复合式，有一对常闭触头和常开触头，有的产品可通过多个元件的串联增加触头对数，最多可增至 8 对。还有一种自持式按钮，按下后即可自动保持闭合位置，断电后才能打开。控制按钮的基本结构如图 2-24 所示。

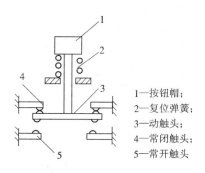

1—按钮帽；
2—复位弹簧；
3—动触头；
4—常闭触头；
5—常开触头

图 2-24 控制按钮的基本结构

为了标明各个按钮的作用，避免误操作，通常将按钮帽做成不同的颜色，以示区别。其颜色有红、绿、黑、黄、蓝、白等。例如，红色表示停止、绿色表示启动等。按钮开关的主要参数有型式、安装孔尺寸、触头数量及触头的电流容量等。常用的国产产品有 LAY3、LAY6、LA20、LA25、LA101、LA38、NP1 等系列。

2. 行程开关

行程开关又称限位开关，是一种利用生产机械的某些运动部件的碰撞来发出控制指令的主令电器，是用于控制生产机械的运动方向、速度、行程大小或位置的一种自动控制器件。其结构形式多种多样，但其基本结构可以分为三个主要部分：摆杆(操作机构)、触头系统和外壳。其中，摆杆的形式主要有直动式、杠杆式和万向式三种，如图 2-25 所示。每种摆杆形式又分为多种不同形式，如直动式又分为金属直动式、钢滚直动式和热塑滚轮直动式等，滚轮又有单轮、双轮等形式。

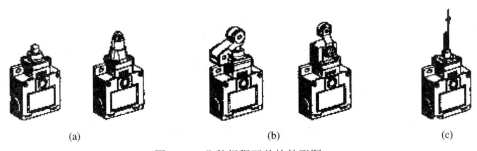

(a)   (b)   (c)

图 2-25　几种行程开关的外形图

(a) 直动式；(b) 杠杆式；(c) 万向式

图 2-26 所示为直动式和滚轮式行程开关结构图。行程开关的触头类型有一常开一常闭、一常开二常闭、二常开一常闭、二常开二常闭等形式。动作方式可分为瞬动、蠕动、交叉从动式三种。行程开关的主要参数有型式、动作行程、工作电压及触头的电流容量等。

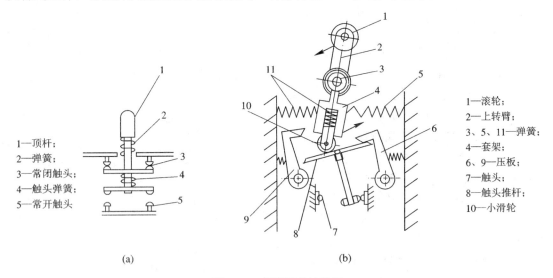

1—顶杆；
2—弹簧；
3—常闭触头；
4—触头弹簧；
5—常开触头

1—滚轮；
2—上转臂；
3、5、11—弹簧；
4—套架；
6、9—压板；
7—触头；
8—触头推杆；
10—小滑轮

(a)   (b)

图 2-26　行程开关结构图

(a) 直动式；(b) 滚轮式

行程开关的结构、工作原理与按钮相同。区别是行程开关不靠手动而是利用运动部件上的挡块碰压而使触头动作。行程开关有自动复位和非自动复位两种。

目前国内生产的行程开关有 LXK3、3SE3、LX19、LXW、WL、LX、JLXK 等系列。其中，3SE3 系列是引进西门子公司技术生产的。另外，还有大量的国外进口及港、台地区的产品，同样也得到了广泛的应用。

3. 凸轮控制器

凸轮控制器用于起重设备和其他电力拖动装置，以控制电动机的启动、正反转、调速和制动。凸轮控制器主要由手柄、定位机构、转轴、凸轮和触头组成，其内部结构图如图2-27所示。

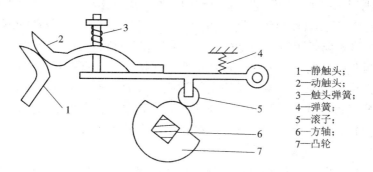

1—静触头；
2—动触头；
3—触头弹簧；
4—弹簧；
5—滚子；
6—方轴；
7—凸轮

图2-27　凸轮控制器内部结构图

转动手柄时，转轴带动凸轮一起转动。当转到某一位置时，凸轮顶动滚子，克服弹簧压力使动触头顺时针方向转动，脱离静触头而分断电路。在转轴上叠装不同形状的凸轮，可以使若干个触头组按规定的顺序接通或分断。凸轮控制器的图形如图2-28所示。

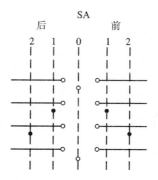

图2-28　凸轮控制器的图形

目前，国内生产的有 KT10、KT14 等系列交流凸轮控制器和 KTZ2 系列直流凸轮控制器。

4. 主令控制器

当电动机容量较大，工作繁重，操作频繁，调速性能要求较高时，往往采用主令控制器操作。先由主令控制器的触头来控制接触器，再由接触器来控制电动机，这样，触头的容量可大大减小，操作更为轻便。

主令控制器是按照预定程序转换控制电路的主令电器，其结构和凸轮控制器相似，只是触头的额定电流较小。

在起重机中，主令控制器是与控制屏相配合来实现控制的，因此要根据控制屏的型号来选择主令控制器。

目前，国内生产的有LK14～LK16系列的主令控制器。

2.7.2 主令电器的一般选用原则

主令电器首先应满足控制电路的电气要求，如额定工作电压、额定工作电流(含电流种类)、额定通断能力、额定限制短路电流等。这些参数的确定原则与选用主电路开关电器和控制电器的原则相同；其次应满足控制电路的控制功能要求，如触头类型(常开、常闭、是否延时等)、触头数目及其组合型式等。除此之外，还需要满足一系列特殊要求，这些要求随电器的动作原理、防护等级、功能执行元件类型和具体设计的不同而异。

对于人力操作控制按钮、开关，包括按钮、转换开关、脚踏开关和主令控制器等，除要满足控制电路电气要求外，主要是安全与防护等级的要求。主令电器必须有良好的绝缘和接地性能，应尽可能选用经过安全认证的产品，必要时宜采用低电压操作等措施；其次是选择按钮颜色标记、组合原则、开关的操作图等。防护等级的选择应视开关的具体工作环境而定。

选用按钮时应注意其颜色标记必须符合国标规定。不同功能的按钮之间的组合关系也应符合有关标准的规定。

第3章 三相异步电动机基本控制环节与基本电路

在工业、农业、交通运输各部门中，广泛使用了各种生产机械，它们一般都采用电动机拖动。而电动机可通过各种控制方式来进行控制，最常见的是继电—接触器式控制。

继电—接触器式控制是由各种有触点的继电器、接触器、按钮、行程开关等组成的控制电路，可实现对电动机的启动、制动、反向和调速的控制，以及对电力拖动系统的保护及生产加工自动化。各种生产机械的工艺过程不同，所要求的控制线路也是千变万化、多种多样的，但它们都是由一些有规律的基本环节、基本单元组成的，即无论是简单的还是复杂的电器控制线路，都是按一定的控制原则和逻辑规律，由基本的控制环节组合成的，熟悉这些基本的控制环节是掌握电器控制的基础。只要能熟练地掌握这些基本的单元电路及其特点，再结合具体的生产工艺要求，就不难掌握控制线路的基本分析方法和设计方法。

3.1 基本控制环节

3.1.1 启动、自锁和点动控制

三相异步电动机的启动控制有直接启动、降压启动和软启动等方式。直接启动又称为全压启动，即启动时电源电压全部施加在电动机定子绕组上。降压启动即启动时将电源电压降低一定的数值后再施加到电动机定子绕组上，待电动机的转速接近同步转速后，再使电动机在电源电压下运行。软启动就是使施加到电动机定子绕组上的电压从零开始按预设的函数关系逐渐上升，直至启动过程结束，再使电动机在全电压下运行。图 3-1 为三相异步电动机全压启动及点动控制线路。

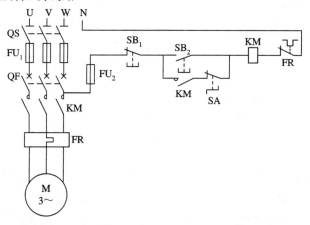

图 3-1 三相异步电动机全压启动及点动控制线路

这是一个常用的最简单、最基本的控制电路。主电路由刀开关 QS、熔断器 FU₁、低压断路器 QF、接触器 KM 的主触头、热继电器 FR 的热元件与电动机 M 构成；控制回路由启动按钮 SB₂、停止按钮 SB₁、点动控制环节、接触器 KM 的线圈及其常开辅助触头、热继电器 FR 的常闭触头等构成。正常启动时，合上 QS 及 QF 后，引入三相电源，按下 SB₂，交流接触器 KM 的吸引线圈通电，接触器主触头闭合，电动机接通电源，直接启动运转。同时，与 SB₂ 并联的常开辅助触头 KM 闭合，使接触器吸引线圈经两条路通电。这样，当 SB₂ 自动复位时，接触器 KM 的线圈仍可通过辅助触头 KM 使接触器线圈继续通电，从而保持电动机的连续运行。因为这个辅助触头起着自保持或自锁作用，通常称之为自锁触头。这种由接触器(继电器)本身的触头来使其线圈长期保持通电的环节叫"自锁"环节。"自锁"环节是由命令它通电的主令电器(如本例的 SB₂)的常开触头与接触器(继电器)本身的常开触头相并联组成的。"自锁"环节具有对命令的"记忆"功能，当启动命令下达后，能保持长期通电；而当停机命令或停电出现后，则不会自启动。自锁环节不仅常用于电路的起、停控制中，而且，凡是需要"记忆"的控制，也常运用"自锁"环节。

要使电动机 M 停止运转，只要按下停止按钮 SB₁，将控制电路断开即可。这时接触器 KM 断电释放，其常开主触头将三相电源断开，电动机停止运转。当手松开按钮后，SB₁ 的常闭触头在复位弹簧的作用下，虽又恢复到原来的常闭状态，但接触器线圈已不再能依靠自锁触头通电了，因为原来闭合的自锁触头已随着接触器的断电而复位。

另外，由图 3-1 可见，电路具有以下保护环节：

(1) 熔断器 FU 在电路中起后备短路保护作用。电路的短路主保护由低压断路器 QF 承担。

(2) 热继电器 FR 在电路中起电动机过载保护作用，它具有与电动机的允许过载特性相匹配的反时限特性。由于热继电器的热惯性比较大，即使热元件流过几倍于额定电流的电流也不会立即动作，因此在电动机启动时间不太长的情况下，热继电器经得起电动机启动电流的冲击而不会动作。只有在电动机长时间过载情况下热继电器才会动作，从而断开控制电路，使接触器断电释放，电动机停止运转，实现电动机过载保护。

(3) 欠压保护与失压保护是依靠接触器本身的电磁机构来实现的。当电源电压由于某种原因而严重降低或失压时，接触器的衔铁自行释放，电动机停止运转；而当电源电压恢复正常时，接触器线圈也不能自行通电，只有在操作人员再次按下启动按钮 SB₂ 后电动机才会启动，这种方式通常也称为零压保护。控制线路具备欠压和失压保护能力，可以防止电动机在低电压下运行而引起过电流，避免由于电源电压恢复时，电动机自启动而造成设备和人身事故。

某些生产机械在安装或维修后常常需要试车或调整，此时就需要所谓"点动"控制，即当按下某一控制按钮时，其常开触头接通电动机启动控制回路，电动机转动；松开按钮后，由于按钮自动复位，常开触头断开，因此电动机停转。点动起停的时间长短由操作者手动控制。

图 3-1 中，在自锁回路中设置一个拨动开关 SA，就可构成一个最基本的点动控制线路。当需要点动时，打开拨动开关 SA，使自锁回路断开。当按下按钮 SB₂ 时，接触器 KM 通电吸合，主触头闭合，电动机接通电源启动。当手松开按钮时，接触器 KM 断电释放，主触头断开，电动机被切断而停止，从而实现了点动控制。图 3-2 所示的两种不同点动控制电路

的三相异步电动机主电路与图 3-1 中的相同。

图 3-2(a)采用一个复合按钮 SB_3 控制点动。点动控制时，按下 SB_3，其常闭触头先断开自锁电路，然后常开触头闭合，接通启动控制电路，接触器 KM 线圈通电，主触头闭合，电动机启动旋转。当松开 SB_3 时，接触器 KM 线圈断电，主触头断开，电动机停止转动。若需要电动机连续运转，则只需按下启动按钮 SB_2 即可；要停机时，按下停止按钮 SB_1 即可。这种方案的特点是单独设置一个点动按钮，适用于需经常点动控制操作的场合。图 3-2(b)是采用中间继电器实现点动的控制线路。利用点动按钮 SB_2 控制中间继电器 KA，KA 的常开触头并联在 SB_3 的两端，以控制接触器 KM，再控制电动机实现点动。当需要连续运转时，按下 SB_3 按钮；当需要停转时，按下 SB_1 按钮。这种方案的特点是，在线路中单独设置一个点动回路。这种方案适用于电动机功率较大且需经常点动控制操作的场合。

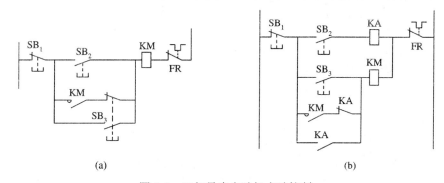

图 3-2　三相异步电动机点动控制

(a) 利用复合按钮控制点动；(b) 利用中间继电器控制点动

3.1.2　可逆控制与互锁环节

在生产过程中，各种生产机械常常要求具有上下、左右、前后、往返等方向运动的控制，这就要求电动机能够实现可逆运行。由交流电动机工作原理可知，若将接至电动机的三相电源进线中的任意两相对调，即可使电动机反向旋转。所以，可用两个方向相反的单向控制线路组合成可逆控制线路，如图 3-3 所示。所谓可逆控制，就是可控制电动机正转或反转。

由图可见，主电路中 KM_1、KM_2 所控制的电源相序相反，可使电动机反向运行。为防止 SB_2 和 SB_3 被同时按下造成短路事故，在控制电路的两个分支里串入了常闭辅助触头 KM_1、KM_2。当一个接触器(如 KM_1)通电时，其常闭辅助触头断开接触器 KM_2 的线圈电路；相反，当接触器 KM_2 通电时，其常闭辅助触头断开接触器 KM_1 的线圈电路，所以接触器不会同时带电闭合。这种利用两个接触器(或继电器)的辅助触头互相控制的方法称为"互锁"环节，而起互锁作用的触头叫做互锁触头，这也是实现互锁环节的连接方法。由此可见，互锁环节是可逆控制线路中防止电源短路的保证。

在有些生产工艺中，希望能直接实现正、反转的变换控制。当电动机正转时，按下反转按钮首先断开正转接触器线圈线路，待正转接触器释放后再接通反转接触器，为此，可以将图 3-3 中的控制线路稍做修改，采用两只复合按钮来实现。其控制线路如图 3-4 所示。在这个线路中既有接触器的互锁，又有按钮的互锁，这样就保证了电路能可靠地工作。正

转启动按钮 SB_2 的常开触头用来使正转接触器 KM_1 的线圈通电，其常闭触头则串接在反转接触器 KM_2 线圈的电路中，用来使之释放。反转启动按钮 SB_3 也按 SB_2 同样安排，当按下 SB_2 或 SB_3 时，首先是常闭触头断开，然后才是常开触头闭合。这样在需要改变电动机运转方向时，就不必按下停止按钮 SB_1 了，可直接操作正、反转按钮即能实现电动机运转情况的改变。

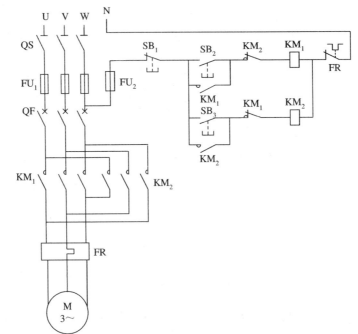

图 3-3　三相电动机可逆控制线路

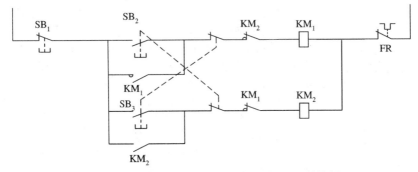

图 3-4　利用复合按钮实现三相电动机的可逆控制

3.1.3　联锁控制

生产机械或自动生产线由许多运动部件组成，不同运动部件之间有联系又互相制约。例如，电梯及升降机械不能同时上下运行，机械加工车床的主轴必须在油泵电动机启动，并使齿轮箱有充分的润滑油后才能启动等。这种互相联系而又互相制约的控制称为联锁。若要求甲接触器动作后乙接触器方能动作，则需将甲接触器的常开触头串接在乙接触器的线圈电路中。依此类推，可推广到 n 个需相互顺序联锁控制的对象。

例如，机械加工车床主轴转动时，需要油泵先启动，给齿轮箱供油润滑。为保证润滑泵电动机启动后主拖动电动机才启动,对控制线路提出了按顺序工作的联锁要求。在图 3-5(a) 中,是将油泵电动机接触器 KM_1 的常开触头串入主拖动电动机接触器 KM_2 的线圈电路中实现的,只有当 KM_1 先启动,KM_2 才能启动。在图 3-5(b)所示的接法中,可以省去 KM_1 的常开触头,使线路得到简化。类似的工艺过程在许多其他生产设备上同样存在,因此这是一个典型的联锁控制线路。

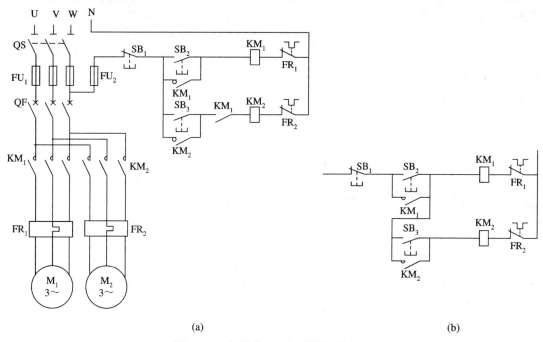

(a)   (b)

图 3-5　三相异步电动机联锁控制线路

(a) 联锁控制线路一;　(b) 联锁控制线路二

3.1.4　多地点控制

在实际生活和生产现场中,通常需要在两地或两地以上的地点进行控制操作。如自动电梯就需要多地点控制,乘客在任意层的楼道上都能够进行控制,在梯厢内时能在里面控制;未上梯厢前能在楼道上控制等等。因此,需由多组按钮控制,而且,这多组按钮的连接原则必须是各地点启动按钮的常开接点并联,各停车按钮的常闭接点串联。图 3-6 是实现三地控制的线路,根据这一原则可推广于更多地点的控制。

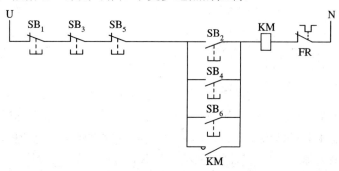

图 3-6　三地点控制线路

3.2 三相异步电动机的启动控制

通常小容量的三相异步电动机均采用直接启动方式，启动时将电动机的定子绕组直接接在交流电源上，电动机在额定电压下直接启动。对于大、中容量的电动机，当其容量超过供电变压器的5%～25%时，一般应采用降压启动方式，以防止过大的启动电流引起电源电压的波动，影响其他设备的正常运行。降压启动方式有星—三角形(Y-D)降压启动(Star-deltastarting)、串自耦变压器降压启动、软启动(固态降压启动器)、延边三角形降压启动及定子串电阻降压启动等。

3.2.1 星—三角形(Y-D)降压启动控制线路

Y-D 形的降压启动时，将电动机定子绕组连结成星形(Y)，这时加在电动机每相绕组上的电压为电源电压额定值的 $1/\sqrt{3}$，因而其启动转矩为三角形(D)连接直接启动转矩的 1/3，启动电流降为 D 形连接直接启动电流的 1/3，减小了启动电流对电网的影响。待电动机启动后，按预先设定的时间将定子绕组转换成 D 形接法，使电动机在额定电压下正常运转。额定功率在 4 kW 以上的三相异步电动机正常运行时的定子绕组均为 D 形接法，故都可以采用 Y-D 形降压启动方式。在 Y-D 形的降压启动控制线路的主电路中，电动机定子三相绕组 6 个线头均引出，由两个接触器分别进行控制。Y-D 转换控制电路可视电动机容量大小、应用场合等的不同采用不同的接线方式，见图 3-7。

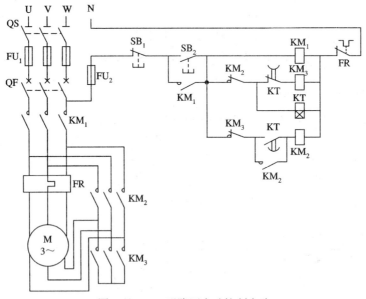

图 3-7　Y-D 形降压启动控制电路

图 3-7 中，当启动电动机时，合上低压断路器 QF，按下启动按钮 SB$_2$，接触器 KM$_1$、KM$_3$ 及时间继电器 KT 的线圈同时得电，接触器 KM$_3$ 的主触头将电动机接成 Y 形，并经 KM$_1$ 的主触头接至电源上，电动机降压启动。当 KT 的延时设定值到达时，KM$_3$ 线圈失电，接触器 KM$_2$ 线圈得电，电动机的主电路被改接成三角形，电动机正常运转。时间继电器 KT

仅在启动过程中通电，Y-D 形换接后，KT 处于断电状态。与其他降压启动方法相比，Y-D 形降压启动方法投资少，线路简单，但启动转矩小。这种启动方法适用于小容量电动机及电动机在轻载状态下启动，并只能用于正常运转时定子绕组接成三角形的三相异步电动机。

3.2.2 自耦变压器降压启动控制线路

顾名思义，自耦变压器降压启动控制线路是先通过自耦变压器降压，再启动电动机的降压启动方法。自耦变压器通常有两个不同的抽头($60\%U_N$、$80\%U_N$)，利用不同抽头的电压比可得到不同的启动电压和启动转矩，工程人员可根据需要选择。电动机启动时，定子绕组得到的电压是自耦变压器的二次电压。一旦启动完毕，自耦变压器便被短接，额定电压(即自耦变压器的一次电压)直接加于定子绕组，电动机进入全电压正常工作状态。

自耦变压器降压启动方法适用于启动较大容量的电动机，启动转矩可以通过改变抽头的连接位置得到改变。自耦变压器价格较贵，而且不允许频繁启动。

图 3-8 所示为由两个接触器控制的自耦减压启动控制电路。

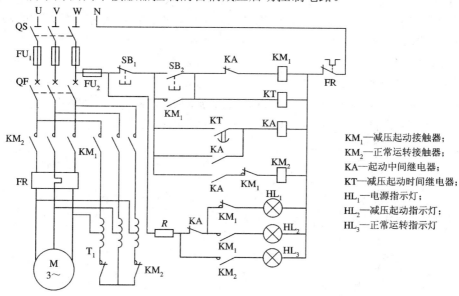

图 3-8　由两接触器控制的自耦减压启动控制电路

电路工作情况：合上电源开关 QS，HL₁ 灯亮，表明电源电压正常。按下启动按钮 SB₂，KM₁、KT 线圈同时通电并自保；将自耦变压器 T₁ 接入，电动机定子绕组经自耦变压器供电作减压启动，同时指示灯 HL₁ 灭，HL₂ 亮，显示电动机正作减压启动。当电动机转速接近额定转速时，时间继电器 KT 动作，其延时闭合触点 KT 闭合，使 KA 线圈通电并自保；常闭触点断开，使 KM₁ 线圈断电释放，HL₂ 断电熄灭；KM₂ 线圈通电吸合，将自耦变压器切除，电动机在额定电压下正常运转，同时 HL₃ 指示灯亮，表明电动机进入正常运转。由于流过自耦变压器公共部分的电流为一、二次电流之差，因此允许辅助触点 KM₂ 接入。

3.2.3 三相绕线转子异步电动机的启动控制

1. 转子回路串接电阻启动控制线路

三相绕线转子异步电动机的优点之一是转子回路可以通过滑环的外串电阻来达到减小

启动电流,提高转子电路功率因数和启动转矩的目的。一般在要求启动转矩较高的场合,如起重机械、卷扬机等,广泛应用绕线转子异步电动机。

在三相绕线转子异步电动机的三相转子回路中,分别串接启动电阻或电抗器,再加电源及自动控制电路,就构成了三相绕线转子异步电动机的启动控制线路。图 3-9 是转子回路中串接电阻的启动控制线路。通过设定欠电流继电器的释放值进行控制,并利用电动机转子电流大小的变化来控制电阻切除。在启动前,启动电阻全部被接入电路,在启动过程中,启动电阻逐段地被短接。电阻的短接是采用三只欠电流继电器 KA_1、KA_2、KA_3 和三只接触器 KM_2、KM_3、KM_4 的相互配合来完成的。正常运行时,线路中只有 KM_1、KM_4 长期通电,KA_1、KA_2、KA_3 的线圈被 KM_4 短接,KM_2、KM_3 的线圈分别被 KM_3、KM_4 的常闭触头断开。这样一方面减少了耗电,更重要的是能延长它们的使用寿命。欠电流继电器 KA_1、KA_2、KA_3 线圈串接在电动机转子电路中。这三个继电器的吸合电流相同,但释放电流不同。其中 KA_1 的释放电流最大,KA_2 次之,KA_3 最小。电动机刚启动时,启动电流很大,KA_1、KA_2、KA_3 都吸合,它们的常闭触头断开,接触器 KM_2、KM_3、KM_4 不动作,全部电阻被接入电动机的转子电路中。当电动机转速升高后电流减小,KA_1 首先释放,它的常闭触头闭合,使接触器 KM_2 线圈通电,短接第一段转子电阻 R_1。这时电动机转子电流增加,随着转速的升高,电流逐渐下降,使 KA_2 释放,接触器 KM_3 线圈通电,短接第二段启动电阻 R_2,同时利用其辅助触头将 KM_2 线圈断电退出运行。这时电动机转子电流又增加,随着转速的继续升高,电流进一步下降,使 KA_3 释放,接触器 KM_4 线圈通电,将转子全部电阻短接,同时利用其辅助触头将 KM_3 线圈断电退出运行,电动机启动完毕。

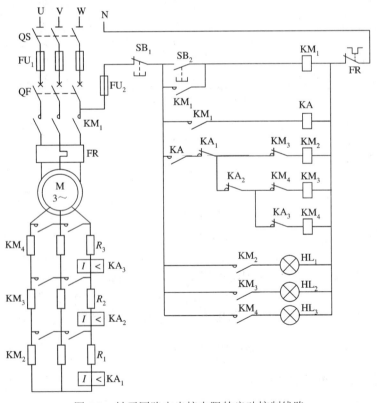

图 3-9　转子回路中串接电阻的启动控制线路

启动电阻的分段数量是根据不同要求确定的，可以是 n 段。短接的方式有三相电阻不平衡短接法和三相电阻平衡短接法两种。所谓三相电阻不平衡短接，是指每相的启动电阻轮流被短接；而三相电阻平衡短接是指三相的启动电阻同时被短接。但无论是采用不平衡接法还是平衡短接法，其作用基本相同。通常采用凸轮控制器或接触器短接。采用凸轮控制器时，由于凸轮控制器中各对触头闭合顺序一般按不平衡短接法设计(这样使得控制电路简单)，因此通常采用不平衡短接法。而应用接触器来短接时，全部采用平衡短接法。

2. 转子回路串频敏变阻器启动控制线路

由图 3-9 所示的控制线路可见，在绕线转子异步电动机启动过程中逐段减小电阻时，电流及转矩是呈跃变状态变化的，电流及转矩会突然增大产生一定的机械冲击。同时，当分段级数较多时，控制线路复杂，工作可靠性降低，而且电阻本身比较笨重，控制箱体积及能耗很大，因此，我国在 20 世纪 60 年代研制出了频敏变阻器来替代启动电阻。频敏变阻器实质上是一个铁心损耗非常大的三相电抗器。它由数片 E 形硅钢片叠成，具有铁心、线圈两个部分，制成开起式，并采用星形接线。将其串接在绕线式异步电动机转子回路中，相当于使其转子绕组接入了一个铁损较大的电抗器。这时的转子等效电路如图 3-10 所示。

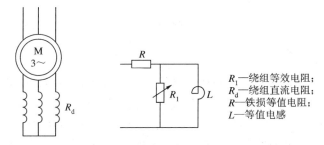

图 3-10 频敏变阻器等效电路

频敏变阻器的阻抗能够随着转子电流频率的下降自动减小，它是绕线转子异步电动机较为理想的一种启动设备，常用于较大容量的绕线式异步电动机的启动控制。

R_1、L 值与转子电流频率相关。在启动过程中，转子电流频率是变化的。刚启动时，转速等于 0，转差率 $s=1$，转子电流的频率 f_2 与电源频率 f_1 的关系为 $f_2=sf_1$。所以，刚启动时 $f_2=f_1$，频敏变阻器的电感和电阻均为最大，转子电流受到抑制。随着电动机转速的升高，s 减小，f_2 下降，频敏变阻器的阻抗也随之减小。所以，绕线转子电动机转子串接频敏变阻器启动时，随着电动机转速的升高，变阻器阻抗也自动逐渐减小，实现了平滑的无级启动。当电动机运行正常时，f_2 很低(为 f_1 的 5%～10%)，由于其阻抗与 f_2 的平方成正比，因此其阻抗变得很小。由此可见，在启动过程中，转子等效阻抗及转子回路感应电动势都是由大到小的，这就实现了近似恒转矩的启动特性。此种启动方式在桥式起重机和空气压缩机等电气设备中获得了广泛的应用。

图 3-11 是一种采用频敏变阻器的启动控制线路。该线路可以实现自动和手动控制。自动控制时将开关 SA 扳向"自动"，当按下启动按钮 SB_2 时，利用时间继电器 KT，控制中间继电器 KA 和接触器 KM_2 的动作，在适当的时间将频敏变阻器短接。开关 SA 扳到"手动"位置时，时间继电器 KT 不起作用，可利用按钮 SB_3 手动控制中间继电器 KA 和接触器 KM_2 的动作。

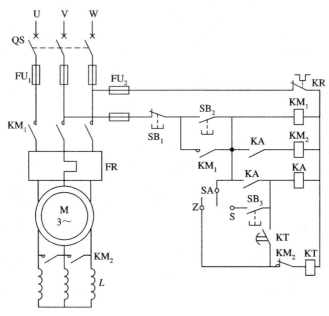

图 3-11　频敏变阻器启动控制线路

3.2.4　固态降压启动器

传统异步电动机启动方式的共同特点是控制电路简单，但启动转矩固定不可调；启动过程中存在较大的冲击电流，使被拖动负载受到较大的机械冲击；且易受电网电压波动的影响，一旦出现电网电压波动，会造成启动困难甚至使电动机堵转。启动与停机都会造成剧烈的电网电压波动和机械冲击。为克服上述缺点，人们研制了固态降压启动器。固态降压启动器是一种集电动机软启动、软停车、轻载节能和多种保护功能于一体的新颖电动机控制装置，国外称为 Soft Starter。

1. 固态降压启动器的工作原理

固态降压启动器由电动机的启、停控制装置和软启动控制器组成，其核心部件是软启动控制器，它由功率半导体器件和其他电子元器件组成。软启动控制器是利用电力电子技术与自动控制技术(包括计算机技术)，将强电和弱电结合起来的控制技术。其主要结构是一组串接于电源与被控电动机之间的三相反并联晶闸管及其电子控制电路，利用晶闸管移相控制原理，控制三相反并联晶闸管的导通角，使被控电动机的输入电压按不同的要求而变化，从而实现不同的启动功能。启动时，使晶闸管的导通角从零开始，逐渐前移，电动机的端电压从零开始，按预设函数关系逐渐上升，直至达到满足启动转矩而使电动机顺利启动，再使电动机全电压运行，这就是软启动控制器的工作原理。图 3-12 为软启动控制器的主电路原理图。软启动控制器特别适用于各种泵类负载或风机类负载。原则上，凡不需要调速的各种应用场合，鼠笼型

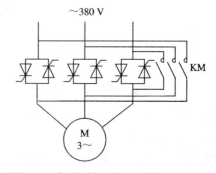

图 3-12　软启动控制器的主电路原理图

异步电动机都可使用软启动控制器。

2．软启动控制器的工作特性

当软启动控制器控制异步电动机软启动时，是通过控制加到电动机上的平均电压来控制电动机的启动电流和转矩的，使启动转矩逐渐增加，转速也逐渐增加。一般软启动控制器可以通过设定参数来得到不同的启动特性，以满足不同负载特性的要求。

1) 斜坡恒流升压启动

斜坡恒流升压启动曲线如图 3-13 所示。

这种启动方式是在晶闸管的移相电路中引入电动机电流反馈，使电动机在启动过程中保持恒流，启动平稳。在电动机启动的初始阶段，启动电流逐渐增加，当电流达到预先所设定的限流值后保持恒定，直至启动完毕。启动过程中，电流上升变化的速率可以根据电动机负载调整设定。图中斜坡陡，表明电流上升速率大，启动转矩大，启动时间短。当负载较轻或空载启动时，所需启动转矩较低，应使斜坡缓和一些。当电流达到预先所设定的限流

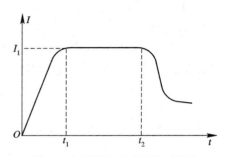

图 3-13　斜坡恒流升压启动曲线

点值后，再迅速增加转矩，完成启动。由于这里以启动电流为参考值，因此当电网电压波动时，通过控制电路自动增大或减小晶闸管导通角，即可以维持原设定值不变，保持启动电流恒定，不受电网电压波动的影响。这种软启动方式是应用最多的启动方法，尤其适用于风机、泵类负载的启动。

2) 脉冲阶跃启动

脉冲阶跃启动特性曲线如图 3-14 所示。在启动开始阶段，晶闸管在极短时间内以较大电流导通，经过一段时间后回落，再按原设定值线性上升，进入恒流启动状态。该启动方法适用于重载并需克服较大静摩擦的启动场合，但是，该启动方法会产生突跳而使电网发送尖脉冲，干扰其他负荷，应用时要特别注意。

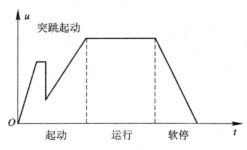

图 3-14　脉冲阶跃启动特性曲线

3) 减速软停控制

当电动机需要停机时，并不立即切断电动机的电源，而是通过调节晶闸管的导通角，从全导通状态逐渐减小，从而使电动机的端电压逐渐降低而切断电源。这一过程时间较长，称为软停控制。停车的时间根据实际需要可在 0～120 s 范围内调整。减速软停控制曲线如图 3-14 所示。传统的控制方式都是通过瞬间停电完成的，但有许多应用场合，不允许电动

机瞬间关机。例如，高层建筑、楼宇的水泵系统，如果瞬间停机，会产生巨大的"水锤"效应，使管道甚至水泵遭到损坏。为减少和防止"水锤"效应，需要电动机逐渐停机，采用软启动控制器能满足这一要求。在泵站中，应用软停车技术可避免泵站设备损坏，减少维修费用和维修工作量。

4) 节能特性

软启动控制器可以根据电动机功率因数的高低，自动判断电动机的负载率。当电动机处于空载或负载率很低时，可通过相位控制使晶闸管的导通角发生变化，从而改变输入电动机的功率，以达到节能的目的。

5) 制动特性

当电动机需要快速停机时，软启动控制器具有能耗制动功能。能耗制动功能即当接到制动命令后，软启动控制器改变晶闸管的触发方式，使交流转变为直流；在关闭主电路后，立即将直流电压加到电动机定子绕组上，利用转子感应电流与静止磁场的作用达到制动的目的。

从节约资金出发，有时可采用一台软启动器控制多台电动机进行软启动。图 3-15 是用一台软启动器控制两台电动机的启动、停机电路。但需注意的是，两台电动机不能同时启动或停机，只能单台分别启动或停机。

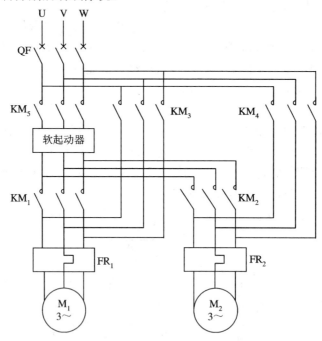

图 3-15　用一台软启动器控制两台电动机

3. 软启动控制器和变频器

软启动控制器和变频器是目前在电动机控制中经常使用的两种不同用途的产品。变频器用于需要调速的地方(变频器见 3.4.2 节)，其输出不但改变电压而且同时改变频率；软启动器实际上是个调压器，主要用于电动机启动，其输出只改变电压而不改变频率。变频器具备软启动器的所有功能，但它的价格比软启动器贵得多，结构也复杂得多。

3.3 三相异步电动机的制动控制

当按下停机按钮后，三相异步电动机的定子绕组脱离电源。由于惯性作用，转子需经过一定时间后才停止旋转，这往往不能适应某些生产机械工艺的要求，也影响生产率的提高，并造成运动部件停位不准确，工作不安全。为此，应对拖动电动机采取有效的制动措施。一般采用的制动方法有机械制动与电气制动。所谓机械制动，是利用外加的机械作用力使电动机转子迅速停止的一种方法。电气制动是使电动机工作在制动状态，即使电动机电磁转矩方向与电动机旋转方向相反，迫使电动机转速迅速下降，起到制动作用。常用的电气制动方法有反接制动和能耗制动等。

3.3.1 反接制动控制电路

三相异步电动机反接制动有两种情况：一种是在负载转矩作用下使正转接线的电动机出现反转的倒拉反接制动，它往往应用在重力负载的场合，如桥式起重机的电气控制，这一制动不能实现电动机转速为零；另一种是电源反接制动，即改变电动机电源相序，使电动机定子绕组产生的旋转磁场与转子旋转方向相反，产生制动，使电动机转速迅速下降。当电动机转速接近零时应迅速切断三相电源，否则电动机将反向启动。另外，反接制动时，转子与定子旋转磁场的相对速度接近于 2 倍的同步转速，以致反接制动电流相当于电动机全压启动时启动电流的 2 倍。

为防止绕组过热和减小制动冲击，一般应在电动机定子电路中串入反接制动电阻。反接制动电阻的接法有对称接法与不对称接法两种。采用对称电阻接法时在限制制动转矩的同时也限制了制动电流；而采用不对称制动电阻的接法则只限制了制动转矩，未加制动电阻的那一相仍具有较大的电流。在反接制动过程中，由电网供给的电磁功率和拖动系统的机械功率全都转变为电动机的热损耗，这也限制了异步电动机每小时反接制动的次数。

图 3-16 是一种三相异步电动机单向反接制动控制线路。

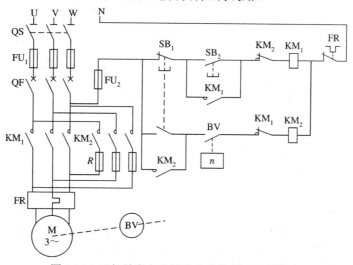

图 3-16 三相异步电动机单向反接制动控制线路

启动时，按下启动按钮 SB₂，接触器 KM₁ 通电并自锁，电动机 M 通电旋转。在电动机正常运转时，速度继电器 BV 的常开触头闭合，为反接制动作好了准备。停车时，按下停止按钮 SB₁，接触器 KM₁ 线圈断电，电动机 M 脱离电源。由于此时电动机的惯性很高，速度继电器 BV 的常开触头依然处于闭合状态，因此 SB₁ 常开触头闭合时，反接制动接触器 KM₂ 线圈通电并自锁。其主触头闭合，使电动机定子绕组通过反接制动电阻 R 得到与正常运转相序相反的三相交流电源，电动机进入反接制动状态，使电动机转速迅速下降。当电动机转速接近于零时，速度继电器常开触头复位，接触器 KM₂ 线圈电路被切断，反接制动结束。

图 3-17 是具有反接制动电阻的正反向反接制动控制线路。

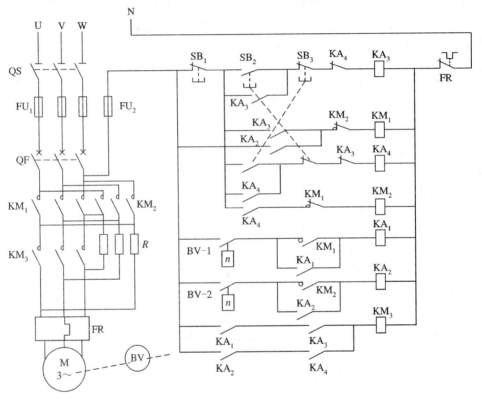

图 3-17　具有反接制动电阻的正反向反接制动控制线路

图 3-17 中电阻 R 是反接制动电阻，同时也具有限制启动电流的作用。该线路工作原理如下：合上电源开关，按下正转启动按钮 SB₂，中间继电器 KA₃ 线圈通电并自锁，其常闭触头保证互锁中间继电器 KA₄ 线圈不被接通；KA₃ 的另一个常开触头闭合，使接触器 KM₁ 线圈通电；KM₁ 的主触头闭合，使定子绕组经电阻 R 接通正序三相电源，电动机开始降压启动。此时虽然中间继电器 KA₁ 线圈电路中 KM₁ 的常开辅助触头已闭合，但是 KA₁ 线仍无法通电，因为速度继电器 BV 的正转常开触头 BV₁ 尚未闭合。当电动机转速上升到一定值时，BV 的正转常开触头闭合，中间继电器 KA₁ 通电并自锁。这时由于 KA₁、KA₃ 等中间继电器的常开触头均处于闭合状态，接触器 KM₃ 线圈通电，于是电阻 R 被短接，定子绕组直接加以额定电压，电动机转速上升到稳定的工作转速。在电动机正常运行的过程中，若是按下停止按钮 SB₁，则 KA₃、KM₁、KM₃ 三只线圈相继断电。由于此时电动机转子的惯性转速仍然很高，速度继电器的正转常开触头尚未复原，中间继电器 KA₁ 仍处于工作状态，因

此接触器 KM_1 的常闭触头复位后，接触器 KM_2 线圈通电，其常开主触头闭合，使定子绕组经电阻 R 获得反相序的三相交流电源，对电动机进行反接制动。转子速度迅速下降，当其转速小于 100 r/min 时，BV 的正转常开触头恢复断开状态，KA_1 线圈断电，接触器 KM_2 被释放，反接制动过程结束。电动机反向启动和制动停车过程与正转时相似，此处不再赘述。

3.3.2 能耗制动控制电路

电动机能耗制动就是在电动机断开电源之后，在电动机定子绕组上加一个直流电压，利用转子感应电流与静止磁场的作用达到制动的目的。能耗制动可用时间继电器进行控制，也可用速度继电器进行控制。图 3-18 所示为利用速度继电器控制的单向能耗制动控制线路。

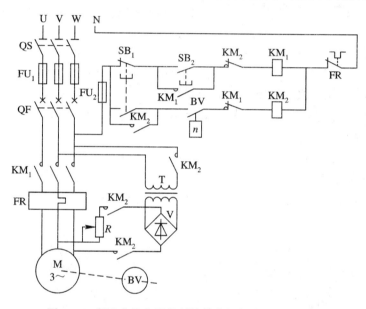

图 3-18　用速度继电器控制的单向能耗制动控制线路

在电动机正常运行时，速度继电器 BV 的常开接点将闭合。若按下停止按钮 SB_1，则接触器 KM_1 被释放，电动机脱离三相交流电源。由于电动机转子的惯性很高，因此速度继电器 BV 的常开触头仍然处于闭合状态。同时，接触器 KM_2 线圈通电，直流电源经接触器 KM_2 的主触头而加入定子绕组。控制电路中 KM_2 的常开接点保持自锁，使电动机进入能耗制动状态。当其转子的转速小于 100 r/min 时，速度继电器 BV 的常开触头断开接触器 KM_2 线圈电路，电动机能耗制动结束。

能耗制动比反接制动消耗的能量少，其制动电流也比反接制动电流小。但能耗制动的制动效果不如反接制动明显，同时需要一个直流电源，控制线路相对比较复杂。通常能耗制动适用于电动机容量较大和启动、制动频繁的场合。

3.4　三相异步电动机的转速控制

根据三相异步电动机的转速公式：

$$n = \frac{60 f_1}{p}(1 - s)$$

得出三相异步电动机的调速可使用改变电动机定子绕组的磁极对数 p，改变电源频率 f_1 或改变转差率 s 的方式。改变转差率调速又可分为绕线转子电动机在转子电路中串接电阻调速、绕线转子电动机串级调速、异步电动机交流调压调速等。

3.4.1 三相笼型电动机的变极调速

三相笼型电动机采用改变磁极对数调速。当改变定子极数时，转子极数也同时改变。笼型转子本身没有固定的极数，它的极数随定子极数而定。电动机变极调速的优点是，它既适用于恒功率负载，又适用于恒转矩负载，线路简单，维修方便；缺点是有级调速且价格昂贵。

改变定子绕组极对数的方法有：

(1) 装一套定子绕组，改变它的连接方式，得到不同的极对数。

(2) 定子槽里装两套极对数不一样的独立绕组。

(3) 定子槽里装两套极对数不一样的独立绕组，而每套绕组本身又可以改变它的连接方式，得到不同的极对数。

多速电动机一般有双速、三速和四速之分。双速电动机定子装有一套绕组，三速、四速电动机则装有两套绕组。

图 3-19 是 4/2 极的双速异步电动机定子绕组接线示意图。

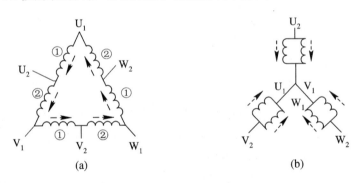

图 3-19　4/2 极双速异步电动机定子绕组接线图

(a) 三角形连接；(b) 双星形连接

图 3-19(a) 将电动机定子绕组的 U_1、V_1 和 W_1 三个接线端接三相交流电源，而将 U_2、V_2 和 W_2 三个接线端悬空，三相定子绕组接成三角形。此时每相绕组中的①、②线圈串联，电流方向如图 3-19(a) 中虚线箭头所示，电动机以四极低速运行。若将电动机定子绕组的 U_2、V_2 和 W_2 三个接线端子接三相交流电源，而将另外三个接线端子 U_1、V_1 和 W_1 连在一起，则原来的三相定子绕组的三角形连接变为双星形连接，此时每相绕组中的①、②线圈相互并联，电流方向如图 3-19(b) 中虚线箭头所示，电动机以两极高速运行。

双速电动机用交流接触器连接出线端，以改变电动机转速的控制线路，如图 3-20 所示。

电动机以三角形启动，然后自动地将转速加快到双星形运转。当按下 SB_2 时，时间继电器 KT 通电，KT 的瞬时闭合常开触头立即闭合，使接触器 KM_1 通电，将电动机定子绕组接成三角形启动，并通过中间继电器 **KA** 使时间继电器 **KT** 断电。经过一定时间后，**KT** 的常开触头断开，接触器 **KM₁** 断电，而使接触器 **KM₂** 通电，电动机自动地从三角形变成双星形运转，完成了自动加速的过程。

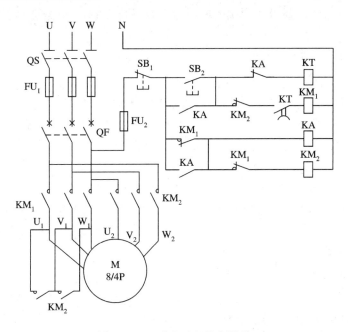

图 3-20　双速电动机控制线路

3.4.2　异步电动机的变频调速

1. 变频调速的基本原理

改变异步电动机的供电频率，即可平滑地调节同步转速，实现调速运行。变频调速是利用电动机的同步转速随频率变化的特性，通过改变电动机的供电频率进行调速的。在交流异步电动机的各种调速方法中，变频调速具有调速范围大，稳定性好，运行效率高的特点，已逐步得到推广及应用。通用变频器可以应用于普通的异步电动机调速控制。除此之外，还有高性能专用变频器、高频变频器、单相变频器等。

由电动机理论可知，三相异步电动机定子每相电动势的有效值为

$$E_1 = 4.44 f_1 N_1 \Phi \tag{3-1}$$

如果不计定子阻抗压降，则

$$U_1 \approx E_1 = 4.44 f_1 N_1 \Phi \tag{3-2}$$

由式(3-2)可见，若端电压 U_1 不变，则随着 f_1 的升高，气隙磁通 Φ 将减小。又由转矩公式：

$$T = C_M \Phi I_2 \cos \varphi_2 \tag{3-3}$$

可以看出，$\boldsymbol{\Phi}$的减小势必会导致电动机允许输出转矩T的下降，降低电动机的出力。同时，电动机的最大转矩也将降低，严重时会使电动机堵转。若维持端电压U_1不变而减小f_1，则气隙磁通$\boldsymbol{\Phi}$将增加。这就会使磁路饱和，励磁电流上升，导致铁损急剧增加，这也是不允许的。因此在许多场合，要求在调频的同时改变定子电压U_1，以维持$\boldsymbol{\Phi}$接近不变。下面分两种情况说明。

1) 基频以下的恒磁通变频调速

这是考虑从基频(电动机额定频率)向下调速的情况。为了保持电动机的负载能力，应保持气隙主磁通$\boldsymbol{\Phi}$不变。这就要求在降低供电频率的同时降低感应电动势，保持E_1/f_1=常数，即保持电动势与频率之比为常数。这种控制又称为恒磁通变频调速，属于恒转矩调速方式，但是E_1难于直接检测和直接控制。当E_1和f_1的值较高时，定子的漏阻抗压降相对比较小，如忽略不计，则可以近似地保持定子电压U_1和频率f_1的比值为常数，即认为$E_1 \approx U_1$，保持E_1/f_1=常数。这就是恒压频比控制方式，是近似的恒磁通控制。

当频率较低时，U_1和E_1都变小，定子漏阻抗压降不能再忽略。这种情况下，可以人为地适当提高定子电压以补偿定子电阻压降的影响，使气隙磁通基本保持不变。

2) 基频以上的弱磁变频调速

这是考虑由基频开始向上调速的情况。当频率由额定值向上增大时，电压U_1由于受额定电压U_{1N}的限制不能再升高，只能保持$U_1 = U_{1N}$不变。这样必然会使主磁通随着f_1的上升而减小，相当于直流电动机弱磁调速的情况，即近似的恒功率调速方式。

上述两种情况综合起来，异步电动机变频调速时的控制特性如图3-21所示。异步电动机的变频调速必须按照一定的规律同时改变其定子的电压和频率。

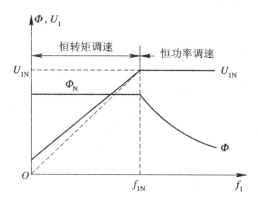

图3-21 异步电动机变频调速时的控制特性

根据U_1和f_1的不同比例关系，将有不同的变频调速方式。保持T为常数的恒磁通控制方式适用于调速范围较大的恒转矩性质的负载，例如升降机械、搅拌机、传送带等；保持P为常数的恒功率控制方式适用于负载随转速的增高而变小的地方，例如主轴传动、卷绕机等。

2. 变频器的基本结构

变频器的基本结构由主电路、内部控制电路板、外部接口及显示操作面板组成，各种功能主要靠软件来完成。目前常用的通用变频器属于交—直—交变频器，其基本结构如图3-22 所示。

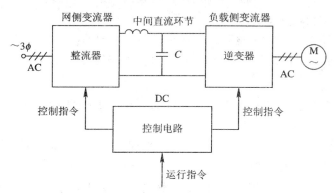

图 3-22 变频器的基本结构

通用变频器主要包括整流器、中间直流环节、逆变器和控制回路。

1) 整流器

电网侧的变流器是整流器，有可控整流桥和不可控整流桥两种。通用变频器大多采用不可控整流桥，它的作用是把三相交流整流成直流。

2) 逆变器

负载侧的变流器为逆变器。最常见的结构形式是利用六个开关器件组成的三相桥式逆变电路。

3) 中间直流环节

由于逆变器的负载为异步电动机，属于感性负载，无论电动机处于电动或发电制动状态，其功率因数总不为 1，因此，在中间直流环节和电动机之间总会有无功功率的交换。这种无功能量要靠中间直流环节的储能元件(电容器或电抗器)来缓冲，所以又常称中间直流环节为中间直流储能环节。通用变频器的中间直流储能环节采用电容器方式。

4) 控制电路

控制电路由运算电路，信号检测电路，控制信号的输入、输出电路，驱动电路和保护电路等构成。其主要作用是完成对逆变器的开关控制，对整流器的电压控制，接受控制指令及完成各种保护功能等。

通用变频器有着广泛的应用范围，在各行各业中的各种设备上得到了迅速的普及。

3.5 常用机床电气控制

在学习了常用低压电器与继电—接触器控制电路基本环节的基础上，下面将对车床和摇臂钻床的电气控制线路进行分析，以期学会阅读、分析机床电气控制电路的方法和步骤，加深对典型控制环节的理解和应用；了解机床上机械、液压和电气三者的紧密配合，从机床加工工艺出发，掌握各种典型机床的电气控制，为机床及其他生产机械电气控制的设计、安装、调试、运行等打下一定的基础。

机床的电气控制不仅要求能够实现启动、制动、反向和调速等基本功能，更要满足生产工艺的各项要求，还要保证机床各种运动的准确性和相互协调性，具有各种保护装置，工作可靠，实现操作自动化等。

学习和分析机床电气控制电路时，应注意以下几个问题：

(1) 对机床的基本结构、运动情况、加工工艺要求等应有一定的了解，做到了解控制对象，明确控制要求。

(2) 应了解机械操作手柄与电器开关元件的关系；了解机床液压系统与电气控制的关系等。

(3) 将整个控制电路按功能不同分成若干局部控制电路，逐一分析，注意各局部电路之间的联锁与互锁关系，然后再统观整个电路，形成一个整体概念。

(4) 抓住各机床电气控制的特点，深刻理解电路中各电器元件、各触点的作用，学会分析的方法，养成分析的习惯。

3.5.1　车床的电气控制

车床是一种应用最为广泛的金属切削机床，能够车削外圆、内圆、端面、螺纹和定型表面，并可以用钻头、铰刀等进行加工。

1. 车床结构

卧式车床主要由床身、主轴变速箱、尾座进给箱、丝杠、光杠、刀架和溜板箱等组成。

车削加工的主运动是主轴通过卡盘或顶尖带动工件的旋转运动，它承受车削加工时的主要切削功率；进给运动是溜板带动刀架的纵向或横向直线运动；车床的辅助运动包括刀架的快速进给与快速退回、尾座的移动与工件的夹紧及松开等。

车削加工时，应根据工件材料、刀具种类、工件尺寸、工艺要求等来选择不同的切削速度，这就要求主轴能在相当大的范围内调速。目前大多数中、小型车床采用三相笼型感应电动机拖动，主轴的变速是靠齿轮箱的机械有级调速来实现的。车削加工时，一般不要求反转，但在加工螺纹时，为避免乱扣，要反转退刀；同时，加工螺纹时，要求工件旋转速度与刀具的移动速度之间有严格的比例关系。为此，车床溜板箱与主轴箱之间通过齿轮传动来连接，而主运动与进给运动由一台电动机拖动。为了提高工作效率，有的车床刀架的快速移动由一台单独的进给电动机拖动。

进行车削加工时，刀具的温度高，需用切削液来进行冷却。为此，车床备有一台冷却泵电动机，拖动冷却泵，实现刀具的冷却。有的车床还专门设有润滑泵电动机，对系统进行润滑。

2. 车床电气控制

现以 C650-2 型卧式车床电气控制为例进行分析。图 3-23 为 C650-2 型车床电气控制电路图。C650-2 型车床是一种中型车床，M_1 为主轴电动机，它拖动主轴旋转，并通过进给机构实现进给运动；M_2 为冷却泵电动机，提供切削液；M_3 为刀架快速移动电动机，它拖动刀架进行快速移动。

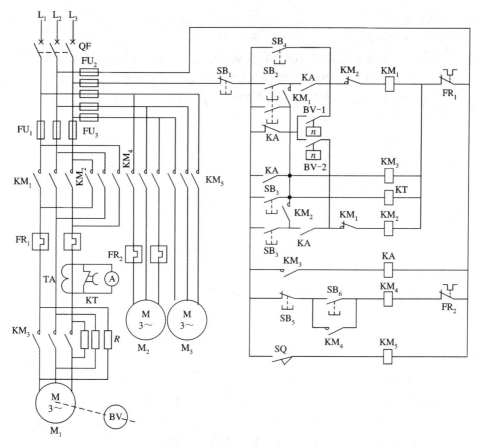

图 3-23　C650—2 型车床电气控制电路图

1) 控制电路的特点

(1) 主轴电动机 M_1 采用电气正反转控制。

(2) M_1 容量为 20 kW，采用电气反接制动，实现快速停车。

(3) 为便于对刀操作，主轴设有点动控制。

(4) 采用电流表来检测电动机的负载情况。

2) 主轴电动机的控制

(1) 主轴正反转控制。由按钮 SB_2、SB_3 和接触器 KM_1、KM_2 组成主轴电动机正反转控制电路，并由接触器 KM_3 主触点短接反接制动电阻 R，实现全压直接启动运转。

(2) 主轴的点动控制。由主轴点动按钮 SB_4 与接触器 KM_1 控制，并且在主轴电动机 M_1 的主电路中串入电阻 R，使 M_1 减压启动和低速运转，获得单方向的低速点动，便于对刀操作。

(3) 主轴电动机反接制动的停车控制。主轴停车时，由停止按钮 SB_1 与正反转接触器 KM_1、KM_2 及反接制动接触器 KM_3、速度继电器 BV 构成电动机正反转反接制动控制电路，在 BV 控制下实现反接制动停车。

(4) 主轴电动机负载检测及保护环节。C650－2 型车床采用电流表检测主轴电动机定子电流。为防止启动电流的冲击，采用时间继电器 KT 的常闭通电延时断开触点连接在电流表的两端，为此 KT 延时应稍长于 M_1 的启动时间。而当 M_1 制动停车时，按下停止按钮 SB_1，使 KM_3、KA 和 KT 线圈相继断电释放，KT 触点瞬时闭合，将电流表短接，以免使电流表受到反接制动电流的冲击。

    3) **刀架快速移动的控制**

    刀架的快速移动由快速移动电动机 M_3 拖动,由刀架快速移动手柄操作。当扳动刀架快速移动手柄时,压下行程开关 SQ,接触器 KM_5 线圈通电吸合,使 M_3 电动机直接启动,拖动刀架快速移动。当将快速移动手柄扳回原位时,SQ 不受压,KM_5 断电释放,M_3 断电停止,刀架快速移动结束。

    4) **冷却泵电动机的控制**

    由按钮 SB_5、SB_6 和接触器 KM_4 构成电动机单方向启动、停止电路,实现对冷却泵电动机 M_2 的控制。

3.5.2 钻床的电气控制

    钻床是一种孔加工机床,可用来钻孔、扩孔、铰孔、攻螺纹及修刮端面等多种形式的加工。

1. 钻床的结构

    钻床的结构类型很多,有立式钻床、卧式钻床、深孔钻床及多轴钻床等。摇臂钻床是一种立式钻床,它适用于单件或批量生产带有多孔大型零件的孔加工,是一般机械加工车间常用的机床。

    摇臂钻床主要由底座、内立柱、外立柱、摇臂、主轴箱、工作台等组成。内立柱固定在底座上,在它外面空套着外立柱,外立柱可绕着不动的内立柱回转一周。摇臂一端的套筒部分与外立柱滑动配合,借助于丝杠,摇臂可沿外立柱上下移动,但两者不能作相对转动,因此,摇臂只与外立柱一起相对内立柱回转。主轴箱是一个复合部件,它由主电动机、主轴和主轴传动机构、进给和进给变速机构以及机床的操作机构等部分组成。主轴箱安装在摇臂水平导轨上,它可借助手轮操作使其在水平导轨上沿摇臂作径向运动。当进行加工时,由特殊的夹紧装置将主轴箱紧固在摇臂导轨上,将外立柱紧固在内立柱上,摇臂紧固在外立柱上,然后进行钻削加工。钻削加工时,钻头旋转进行切削,同时进行纵向进给。摇臂钻床的主运动为主轴带着钻头的旋转运动;辅助运动有摇臂连同外立柱围绕着内立柱的回转运动,摇臂在外立柱上的上升、下降运动,主轴箱在摇臂上的左右运动等;而主轴的前进移动是机床的进给运动。

    由于摇臂钻床的运动部件较多,因此为简化传动装置,常采用多电动机拖动。摇臂钻床通常设有主电动机、摇臂升降电动机、夹紧放松电动机及冷却泵电动机。

    主轴变速机构和进给变速机构都装在主轴箱里,主运动与进给运动由一台笼型感应电动机拖动。

    利用摇臂钻床加工螺纹时,主轴需要正反转。摇臂钻床主轴的正反转一般用机械方法变换,主轴电动机只做单方向旋转。

    为适应各种形式的加工,钻床的主运动与进给运动要有较大的调速范围。以 Z3040×16 型摇臂钻床为例,其主轴的最低转速为 40 r/min,最高转速为 2000 r/min,调速范围很大。

2. 钻床电气控制

    现以 Z3040×16(Ⅱ)型摇臂钻床为例,分析其电气控制。图 3-24 为 Z3040×16(Ⅱ)型摇臂钻床电气控制电路图。

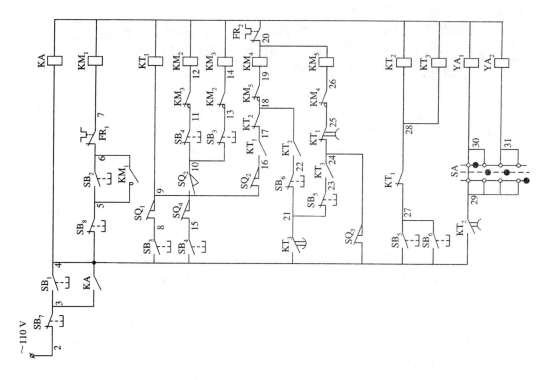

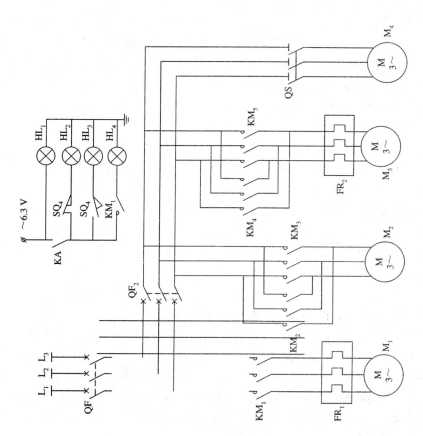

图3-24 Z3040×(Ⅱ)型摇臂钻床电气控制电路图

1) 控制电路的特点

(1) 控制电路设有总启动按钮 SB_1 和总停止按钮 SB_7，便于操纵和紧急停车。

(2) 主电路由断路器 QF_1、QF_2 进行保护。断路器中的电磁脱扣作为短路保护，从而取代了熔断器。长期运转的主电动机 M_1 与液压泵电动机 M_3 设有热继电器 FR_1、FR_2 作为长期过载保护。

(3) 采用 4 台电动机拖动，它们是主电动机 M_1、摇臂升降电动机 M_2、液压泵电动机 M_3 及冷却泵电动机 M_4。液压泵电动机拖动液压泵供压力油，经液压传动系统实现立柱与主轴箱的放松与夹紧及摇臂的放松与夹紧，并与电气配合，实现摇臂升降与夹紧放松的自动控制。由于这 4 台电动机容量较小，故均采用直接启动控制。

(4) 对摇臂的移动必须严格按照"摇臂松开→移动→摇臂夹紧"的程序进行。为此，要求起夹紧、放松作用的液压泵电动机 M_3 与摇臂升降电动机 M_2 按一定的顺序启动工作，由摇臂松开行程开关 SQ_2 与夹紧行程开关 SQ_3 发出的控制信号进行控制。

(5) 机床具有信号指示装置，对机床的每一主要动作做出显示，这样便于操作和维修。其中，HL_1 为电源指示灯；HL_2 为立柱与主轴箱松开指示灯；HL_3 为立柱与主轴箱夹紧指示灯；HL_4 为主轴电动机旋转指示灯。

(6) 摇臂的夹紧、放松与摇臂的升降按自动控制进行，而立柱和主轴箱的夹紧、放松可以单独操作，也可以同时进行，由转换开关 SA 和按钮 SB_5 或 SB_6 控制。

2) 电气控制电路分析

(1) 开车前的准备。首先将隔离开关接通，同时将电气控制箱门关好，然后将电源引入开关 QF_1 扳到"接通"位置，引入三相交流电源。此时总电源指示灯 HL_1 亮，表示机床电气电路已进入带电状态。按下总启动按钮 SB_1，中间继电器 KA 线圈通电吸合并自保，为主电动机及其他电动机启动做准备，同时触点 KA 闭合，为其他 3 个指示灯通电做准备。

(2) 主电动机的控制。主电动机 M_1 单方向旋转控制电路由启动、停止按钮 SB_2、SB_8 和接触器 KM_1 构成。当 KM_1 线圈通电吸合，M_1 启动旋转时，主电动启动指示灯 HL_1 亮；当 M_1 停转对，HL_4 灭。

(3) 摇臂升降控制。摇臂移动前必须先松开，移动到位后摇臂自动夹紧。因此，摇臂移动过程是对液压泵电动机 M_3 和摇臂升降电动机 M_2 按一定程序进行自动控制的过程。下面以摇臂上升为例说明。

按下摇臂上升按钮 $SB_3(4-8)$，时间继电器 KT_1 线圈通电吸合。触点 $KT_1(16-17)$ 闭合，使接触器 KM_4 通电吸合，其主触点闭合，接通电源使液压泵电动机 M_3 正向旋转，供出压力油。压力油经分配阀进入摇臂的松开油腔，推动活塞移动，活塞推动菱形块，将摇臂松开。同时，活塞杆通过弹簧片压动行程开关 SQ_2，使其触点 $SQ_2(9-16)$ 断开，使 KM_4 线圈断电释放；另一触点 $SQ_2(9-10)$ 闭合，使 KM_2 线圈通电吸合。前者使液压泵电动机 M_3 停止转动，后者使摇臂升降电动机 M_2 启动正向旋转，带动摇臂上升移动。

当摇臂上升到所需位置时，松开摇臂上升按钮 SB_3，接触器 KM_2 和时间继电器 KT_1 线圈同时断电释放，摇臂升降电动机 M_2 停止，摇臂停止上升。但时间继电器 KT_1 为断电延时型，所以在摇臂停止上升后的 1～3 s，其延时闭合触点 $KT_1(24-25)$ 闭合，接触器 KM_5 线圈才通电吸合，使液压泵电动机 M_3 通电反向旋转，供出压力油经分配阀进入摇臂的夹紧油腔，经夹紧机构将摇臂夹紧。在摇臂夹紧的同时，活塞杆通过弹簧片使行程开关 SQ_3 压下，触

点 $SQ_3(4-24)$断开，切断接触器 KM_5 的线圈电路，KM_5 断电释放，液压泵电动机停止转动，完成了摇臂先松开，后移动，再夹紧的整套动作。

摇臂下降的控制过程与上升相似，读者可自行分析。

摇臂升降电动机的正反转接触器 KM_2、KM_3 采用电气与机械的双重互锁，确保电路的安全工作。

由于摇臂的上升与下降是短时间的调整工作，因此采用点动控制方式。

行程开关 SQ_1 与 SQ_4 常闭触点分别串接在按钮 SB_3、SB_4 常开按钮之后，起摇臂上升与下降的限位保护作用。

(4) 立柱和主轴箱的松开与夹紧控制。立柱和主轴箱的松开与夹紧既可以同时进行又可以单独进行，由转换开关 SA 与按钮 SB_5 或 SB_6 控制。转换开关 SA 有 3 个位置，扳到中间位置时，立柱和主轴箱的松开或夹紧同时进行；扳到左边位置时，立柱被夹紧或放松；扳到右边位置时，主轴箱单独夹紧或放松。SB_5 为松开按钮，SB_6 为夹紧按钮。

当转换开关 SA 置于中间位置时，触点 SA(29-30)与触点 SA(29-31)闭合。若使立柱与主轴箱同时松开，则按下 SB_5，时间继电器 KT_2、KT_3 线圈同时通电并吸合。KT_2 是断电延时型，KT_3 是通电延时型。触点 $KT_2(4-29)$在通电瞬间闭合，主轴箱松紧电磁铁 YA_1 和立柱松紧电磁铁 YA_2 同时通电吸合，为主轴箱与立柱同时松开做准备。而另一时间继电器 KT_3 的触点 $KT_3(4-21)$经 1~3 s 延时闭合，使接触器 KM_4 线圈通电吸合，液压泵电动机 M_3 通电正向旋转，压力油经分配阀进入立柱和主轴箱的松开油缸，推动活塞使立柱和主轴箱松开。同时活塞杆使行程开关 SQ_4 复位，触点闭合，立柱与主轴箱松开，指示灯 HL_2 亮。

当立柱与主轴箱松开后，可手动使立柱回转或主轴箱作径向移动。当移动到位后，可按下夹紧按钮 SB_6。电路工作情况与松开时相似，故不再赘述。

至于主轴箱与立柱的单独松开与夹紧，只要将转换开关 SA 扳到相应位置，再控制 SB_5 与 SB_6 即可实现。

上述的放松与夹紧均系短时的调整工作，均采用点动控制。

机床安装后，接通电源，可利用立柱和主轴箱的夹紧、放松来检查电源相序。当电源相序正确后，再调整摇臂升降电动机的接线。

第4章 电器控制线路设计

4.1 电器控制系统设计的一般要求和基本规律

生产机械的电器控制系统是生产机械不可缺少的重要组成部分，它对生产机械能否正确与可靠地工作起着决定性的作用。一般电器控制系统应该满足生产机械加工工艺的要求，线路要安全可靠、操作和维护方便，设备投资少等。为此，必须正确地设计控制线路，合理地选择电器元件。

由按钮、继电器、接触器等低压控制电器组成的继电—接触器控制线路，具有线路简单，维护方便，便于操作，价格低廉等优点，在各种生产机械的电器控制领域中，一直得到广泛的应用。本章主要介绍组成电器控制线路的基本规律和典型线路环节，以使读者掌握继电—接触器控制系统的设计方法、设计步骤以及设计原则。

4.2 电器控制线路的图形符号和文字符号

电器控制线路是用导线将电动机、电器仪表等电器元件连接起来，并实现某种要求的电器线路。电器控制线路应该根据简明易懂的原则，用规定的方法和符号进行绘制。

常用的电器控制线路图有电气安装图和电气原理图。电气安装图是按照电器的实际位置和实际接线线路，用规定的图形符号画出来的，这样便于安装；电气原理图是根据工作原理而绘制的，具有结构简单，层次分明等优点，便于研究和分析电路的工作原理。

在绘制电气原理图时，一般应遵循以下原则：

(1) 表示导线、信号通路、连接导线等图线都应是交叉和折弯最少的直线；可以水平布置，也可以采用斜的交叉线。

(2) 电路或元件应按功能布置，并尽可能按工作顺序排列，对因果次序清楚的简图，其布局顺序应该是从左到右和从上到下。

(3) 为了突出和区分某些电路、功能等，导线符号、信号通路、连接线等可采用粗细不同的线条来表示。

(4) 元件、器件和设备的可动部分通常应表示在非激励或不工作的状态或位置。

(5) 所用图形符号应符合国家标准规定。如果采用了国家标准中未规定的图形符号，则必须加以说明。

(6) 同一电器元件不同部分的线圈和触点均应采用同一文字符号标明。

4.3 电力拖动方案的确定和电动机的选择

由于交流电动机特别是笼型异步电动机的结构简单，运行可靠，价格低廉，因此应用非常广泛。在选择电力拖动方案时，首先应尽量考虑笼型异步电动机。近年来，随着电力电子及控制技术的发展，交流调速装置的性能与成本已能和直流调速装置竞争，越来越多的直流调速应用领域被交流调速占领。在确定电力拖动方案时，应注意以下原则：

(1) 需调速的机械，包括长期工作制、短时工作制和重复短时工作制机械，应采用交流电动机。仅在某些操作特别频繁，交流电动机在发热和起制动特性不能满足要求时，才考虑直流电动机；只需几级固定速度的机械可采用多速交流电动机。

(2) 需要调速的机械尽量采用交流电动机。目前交流调速装置的性能、转矩响应时间与成本已能和直流调速装置竞争，越来越多的直流调速应用领域已采用通用变频器控制。

(3) 在环境恶劣的场合，例如高温、多尘、多水气、易燃、易爆等场合，宜采用交流电动机。

(4) 电动机的结构类型应当适应机械结构的要求，当考虑现场环境时，可选用防护式、封闭式、防腐式、防爆式以及变频器专用电动机等结构型式。

(5) 电动机的调速性质应与生产机械的负载特性相适应。调速性质主要是指电动机在整个调速范围内转矩、功率与转速的关系，是容许恒功率输出还是恒转矩输出。选用调速方法时，应尽可能使其与负载性质相同。

在正常环境条件下，一般采用防护式电动机；在空气中存在较多粉尘的场所，应尽量选用封闭式电动机；在高温车间，应根据周围环境温度，选用相应绝缘等级的电动机；在有爆炸危险及有腐蚀气体的场所，应相应的选用防爆式及防腐式电动机。

4.4 设计控制线路的一般要求

1. 实现生产机械和工艺的要求

应最大限度地实现生产机械和工艺对电器控制线路的要求。设计之前，首先要调查清楚生产要求。一般控制线路只要求满足启动、反向和制动就可以了；有些则要求在一定范围内平滑调速和按规定的规律改变转速，出现事故时需要有必要的保护、信号预报，各部分运动要求有一定的配合和联锁关系等。

2. 控制线路应简单、经济

在满足生产要求的前提下，控制线路应力求简单、经济。

(1) 控制线路应标准。尽量选用标准的、常用的或经过实际考验过的线路和环节。所用电器应为标准件，并尽可能选用相同型号。

(2) 控制线路应简短。尽量缩短连接导线的数量和长度。设计控制线路时，应考虑到各个元件之间的实际接线。特别要注意电气柜、操作台和行程开关(限位开关)之间的连接线，如图 4-1 所示。

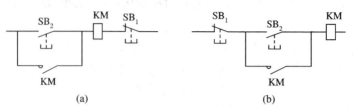

图 4-1　连接导线

(a) 不合理的接线；(b) 正确接线

图 4-1(a)所示的连线是不合理的。因为按钮在操作台上，而接触器在电气柜内，这样接线就需要由电气柜二次引出连接线到操作台的按钮上。一般都将启动按钮和停止按钮直接连接，这样就可以减少一次引出线，如图 4-1(b)所示。

(3) 减少不必要的触点以简化线路。所用的电器、触头越少则越经济，出故障的机会也就越少。在控制线路图设计完成后，应将线路化成逻辑代数式进行验算，以便得到最简的线路。

(4) 节约电能。控制线路在工作时，除必要的电器必须通电外，其余的尽量不通电以节约电能。以异步电动机 Y-D 形降压启动的控制线路为例，如图 4-2 所示。

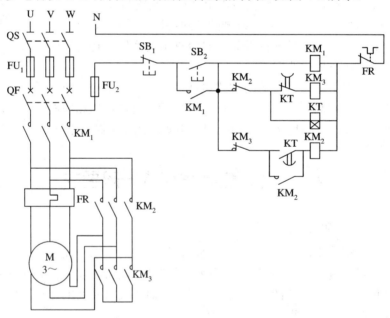

图 4-2　Y-D 形降压启动控制电路

在电动机启动后，接触器 KM_3 和时间继电器 KT 就失去了作用，可以在启动后利用 KM_2 的常闭接点切除 KM_3 和 KT 线圈的电源。

3. 保证控制线路工作的可靠和安全

为了保证控制线路工作可靠，最主要的是选用可靠的元件。如尽量选用机械和电气寿命长，结构坚实，动作可靠，抗干扰性能好的电器。同时在具体线路设计中注意以下几点。

1) **正确连接电器的触点**

同一电器的常开和常闭辅助触点通常靠得很近，如果分别接在不同的电位上(如图 4-3(a) 所示的行程开关 SQ 的常开触点和常闭触点的接法)，由于不是等电位，当触点断开产生电弧时很可能在两触点间形成飞弧造成电源短路。此外绝缘不好，也会引起电源短路。

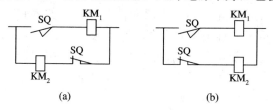

图 4-3　电器触点的连接

(a) 不合理的接线；(b) 正确接线

如果按图 4-3(b)所示接线，由于两触点电位相同，就不会造成飞弧，即使引入线绝缘损坏，也不会将电源短路。在设计中应注意正确连接电器触点。

2) **正确连接电器的线圈**

在交流控制电路中不能串联接入两个电器的线圈，如图 4-4 所示。即使外加电压是两个线圈的额定电压之和，也是不允许的。因为每个线圈上所分配到的电压与线圈阻抗成正比，两个电器动作总是有先有后，不可能同时吸合。假如交流接触器 KM_1 先吸合，由于 KM_1 的磁路闭合，线圈的电感显著增加，因而在该线圈上的电压降也相应增大，从而使另一个接触器 KM_2 的线圈电压达不到动作电压。因此两个电器需要同时动作时，其线圈应该并联连接。

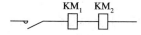

图 4-4　线圈不能串联连接

3) **避免出现寄生电路**

在控制线路的设计中，要注意避免产生寄生电路(或叫假电路)。图 4-5 所示是一个具有指示灯和热保护的电动机正反向旋转电路。

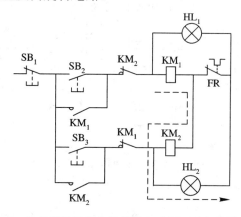

图 4-5　具有指示灯和热保护的电动机正反向旋转电路

在正常工作时，此线路能完成正反向启动、停止和信号指示，但当电动机过载热继电器 FR 动作时，线路就出现了寄生电路，如图 4-5 中虚线所示。这样使正向接触器 KM_1 不能释放，起不到保护作用。

4）避免发生触头"竞争"与"冒险"现象

在电器控制电路中，由于某一控制信号的作用，电路从一个状态转换到另一个状态时，常常有几个电器的状态发生变化。由于电器元件总有一定的固有动作时间，因此往往会发生不按预定时序动作的情况，触头争先吸合，发生振荡，这种现象称为电路的"竞争"。另外，由于电器元件的固有释放延时作用，因此也会出现开关电器不按要求的逻辑功能转换状态的可能性，这种现象称为"冒险"。"竞争"与"冒险"现象都将造成控制回路不能按要求动作，引起控制失灵，如图 4-6 所示。

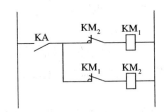

图 4-6 触头的"竞争"与"冒险"

当 KA 闭合时，KM_1、KM_2 争先吸合，只有经过多次振荡吸合竞争后，才能稳定在一个状态上；同样在 KA 断开时，KM_1、KM_2 又会争先断开，产生振荡。通常我们分析控制回路的电器动作及触头的接通和断开都是静态分析，没有考虑其动作时间。实际上，由于电磁线圈的电磁惯性、机械惯性、机械位移量等因素，通断过程中总存在一定的固有时间(几十毫秒到几百毫秒)，这是电器元件的固有特性。设计时要避免发生触头"竞争"与"冒险"现象，防止电路中因电器元件固有特性引起配合不良的后果。同样，若不可避免，则应采用区分、联锁隔离或多触头开关分离等措施避免触头"竞争"与"冒险"的发生。

5）减少电器动作

在线路中应尽量避免只有许多电器依次动作才能接通另一个电器的控制线路。如图 4-7(a)所示，线圈 KM_4 的接通要经过 KM_1、KM_2 和 KM_3 三对常开触点。若改为图 4-7(b)，则每个线圈的通电只需经过一对触点，可靠性更高。

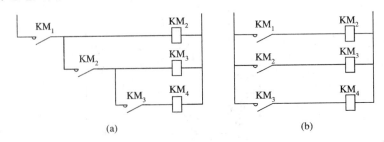

(a)　　　　　　　　　　　　(b)

图 4-7 减少多个电器元件依次通电

(a) 不合理接线；(b) 正确接线

6）要有机械联锁

在频繁操作的可逆线路中，正反向接触器之间不仅要有电气联锁，而且要有机械联锁。

7) 能适应所在电网的情况

根据电网容量的大小、电压和频率的波动范围，以及允许的冲击电流数值等决定电动机的启动方式是直接启动还是间接启动。

8) 保证足够容量

在线路中采用小容量继电器的触点来控制大容量接触器的线圈时，要计算继电器触点的断开和接通容量是否足够。如果不够必须加小容量接触器或中间继电器，否则工作不可靠。

4. 完善的保护环节

必须设有完善的保护环节，以避免因误操作而引起事故。完善的保护环节包括过载、短路、过流、过压、失压等保护环节，有时还应设有合闸、断开、事故、安全等必须的指示信号。

1) 短路保护

在电器控制线路中，通常采用熔断器或断路器作短路保护。当电动机容量较小时，其控制线路不需另外设置熔断器作短路保护，因主电路的熔断器同时可作控制线路的短路保护；当电动机容量较大时，控制电路要单独设置熔断器作短路保护。断路器既可作短路保护，又可作过载保护。线路出故障，断路器跳闸，经排除故障后只要重新合上断路器即能重新工作。

2) 过流保护

不正确的启动方法和过大的负载转矩常引起电动机的过电流故障。过电流一般比短路电流要小。过电流保护常用于直流电动机和绕线转子电动机的控制线路中，采用过电流继电器和接触器配合使用。将过电流继电器线圈串接于被保护的主电路中，其动断触头串接于接触器控制电路中。当电流达到整定值时，过电流继电器动作，其常闭触头断开，切断控制电路电源，接触器断开电动机的电源而起到保护作用。

3) 过载保护

三相笼型电动机的负载突然增加，断相运行或电网电压降低都会引起过载。若笼型电动机长期过载运行，则会引起过热而使绝缘损坏。通常采用热继电器作笼型电动机的长期过载保护。

4) 失压保护

失压保护通常利用并联在启动按钮两端的接触器的自锁触头来实现。当采用主令控制器 SA 控制电动机时，则通过零电压继电器来实现，如图 4-8 所示。

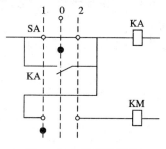

图 4-8　失压保护线路

主令控制器 SA 置于"0"位时，零电压继电器 KA 吸合并自锁；当 SA 置于"1"位时，保证了接触器的接通。当断电时，KA 释放；当电网再通电时，必须先将 SA 置于"0"位，使 KA 通电吸合，才能使电动机重新启动，起到零电压保护作用。

5. 操作、使用、调试与维修方便

线路设计要考虑操作、使用、调试与维修的方便。例如设置必要的显示，以便随时反映系统的运行状态与关键参数；考虑到运动机构的调整和修理，设置必要的单机点动、必要的易损触头及电器元件的备用等。

4.5 电器控制线路的设计方法

电器控制线路的设计方法通常有两种：一般设计法和逻辑设计法。

4.5.1 一般设计法

一般设计法又叫经验设计法，它是根据生产工艺要求，利用各种典型的线路环节，直接设计控制线路。它的特点是无固定的设计程序和设计模式，灵活性很大，主要靠经验进行。这种设计方法比较简单，但要求设计人员必须熟悉大量的控制线路基本环节，掌握多种典型线路的设计资料，同时具有丰富的设计经验。在设计过程中往往还要经过多次反复修改、试验，才能使线路符合设计的要求。即使这样，设计出来的线路可能不是最简的，所用的电器及触点也不一定最少，所得出的方案也不一定是最佳方案。

由于一般设计法是靠经验进行设计的，因而灵活性比较大。初步设计出来的线路可能是几个，这时要加以比较分析，甚至要通过实验加以验证，才能确定比较合理的设计方案。这种设计方法没有固定模式，通常先用一些典型线路环节拼凑起来实现某些基本要求，而后根据生产工艺的要求逐步完善其功能，并加入适当的联锁和保护环节。

下面通过一个实例介绍电器控制线路的一般设计法。

1. 控制系统的工艺要求

现要设计一个龙门刨床的横梁升降控制系统。在龙门刨床上装有横梁机构，刀架装在横梁上，用来加工工件。由于加工工件位置高低不同，要求横梁能沿立柱上下移动，而在加工过程中，横梁又需要夹紧在立柱上，不允许松动，因此，横梁机构对电器控制系统提出了如下要求：

(1) 保证横梁能上下移动，夹紧机构能实现横梁的夹紧或放松。

(2) 横梁夹紧与横梁移动之间必须按一定的顺序操作，当横梁上下移动时，应能自动按照"放松横梁→横梁上下移动→夹紧横梁→夹紧电动机自动停止运动"的顺序动作。

(3) 横梁在上升与下降时应有限位保护；

(4) 横梁夹紧与横梁移动之间及正反向之间应有必要的联锁。

2. 控制线路设计步骤

1) 设计主电路

根据工艺要求可知，横梁升降需有两台电动机(横梁升降电动机 M_1 和夹紧放松电动机

M₂)来驱动，而且都有正反转，因此需要四个接触器 KM_1、KM_2 和 KM_3、KM_4 来分别控制两个电动机的正反转。

2) 设计基本控制电路

四个接触器有四个控制线圈，由于只能用两只点动按钮去控制移动和夹紧的两个运动，因此需要通过两个中间继电器 KA_1 和 KA_2 进行控制。根据上述操作工艺要求，设计出如图 4-9 所示的控制电路，但它还不能实现在横梁放松后自动向上或向下移动，也不能在横梁夹紧后使夹紧电动机自动停止。为了实现这两个自动控制要求，还需要做相应的改进。

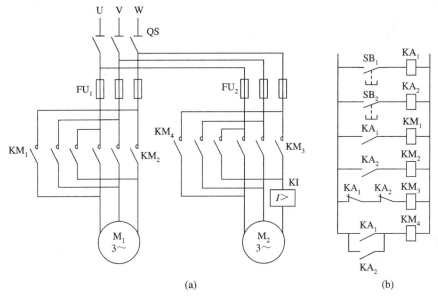

图 4-9 横梁控制电路

(a) 主电路；(b) 控制电路草图

3) 选择控制参量，确定控制方案

对第一个自动控制要求，可选行程这个变化量来反映横梁的放松程度，采用行程开关 SQ_1 来控制。

当按下向上移动按钮 SB_1 时，中间继电器 KA_1 通电，其常开触点闭合；KM_4 通电，则夹紧电动机作放松运动；同时，其常闭触点断开，实现与夹紧和下移的联锁。当放松完毕，压块就会压合 SQ_1，其常闭触点断开，接触器线圈 KM_4 失电；同时 SQ_1 的常开触点闭合，接通向上移动接触器 KM_1。这样，横梁放松以后，就会自动向上移动。向下的过程类似。

对上述第二个自动控制要求，即在横梁夹紧后使夹紧电动机自动停止，也要选择一个变化量来反映夹紧程度。这里可以用时间、行程和反映夹紧力的电流作为变化量。如采用行程量，当夹紧机构磨损后，测量就不精确；如采用时间量，则更不易调整准确。因此这里选用电流量进行控制。如图 4-10 所示，在夹紧电动机夹紧方向的主电路中串联接入一个电流继电器 KI，将其动作电流整定在额定电流的两倍左右。当横梁移动停止后，如上升停止，行程开关 SQ_2 的压块会压合，其常闭触点打开，KM_3 瞬间通电，因此夹紧电动机立即自动启动。当较大的启动电流达到 KA 的整定值时，KI 将动作，其常闭触点一旦打开，KM_3 又失电，自动停止夹紧电动机的工作。

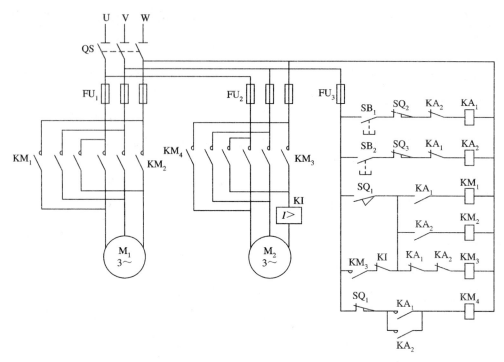

图 4-10　完整的控制线路

4) 设计联锁保护环节

设计联锁保护环节主要是将反映相互关联运动的电器触点串联或并联接入被联锁运动的相应电器电路中。这里采用 KA_1 和 KA_2 的常闭触点实现横梁移动电动机和夹紧电动机正反向工作的联锁保护。

5) 设计横梁上下有限位保护

采用行程开关 SQ_2 和 SQ_3 分别实现向上或向下限位保护。例如，横梁上升到达预定位置时，SQ_2 的压块就会压合，其常闭触点打开，KA_1 断开，接触器 KM_1 线圈断电，则横梁停止上升。

SQ_1 除了反映放松信号外，它还起到了横梁移动和横梁夹紧间的联锁控制。

6) 线路的完善和校核

控制线路设计完毕后，往往还有不合理之处或应进一步简化之处，必须认真仔细地校核，特别是应反复校核控制线路是否满足生产机械的工艺要求，分析线路是否会出现误动作，是否会产生设备事故和危及人身安全，要保证安全可靠的工作。

完整的线路图如图 4-10 所示。

一般不太复杂的继电—接触器控制线路都按此法进行设计，掌握较多的典型环节和具有较丰富的实践经验对设计工作大有益处。

4.5.2　逻辑设计法

逻辑设计法是根据生产工艺的要求，利用逻辑代数来分析、化简、设计线路的方法。这种设计方法能够确定实现一个开关量自动控制线路的逻辑功能所必须的、最少的中间记忆元件(中间继电器)的数目，然后有选择地设置中间记忆元件，以达到使逻辑电路最简的目的。逻辑设计法较为科学，设计的线路比较简化、合理。

逻辑设计法是利用逻辑代数这一数学工具来实行电路设计的，即根据生产工艺要求，将执行元件需要的工作信号以及主令电器的接通与断开状态看成逻辑变量，并根据控制要求将它们之间的关系用逻辑函数关系式来表达；然后再运用逻辑函数基本公式和运算规律进行简化，使之成为需要的最简"与"、"或"关系式，根据最简式画出相应的电路结构图；最后再作进一步的检查和完善，即能获得需要的控制线路。

1. 逻辑变量

一般的控制线路中，电器的线圈或触点的工作存在着两个物理状态。例如，接触器、继电器线圈的通电与断电，触点的闭合与断开。这两个物理状态是相互对立的。在逻辑代数中，把这种两个对立的物理状态的量称为逻辑变量。在继电接触式控制线路中，每一个接触器或继电器的线圈、触点以及控制按钮的触点都相当于一个逻辑变量，它们都具有两个对立的物理状态，故可采用逻辑"0"和逻辑"1"来表示。任何一个逻辑问题中，对"0"状态和"1"状态所代表的意义必须做出明确的规定。在继电接触式控制线路逻辑设计中规定如下：

(1) 继电器、接触器线圈通电状态为"1"状态，线圈断电状态为"0"状态；

(2) 继电器、接触器控制按钮触点闭合状态为"1"状态，断开状态为"0"状态。

做以上规定后，继电器、接触器的触点与线圈在原理图上采用相同字符命名。为了清楚地反映元件状态，元件线圈、常开触点(动合触点)的状态用相同字符(例如 KA)来表示，而常闭触点(动断触点)的状态以 $\overline{KA}$ 表示，(上面的一杠表示"非"，读做 KA 非)。若元件为"1"状态，则表示线圈通电，继电器吸合，其动合触点接通，动断触点断开。通电、接通都是"1"状态，而断开则为"0"状态。若元件为"0"状态，则与上述状态相反。

2. 逻辑函数与真值表

在继电—接触器控制线路中，把表示触点状态的逻辑变量称为输入逻辑变量；把表示继电器、接触器等受控元件的逻辑变量称输出逻辑变量。显然，输出逻辑变量的取值是随各输入逻辑变量取值的变化而变化的。输入、输出逻辑变量的这种相互关系称为逻辑函数关系。控制线路中输入和输出关系还可用列表的方式表达出来，这种表称为真值表。这个表反映出控制线路输入变量所有可能状态的组合及与其对应的输出变量状态的关系。

3. 逻辑运算

用逻辑函数来表达控制元件的状态，实质是以触点的状态(以相同字符表示)作为逻辑变量。通过逻辑与、逻辑或、逻辑非的基本运算，得出的运算结果就表明了继电—接触器控制线路的结构。逻辑函数的线路实现是非常方便的。

1) 逻辑与——触点串联

图 4-11 所示的串联电路就实现了逻辑与的运算。逻辑与运算用符号"·"表示(也可省略)。接触器的状态就是其线圈 KM 的状态。当线路接通，即 KA_1、KA_2 都为 1 时，线圈 KM 通电，则 KM=1；如线路断开，即只要 KA_1、KA_2 有一个为 0，线圈 KM 失电，则 KM = 0。

图 4-11　逻辑与电路

逻辑关系式表示为

$$KM=KA_1 \cdot KA_2$$

逻辑与的真值表见表4-1。

表4-1　逻辑与真值表

KA$_1$	KA$_2$	KM
0	0	0
0	1	0
1	0	0
1	1	1

2) 逻辑或——触点并联

图4-12所示的并联电路就实现了逻辑或运算。逻辑或运算用符号"＋"表示。只要KA$_1$、KA$_2$有一个为1，则KM=1；只有当KA$_1$、KA$_2$都为0时，KM = 0。

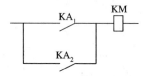

图4-12　逻辑或运算

逻辑或关系的表达式为

$$KM=KA_1+KA_2$$

逻辑或的真值表见表4-2。

表4-2　逻辑或真值表

KA$_1$	KA$_2$	KM
0	0	0
0	1	1
1	0	1
1	1	1

3) 逻辑非

图4-13所示的电路实现了$\overline{KA}$常闭触点与接触器KM线圈串联的逻辑非电路。当KA=1时，常闭触点$\overline{KA}$断开，则KM=0；当KA=0时，常闭触点$\overline{KA}$闭合，则KM=1。

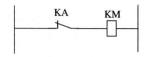

图4-13　逻辑非电路

逻辑非的关系表达式为

$$KM = \overline{KA}$$

逻辑非的真值表见表4-3。

表 4-3 逻辑非真值表

KA	KM
0	1
1	0

4. 逻辑函数的简化与电器控制线路的简化

逻辑函数的简化可以使电器控制线路简化。

1) 逻辑函数的简化

可运用逻辑运算的基本公式和运算规律进行化简。下面列出了逻辑代数中常用的基本公式和运算规律。

(1) 交换律:

$$A \cdot B = B \cdot A$$
$$A + B = B + A$$

(2) 结合律:

$$A \cdot (B \cdot C) = (A \cdot B) \cdot C$$
$$A + (B + C) = (A + B) + C$$

(3) 分配律:

$$A \cdot (B + C) = A \cdot B + A \cdot C$$
$$A + B \cdot C = (A + B) \cdot (A + C)$$

(4) 吸收律:

$$A + AB = A$$
$$A \cdot (A + B) = A$$
$$A + \overline{A}B = A + B$$
$$\overline{A} + A \cdot B = \overline{A} + B$$

(5) 互补律:

$$A \cdot \overline{A} = 0$$
$$\overline{A} + A = 1$$

(6) 重迭律:

$$A \cdot A = A$$
$$A + A = A$$

(7) 非非律:

$$\overline{\overline{A}} = A$$

(8) 反演律(摩根定律):

$$\overline{A + B} = \overline{A} \cdot \overline{B}$$
$$\overline{A \cdot B} = \overline{A} + \overline{B}$$

现举例说明如何化简:

$$K = A \cdot C + \overline{A} \cdot B + A \cdot \overline{C}$$
$$= A(C + \overline{C}) + \overline{A} \cdot B$$
$$= A + \overline{A} \cdot B$$
$$= A + B$$
$$K = A \cdot (A + \overline{B}) + \overline{B} \cdot (B + A)$$
$$= A + A \cdot \overline{B} + \overline{B} \cdot B + \overline{B} \cdot A$$
$$= A$$
$$K = AB\overline{C} + \overline{ABC} \cdot \overline{AB}$$
$$= AB\overline{C} + \overline{ABC} \cdot \overline{AB} + AB \cdot \overline{AB}$$
$$= AB(\overline{C} + \overline{AB}) + \overline{ABC} \cdot \overline{AB}$$
$$= AB\overline{ABC} + \overline{ABC} \cdot \overline{AB}$$
$$= \overline{ABC}$$

在利用逻辑代数对继电－接触器控制线路进行化简，并组成实际线路时，在有多余触点并且能使线路的逻辑功能更加明确的情况下，不必强求化简来节省触点。

2) 电器控制线路简化实例

逻辑电路有两种基本类型，分别是逻辑组合电路和逻辑时序电路。

逻辑组合电路没有反馈电路(例如自锁电路)，对于任何信号都没有记忆功能。控制线路的设计比较简单。

例 1： 某电动机只有在继电器 KA_1、KA_2 和 KA_3 中任何一个或任何两个继电器动作时才能运转，而在其他任何情况下都不运转，试设计其控制线路。

电动机的运转由接触器 KM 控制。

根据题目的要求，列出接触器通电状态的真值表如表 4-4 所示。

表 4-4　接触器通电状态真值表

KA_1	KA_2	KA_3	KM
0	0	0	0
0	0	1	1
0	1	0	1
0	1	1	1
1	0	0	1
1	0	1	1
1	1	0	1
1	1	1	0

根据真值表，接触器 KM 通电的逻辑函数式为

$$KM = \overline{KA_1} \cdot \overline{KA_2} \cdot KA_3 + \overline{KA_1} \cdot KA_2 \cdot \overline{KA_3} + \overline{KA_1} \cdot KA_2 \cdot KA_3 + KA_1 \cdot \overline{KA_2} \cdot \overline{KA_3}$$
$$+ KA_1 \cdot \overline{KA_2} \cdot KA_3 + KA_1 \cdot KA_2 \cdot \overline{KA_3}$$

利用逻辑代数基本公式进行化简：

$$KM = \overline{KA_1} \cdot (\overline{KA_2} \cdot KA_3 + KA_2 \cdot \overline{KA_3} + KA_2 \cdot KA_3) + KA_1 \cdot (\overline{KA_2} \cdot \overline{KA_3} + \overline{KA_2} \cdot KA_3 + KA_2 \cdot \overline{KA_3})$$
$$= \overline{KA_1} \cdot [KA_3 \cdot (\overline{KA_2} + KA_2) + KA_2 \cdot \overline{KA_3}] + KA_1 \cdot [\overline{KA_3} \cdot (\overline{KA_2} + KA_2) + \overline{KA_2} \cdot KA_3]$$
$$= \overline{KA_1} \cdot (KA_3 + KA_2 \cdot \overline{KA_3}) + KA_1 \cdot (\overline{KA_3} + \overline{KA_2} \cdot KA_3)$$
$$= \overline{KA_1} \cdot (KA_2 + KA_3) + KA_1 \cdot (\overline{KA_3} + \overline{KA_2})$$

根据简化了的逻辑函数关系式，可绘制如图 4-14 所示的电器控制线路。

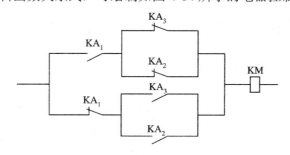

图 4-14　化简后的电器控制线路

逻辑时序电路具有反馈电路，即具有记忆功能。该电路设计过程比较复杂，一般按照以下步骤进行：

(1) 根据工艺要求，做出工艺循环图；

(2) 根据工作循环图做出执行元件和检测元件状态转换表；

(3) 根据转换表，增设必要的中间记忆元件(中间继电器)；

(4) 列出中间记忆元件逻辑函数关系式和执行元件的逻辑函数关系式，并进行化简；

(5) 根据逻辑函数关系式绘出相应的电器控制线路；

(6) 检查并完善所设计的控制线路。

这种方法比较复杂，难度较大，在一般常规设计中很少采用。

上 篇 习 题

1. 从外部结构特征上如何区分直流电磁机构与交流电磁机构？怎样区分电压线圈与电流线圈？

2. 单相交流电磁机构为何要设置短路环？它的作用是什么？三相交流电磁铁要否装设短路环？

3. 当交流电磁线圈误接入直流电源，直流电磁线圈误接入交流电源时，会发生什么问题？为什么？

4. 若交流接触器线圈通电后，衔铁长时间被卡死不能吸合，则会产生什么后果？

5. 什么是电磁机构的返回系数？过量与欠量电磁机构的返回系数有何不同？

6. 从结构特征上如何区分交流、直流电磁机构？

7. 低压断路器具有哪些脱扣装置？分别叙述其功能。

8. 两个相同的交流电磁线圈能否串联使用？为什么？

9. 电器控制线路中，既装设熔断器，又装设热继电器，它们各起什么作用？

10. 试设计一个采取两地操作的点动与连续运转的电路图。

11. 试采用按钮、刀开关、接触器和中间继电器，画出异步电动机点动、连续运行的混合控制线路。

12. 试设计用按钮和接触器控制异步电动机的启动、停止，用组合开关选择电动机旋转方向的控制电路(包括主回路、控制回路和必要的保护环节)。

13. 电器控制线路常用的保护环节有哪些？各采用什么电器元件？

14. 试设计电器控制线路。要求：第一台电动机启动 10 s 后，第二台电动机自动启动；运行 5 s 后，第一台电动机停止，同时第三台电动机自动启动；运行 15 s 后，全部电动机停止。

15. 供油泵向两处地方供油，油都到达规定油位时，油泵停止供油；只要有一处油不足，则继续供油。试用逻辑设计法设计控制线路。

16. 设计一个小车运行的电路图，其动作程序如下：

(1) 小车由原位开始前进，到终端后自动停止；

(2) 在终端停留 2 min 后自动返回原位停止；

(3) 要求在前进或后退途中的任意位置都能停止或再次启动。

17. 论述 C650—2 型车床主轴电动机的控制特点及时间继电器 KT 的作用。

18. C650—2 型车床电气控制具有哪些保护环节？

19. Z3040×16(Ⅱ)型摇臂钻床在摇臂升降过程中，液压泵电动机 M_3 和摆臂升降电动机 M_2 如何配合工作？以摇臂上升为例叙述电路的工作情况。

20. Z3040×16(Ⅱ)型摇臂钻床电路中 SQ_1、SQ_2、SQ_3、SQ_4、SQ_5 和 SQ_6 各行程开关的作用是什么？结合电路工作情况说明。

21. 在 Z3040×16(Ⅱ)型摇臂钻床电路中，时间继电器 KT_1、KT_2 和 KT_3 的作用是什么？

可编程序控制器

下

篇

第5章 可编程序控制器原理

5.1 可编程序控制器简介

可编程序控制器(又称可编程控制器)是以自动控制技术、微计算机技术和通信技术为基础发展起来的新一代工业控制装置，目前已被广泛应用于各个领域。由于早期的可编程序控制器只能进行计数、定时以及对开关量的逻辑控制，因此，它被称为可编程序逻辑控制器(Programmable Logic Controller)，简称PLC。后来，可编程序控制器采用微处理器作为其控制核心，它的功能已经远远超出逻辑控制的范畴，于是人们又将其称为 Programmable Controller，简称 PC。但个人计算机(Personal Computer)也常简称PC，所以为了避免混淆，可编程序控制器仍被称为 PLC。

1987 年，国际电工委员会(IEC)在可编程序控制器国际标准草案第三稿中，对可编程序控制器定义如下：可编程序控制器是一种数字运算操作的电子系统，专为工业环境下应用而设计。它采用可编程序的存储器，用来在其内部存储执行逻辑运算、顺序控制、定时、计数和算术运算等操作的指令，并通过数字式、模拟式的输入和输出控制各种机械或生产过程。可编程序控制器及其有关外部设备，都按易于与工业控制系统联成一个整体，易于扩充其功能的原则设计。

PLC 是生产力发展的必然产物。20 世纪 60 年代初，美国的汽车制造业竞争激烈，产品更新换代的周期越来越短，其生产线必须随之频繁地变更。传统的继电器控制对频繁变动的生产线很不适应，因此人们对控制装置提出了更高的要求，即经济、可靠、通用、易变、易修。

自从 1969 年美国数字设备公司(DEC)研制出了世界上第一台 PLC，并在美国 GM 公司的汽车自动装配生产线上获得试用成功以来，由于 PLC 优越的性能，其技术得到了飞速的发展。1971 年，日本引进了这项技术并开始生产 PLC。1973 年，原西德和法国也研制出自己的 PLC。随着微电子技术的迅猛发展，到 20 世纪 80 年代中期，PLC 的处理速度和可靠性大大提高，不仅增加了多种特殊功能，而且体积进一步缩小，成本大幅度下降。到 20 世纪 90 年代中期之后，PLC 几乎完全计算机化，其速度更快，功能更强，PLC 的各种智能化模块不断被开发出来。为了推动 PLC 的应用，一些厂家还推出了 PLC 的计算机辅助编程软件。

现在，PLC 不仅能进行逻辑控制，还在模拟量的闭环控制、数字量的智能控制、数据采集、监控、通信联网及集散控制等方面都得到了广泛的应用。如今大中型，甚至小型 PLC 都配有 A/D、D/A 转换及算术运算功能，有的还具有 PID 功能。这些功能使 PLC 的应用具有了硬件基础。另外，PLC 还具有较强的通信功能，可与计算机或其他智能装置进行通信和联网，从而方便地实现集散控制。

目前，世界上一些著名电器生产厂家几乎都在生产 PLC，产品功能日趋完善，换代周期越来越短。为了进一步扩大 PLC 在工业自动化领域的应用范围，适应大、中、小型企业的不同需要，PLC 产品大致向两个方向发展：小型 PLC 向体积缩小，功能增强，速度加快，价格低廉的方向发展，使之能更加广泛地取代继电器控制，更便于实现机电一体化；大、中型 PLC 向高可靠性、高速度、多功能、网络化的方向发展，将 PLC 系统的控制功能和信息管理功能融为一体，使之能对大规模、复杂系统进行综合性的自动控制。

我国从 20 世纪 70 年代中期开始研制和开发国产 PLC，许多企业在 PLC 的应用方面进行了积极的探索，取得了成功的经验和良好的效益。随着 PLC 产品性能价格比的不断提高，中小企业普及应用 PLC 的投资已经完全可以承受。可以预见，PLC 技术的推广应用会使我国的工业自动化水平产生极大的飞跃。

5.2 可编程序控制器的特点

可编程序控制器优越的性能体现在以下几个方面。

1. 灵活性和通用性强

继电器控制系统的控制电路要使用大量的控制电器，需要通过人工布线、焊接、组装来完成电路的连接。如果工艺要求稍有改变，控制电路必须随之做相应的变动，耗时且费力。由于 PLC 是利用存储在机内的程序实现各种控制功能的，因此，在 PLC 控制的系统中，当控制功能改变时只需修改程序，外部接线改动极少，甚至可不必改动。一台 PLC 可以通过改变控制程序而应用于不同的控制系统中，其灵活性和通用性是继电器控制电路所无法比拟的。

2. 抗干扰能力强、可靠性高

在继电器控制系统中，由于器件的老化、脱焊、触点的抖动以及触点电弧等现象是不可避免的，因此大大降低了系统的可靠性。继电器控制系统的维修工作不仅耗资费时，而且停产维修所造成的损失也不可估量。而在 PLC 控制系统中，产品都有其严格的技术标准，这些标准保证了 PLC 在恶劣的工业环境下的正常运行。它在电子线路、机械结构以及软件结构上都吸取了生产厂家长期积累的生产控制经验，主要模件均采用大规模与超大规模集成电路，大量的开关动作是由无触点的半导体电路来完成的。I/O 系统设计有完善的通道保护与信号调理电路，在机械结构上对耐热、防潮、防尘、抗振等都有精心考虑。所有这些使得 PLC 具有较好的性能和较高的可靠性；加之 PLC 在硬件和软件方面都采取了强有力的防护措施，使产品具有极高的可靠性和抗干扰能力，因此 PLC 可以直接安装在工业现场而稳定地工作，平均无故障率可以达到几万甚至几十万小时以上；另外，PLC 还具有较完善的自诊断、自测试功能。

1) 硬件方面的抗干扰措施

● 对电源变压器、CPU、编程器等主要部件，均采用严格措施进行屏蔽，以防外界干扰。

● 对供电系统及输入电路采用多种形式的滤波，以消除或抑制高频干扰，也削弱了各部分之间的相互影响。

● 对 PLC 内部所需的 +5 V 电源采用多级滤波,并用集成电压调整器进行调整,以消除由于交流电网的波动引起的过电压、欠电压的影响。

● 采用光电隔离措施,有效地隔离了内部与外部电路间的直接电联系,以减少故障和误动作。

● 采用模块式结构的 PLC,一旦某一模块有故障,可以迅速更换模块,从而尽可能缩短系统的故障停机时间。

2) 软件方面的抗干扰措施

● PLC 通过监控程序定时地对电源及强干扰信号等进行检测。当检测到故障时,立即转入故障处理程序,保存当前状态,禁止对程序的任何操作,以防存储信息被破坏。待故障排除后,立即恢复到故障前的状态,继续执行程序。

● PLC 设置了监视定时器,如果程序每次循环的执行时间超过了规定值,表明程序已进入死循环,则立即报警。

● 加强对程序的检查和校验,发现错误立即报警,并停止程序的执行。

● 利用后备电池对用户程序及动态数据进行保护,确保停电时信息不丢失。

由于采取了以上措施,PLC 的抗干扰能力和可靠性得到了提高。

3. 编程语言简单易学

PLC 采用梯形图逻辑编程,语言直观、方便,只要有了通常的继电器梯形图,就可以方便地产生出 PLC 程序,有利于电气操作人员对 PLC 的编程,减轻系统软件开发的工作量;同时,不要求使用者精通计算机方面复杂的硬件和软件知识,使熟悉继电器控制线路的电气技术人员很容易接受。这一特点对于 PLC 系统取代原继电器控制系统,进行老设备改造是十分有利的。

4. PLC 与外部设备的连接简单,使用方便

用微机控制时,只有在输入/输出接口电路上做大量工作,才能使微机与控制现场的设备连接起来,调试也比较烦琐。而 PLC 的输入/输出接口已经做好,其输入接口可以直接与各种输入设备(如按钮、各种传感器等)连接;输出接口具有较强的驱动能力,可以直接与继电器、接触器、电磁阀等强电电器连接,接线简单,使用方便。

5. PLC 具有完善的功能和较强的扩展能力

PLC 能够适应于各种形式和性质的开关量和模拟量信号的输入和输出。在 PLC 内部具备许多控制功能,诸如时序、计数器、主控继电器以及移位寄存器、中间继电器等。由于采用了微处理机,它能够很方便地实现延时、锁存、比较、跳转和强制 I/O 等诸多功能;不仅具有逻辑运算、算术运算、数制转换以及顺序控制功能,而且还具备模拟运算、显示、监控、打印及报表生成等功能;此外,它还具有通信联网功能。因此,它不仅可以控制一台单机、一条生产线,还可控制一个机群、多条生产线。它既可现场控制,也可远距离对生产过程进行监控;同时,PLC 的功能扩展极为方便,硬件配置相当灵活,根据控制要求的改变,可以随时变动特殊功能单元的种类和个数,再相应修改用户程序就可以达到变换和增加控制功能的目的。

5.3 可编程序控制器的发展趋势

随着微处理器技术的发展，可编程序控制器得到了迅速发展，其技术和产品日趋完善。它不仅以良好的性能特点满足了工业生产控制的广泛需要，而且将通信技术和信息处理技术融为一体，使得其功能日趋完善化。目前的高档 PLC 产品的功能已经可以和集散控制系统(DCS)相媲美，在很多应用场合下，大有取而代之的趋势。事实上，PLC 和 DCS 的发展相互渗透、相互融合，最终将合二为一是 PLC 和 DCS 发展的总趋势。就目前来看，在 DCS 中使用的 PLC 所占比例越来越大，甚至在过去很多单纯由 DCS 控制的系统中，现在的 PLC 控制系统也完全可以胜任。

目前，PLC 技术和产品的发展非常活跃，各厂家不同类型的 PLC 品种繁多，各具特色。综合起来看，PLC 的发展趋势有以下几个方面。

1) 系统功能完善化

现今的 PLC 在功能上已有很大发展，它不再是仅仅能够取代继电器控制的简单逻辑控制器，而是采用了功能强大的高档微处理器以及完善的输入/输出系统，使得系统的处理能力和控制功能得到大大增强。同时它还采用了现代数据通信和网络技术，配以交互图形显示及信息存储、输出设备，使得 PLC 系统的功能日趋完美，足以满足绝大多数的生产控制需要。

2) 体系结构开放化及通信功能标准化

大多数 PLC 系统都采用了开放性体系结构。通过制定系统总线接口、扩展接口和通信接口标准，使得 PLC 系统能够根据应用需求的大小任意扩展。绝大多数公司推出的硬件产品均采用模块化、单元化结构，根据应用需求确定模块的数量，这样既减少了系统投资，又保证了今后系统升级、扩展的需要。

目前，各公司的总线、扩展接口及通信功能均是各自独立制定的，还没有一个适合所有公司产品的统一标准，但为了满足用户多系统环境下的广泛需求，制定一个统一的、标准化的总线和扩展接口标准势在必行。虽然大多数产品采用了标准化通信接口，但在通信功能上大多是非标准化的。为了适应应用环境的要求，制定统一的、规范化的 PLC 产品标准是今后发展的必然趋势。

3) I/O 模块智能化及安装现场化

为了提高系统的处理能力和可靠性，大多数 PLC 产品均采用了智能化 I/O 模块，以减轻主 CPU 的负担，同时也为 I/O 系统的冗余带来了方便。另一方面，为了减少系统配线，减少 I/O 信号在长线传输时引入的干扰，很多 PLC 系统将其 I/O 模块直接安装在控制现场，使得现场仪表、传感器、执行器和智能 I/O 模块一体化。现场安装的 I/O 模块通过通信电缆或光缆与主 CPU 进行数据通信，完成信息的交换。

4) 功能模块专用化

为满足控制系统的特殊要求，提高系统的响应速度，很多 PLC 公司推出了专用化功能模块，以满足系统诸如快速响应、闭环控制、复杂控制模式等特殊要求，从而解决了 PLC 周期扫描时间过长的矛盾。如日本欧姆龙(OMRON)公司的位置控制单元、高速计数单元、模糊控制单元和 ID 传感器单元等均属专用化模块单元。

5) 编程组态软件图形化

为了给用户提供一个友好、方便、高效的编程组态界面，大多数 PLC 公司均开发了图形化编程组态软件。该软件提供了简捷、直观的图形符号以及注释信息，使得用户控制逻辑的表达更加直观、明了，操作和使用也更加方便。

6) 硬件结构集成化、冗余化

随着专用集成电路(ASIC)和表面安装技术(SMT)在 PLC 硬件设计上的应用，使得 PLC 产品硬件元件数量更少，集成度更高，体积更小，可靠性更高。同时，为了进一步提高系统的可靠性，PLC 产品还采用了硬件冗余和容错技术。用户可以选择 CPU 单元、通信单元、电源单元或 I/O 单元甚至整个系统的冗余配置，使得整个 PLC 系统的可靠性得以进一步加强。

7) 控制与管理功能一体化

为了更进一步满足控制需要，提高工厂自动化水平，PLC 产品广泛采用了计算机信息处理技术、网络通信技术和图形显示技术，使得 PLC 系统的生产控制功能和信息管理功能融为一体，进一步提高了 PLC 产品的功能，更好地满足了现代化大生产的控制与管理需要。

5.4 可编程序控制器的基本组成

根据结构形式的不同，可编程控制器可分为整体式(也称箱体式)和组合式(也称模块式)两类。

整体式结构的 PLC 是将中央处理单元(CPU)、存储器、输入单元、输出单元、电源、通信端口、I/O 扩展端口等组装在一个箱体内构成主机；另外还有独立的 I/O 扩展单元等与主机配合使用。整体式 PLC 的结构紧凑，体积小，小型机常采用这种结构。整体式 PLC 的基本组成如图 5-1 所示。

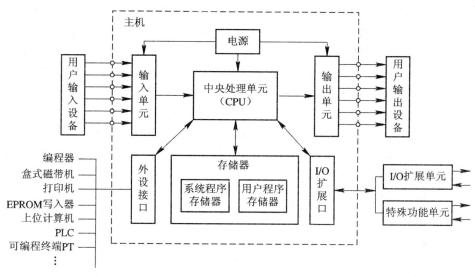

图 5-1 整体式 PLC 组成示意图

组合式 PLC 组成如图 5-2 所示。这种结构的 PLC 是将 CPU 单元、输入单元、输出单元、智能 I/O 单元、通信单元等分别做成相应的电路板或模块，各模块可以插在底板上，模块之间通过底板上的总线相互联系。装有 CPU 的单元称为 CPU 模块，其他称为扩展模块。CPU 与各扩展模块之间若通过电缆连接，距离一般不超过 10 m。中、大型机常采用组合式 PLC。

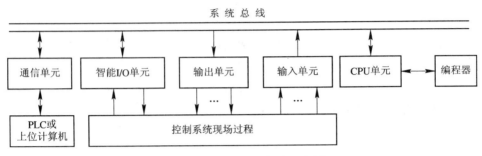

图 5-2　组合式 PLC 组成示意图

5.4.1　中央处理单元(CPU)

中央处理单元是 PLC 的主要组成部分，是系统的控制中枢。它的主要功能是接收并存储从编程器键入的用户程序和数据；检查电源、存储器、I/O 以及警戒定时器的状态，并诊断用户程序的语法错误。当 PLC 投入运行时，首先以扫描方式接收现场各输入装置的状态或数据，并分别存入 I/O 映像区；然后从用户程序存储器中逐条取指令，按指令的规定执行逻辑或算术运算任务，并将运算结果存入 I/O 映像区或数据寄存器内。等到所有用户程序扫描执行完毕后，才将 I/O 映像区的各输出状态或输出寄存器内的数据传送到相应的输出装置。如此循环运行，直至停止运行为止。

PLC 和一般微处理机不同，它常以字(16 位)为单位而不是以字节(8 位)为单位存储与处理信息。

不同厂家、不同产品的 CPU 也不一样，但 CPU 在系统中的作用是一致的。只不过在 CPU 本身的集成度、运算速度和位数等方面略有差异。一般的中型 PLC 多为双 CPU 系统，其中一个为主处理器，主要处理字节操作指令，控制系统总线、内部计数器、内部定时器，监视扫描时间，统一管理编程接口，同时协调位处理器及输入/输出。如 OMRON 公司的 C200H 用的是美国 Motorola 公司的 MC681309CP。也有一些 PLC 采用单片机，如 8051、8031 等；另一个 CPU 则作为从处理器，专门用来处理位操作指令和在机器操作系统的管理下实现 PLC 编程语言向机器语言的转换，它是加快 PLC 工作处理速度的关键。一般情况下，这样的 CPU 都是各公司自己开发的专用 CPU。因此，实际上 PLC 是一个双 CPU 的微机(或单片机)系统，它的可靠性也比较高。

一般在 CPU 单元模板上还包括系统程序存储器、用户程序存储器、参数存储器、系统控制单元、输入/输出控制接口、编程器接口以及通信接口等。

5.4.2　存储器

PLC 的存储器可以分为以下 3 种。

1．系统程序存储器

系统程序是厂家根据其选用的 CPU 的指令系统编写的，它决定了 PLC 的功能。系统程序存储器是只读存储器，用户不能更改其内容。

2．用户程序存储器

根据控制要求而编制的应用程序称为用户程序。不同机型的 PLC 的用户程序存储器的容量可能差异较大。根据生产过程或工艺的要求，用户程序经常需要改动，所以用户程序存储器必须可读写。一般要用后备电池(锂电池)进行掉电保护，以防掉电时丢失程序。目前较先进的 PLC(如 CPM1A 等)采用可随时读/写的快闪存储器作为用户程序存储器。快闪存储器不需要后备电池，掉电时数据也不会丢失。

3．工作数据存储器

用来存储工作数据的区域叫工作数据区。工作数据是经常变化、经常存取的，所以这种存储器必须可读/写。

在工作数据区中开辟有元件映像寄存器和数据表。其中，元件映像寄存器用来存储开关量的输入/输出状态以及定时器、计数器、辅助继电器等内部器件的 ON/OFF 状态。数据表用来存放各种数据，它存储用户程序执行时的某些可变参数值及 A/D 转换得到的数字量和数学运算的结果等。在 PLC 断电时能保持数据的存储器区称数据保持区。

5.4.3 输入/输出接口

输入/输出接口是 PLC 与外部设备相互联系的窗口。输入单元接收现场设备向 PLC 提供的信号，如限位开关、操作按钮、选择开关、行程开关以及其他一些传感器输出的开关量信号或模拟量信号等，通过输入接口电路将这些信号转换成 CPU 能够接收和处理的信号。输出接口电路将 CPU 送出的弱电控制信号转换成现场需要的强电信号，以驱动各种执行元件，如接触器、电磁阀、电磁铁、调节阀、调速装置等。

1．开关量输入

按照输入端电源类型的不同，开关量输入可分为直流输入和交流输入。

直流输入的电路如图 5-3 所示，外接的直流电源极性可任意，虚线框内是 PLC 内部输入电路，虚线框外为外部用户接线。

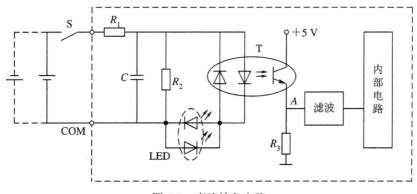

图 5-3 直流输入电路

图 5-3 中，T 为一光电耦合器，发光二极管与光电三极管封装在一个管壳中。当二极管中有电流时其发光，此时光电三极管导通。R_1 为限流电阻，R_2 和 C 构成滤波电路，可滤除输入信号中的高频干扰。LED 显示该输入点的状态。

由于电路中采用了光电耦合器，故在电性能上是完全隔离开的，同时，由于发光二极管的正向阻抗约为 $100\ \Omega \sim 1\ k\Omega$，因此输入阻抗较低。而外界干扰源的内阻一般都比较大，故干扰源送到输入端的干扰噪声很小。并且由于干扰源内阻大，尽管能产生较高的干扰电压，但能量却很小，因此只能产生很弱的电流。而发光二极管只有通过一定的电流才能发光，这就抑制了干扰信号。可见在输入端采用了光电耦合器件后，提高了 PLC 的抗干扰能力。

有的 PLC 内部提供 24 V 的直流电源，这时直流输入单元无需外接电源，用户只需将开关接在输入端子和公共端子之间即可，这就是所谓无源式直流输入单元。无源式直流输入单元简化了输入端的接线，方便了用户。

PLC 的输入电路有共点式、分组式和隔离式之别。输入单元只有一个公共端子(COM)的称为共点式，外部各输入元件都有一个端子与 COM 相接；分组式是将输入端子分为若干组，每组各共用一个公共端子；隔离式输入电路是具有公共端子的各组输入点之间互相隔离，可各自使用的独立电源。

2. 开关量输出

按输出电路所用开关器件的不同，PLC 的开关量输出可分为晶体管输出、双向晶闸管输出和继电器输出，如图 5-4 所示。

(1) 在晶体管输出电路中，负载电源只能是直流，由用户提供。输出电路负载能力小(工作电流仅 $0.3 \sim 0.5$ A)，为无触点开关。晶体管输出接口使用寿命长，响应速度快，其延迟一般为 $0.5 \sim 1$ ms。

(2) 在双向晶闸管输出电路中，输出电路采用的开关器件是光控双向晶闸管，负载电源由用户提供，它使 PLC 的负载可以根据需要选用直流或交流电源。输出电路负载能力较大(工作电流约 1 A 左右)，响应速度较快，一般导通延迟为 $1 \sim 2$ ms，关断延迟为 $8 \sim 10$ ms。

(3) 继电器输出电路中，负载电源由用户提供，可以是交流也可以是直流，视负载情况而定。输出电路抗干扰能力强，负载能力大(工作电流可达 $2 \sim 5$ A)，但信号响应速度较慢，其延迟一般为 $8 \sim 10$ ms。

由于继电器触点电气寿命一般仅为 $10 \sim 30$ 万次，因此在需要输出点频繁通断的场合(如高频脉冲输出)，应选用晶体管或晶闸管输出型的 PLC。另外，继电器从线圈通电到触点动作存在延迟时间，是造成输出滞后于输入的原因之一。

PLC 输出电路也有共点式、分组式和隔离式之分。输出只有一个公共端子的称为共点式；分组式是将输出端子分为若干组，每组共用一个公共端子；隔离式是具有公共端子的各组输出点之间互相隔离，可各自使用独立的电源。

除了上面介绍的几个主要电路外，PLC 上还配有各种与外围设备连接用的外设端口，如并行、串行接口等，通常用插座引出到外壳上，可通过电缆或底板方便地配接编程器、计算机、打印机、触摸屏、显示器以及 A/D、D/A、高速计数等模块。

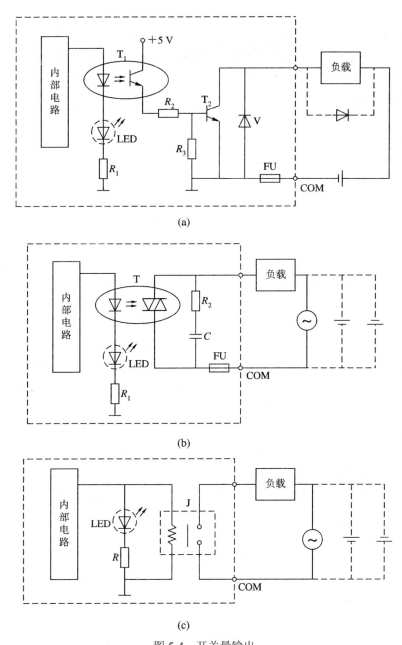

图 5-4 开关量输出

(a) 晶体管输出；(b) 双向晶闸管输出；(c) 继电器输出

5.4.4 电源部件

电源部件将交流电源转换成 PLC 的中央处理器、存储器等电路工作所需要的直流电源，使 PLC 能正常工作。PLC 内部使用的电源是整机的供电中心，它的优劣直接影响到 PLC 的功能和可靠性，因此目前大部分 PLC 采用开关式稳压电源供电。开关式稳压电源的输入电压范围宽，体积小，效率高，重量轻，抗干扰性能好。有的 PLC 还能向外部提供 24 V 的直流电源，给输入单元所连接的外部开关或传感器供电。

5.5 可编程序控制器的工作原理

可编程序控制器是在其硬件的支持下，通过执行反映控制要求的用户程序来完成其控制任务的。这一点和计算机的工作原理是一致的。从广义上讲，可编程控制器 PLC 实质上也是一种计算机控制系统，只不过它具有比计算机更强的与工业过程相连的接口，具有更适用于控制要求的编程语言。由于它是作为继电器控制的替代物，其核心为计算机芯片，因此与继电器控制逻辑的工作原理有很大的差别。继电器控制装置采用硬逻辑并行运行的方式，即如果一个继电器的线圈通电或断电，该继电器的所有触点(包括它的常开触点或常闭触点)不论在继电器线路的哪个位置上，都会立即同时动作。PLC 采用对整个程序循环执行的工作方式，也称循环扫描，即执行用户程序不是执行一次就结束，而是一遍一遍不停地循环执行，直至停机。任一时刻它只能执行一条指令，这就是说 PLC 是以"串行"方式工作的。这种串行工作方式可以避免继电器控制的触点竞争和时序失配等问题。

5.5.1 PLC 的扫描周期与工作过程

PLC 采用循环扫描的工作方式，它可以看成是一种由系统软件支持的扫描设备，不论用户程序运行与否，都周而复始地进行循环扫描，并执行系统程序规定的任务。每一个循环所经历的时间称为一个扫描周期，每个扫描周期又分为五个工作阶段，每个工作阶段完成不同的任务。工作过程如图 5-5 所示。

图 5-5 PLC 循环扫描过程

1. 公共处理阶段

在每次扫描开始之前，CPU 都要进行监视定时器复位、硬件检查、用户内存检查等操作。如果有异常情况，除了故障显示灯亮以外，CPU 还判断并显示故障的性质；如果属于一般性故障，则只报警不停机，等待处理；如果属于严重故障，则停止 PLC 的运行。公共处理阶段所用的时间一般是固定的，不同机型的 PLC 有所差异。

2. 执行程序阶段

在执行程序阶段，CPU 将指令逐条调出并执行。CPU 从输入映像寄存器和元件映像寄存器中读取各继电器当前的状态，根据用户程序给出的逻辑关系进行逻辑运算，运算结果再写入元件映像寄存器中。

执行用户程序阶段的扫描时间不是固定的，其原因主要取决于用户程序中所用语句的条数及每条指令的执行时间。因此，执行用户程序的扫描时间是影响扫描周期时间长短的主要因素，而且，在不同时段执行用户程序的扫描时间也不尽相同。

3. 扫描周期计算处理阶段

若预先设定扫描周期为固定值(可由用户设定)，则进入等待状态，直至达到该设定值时扫描再往下进行。若设定扫描周期为不定(即取决于用户程序的长短等)，则要进行扫描周期的计算。扫描周期计算处理所用的时间很短。PLC 在正常工作的情况下，扫描周期 T 为

$$T = (运算速度 \times 程序步数) + I/O \ 刷新时间 + 故障诊断时间$$

由于 I/O 刷新时间和故障诊断时间相对用户程序执行时间要小得多，因此扫描时间主要由用户程序的长短和 CPU 的运算速度决定。一般扫描时间达每秒钟可扫描数十次以上，这对于一般的工业设备控制通常没什么影响。但对控制时间要求较严格，响应速度要求快的系统，则应考虑 PLC 的运算速度；并且应精确计算响应时间，精心编排程序，合理安排指令的顺序；尽可能减少扫描周期造成的响应延时等不良影响。由于 PLC 是采用循环扫描的工作方式，因此它的输入/输出响应速度受扫描周期的影响较大。

4. I/O 刷新阶段

在 I/O 刷新阶段，CPU 与输入/输出电路直接打交道。从输入电路中读取各输入点的状态，并写入输入映像寄存器中，也就是刷新输入映像寄存器的内容。自此输入映像寄存器就与外界隔离，无论输入点的状态怎样变化，输入映像寄存器的内容都保持不变，直到下一个扫描周期的 I/O 刷新阶段才会写进新内容。另外，CPU 还将所有输出继电器元件映像寄存器的状态传送到相应的输出锁存电路中，再经输出电路的隔离和功率放大部分传送到 PLC 的输出端，驱动外部执行元件动作。I/O 刷新阶段的时间长短取决于 I/O 点数的多少。

5. 外设端口服务阶段

这个阶段里，PLC 检查是否有对编程器或计算机等的通信请求，若有，则进行相应处理。例如，接收由编程器送来的程序、命令和各种数据，并把要显示的状态、数据、出错信息等发送给编程器进行显示。如果有对计算机的通信请求，则也在这段时间内完成数据的接收和发送任务。

完成上述各阶段的处理后，又返回公共处理阶段，周而复始地进行扫描。PLC 信号的传递过程如图 5-6 所示。

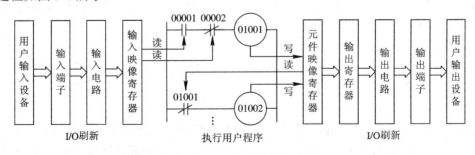

图 5-6 PLC 信号的传递过程

PLC 在执行用户程序的过程中，输入映像寄存器的状态是不变的，而元件映像寄存器的内容则随程序的执行在改变。前一步的计算结果随即作为下一步的计算条件，这一点与

输入映像寄存器完全不同。另外，程序的执行是由上而下进行的，所以各梯级中的继电器线圈不可能同时改变状态，执行用户程序的结果要保持到下一个扫描周期的用户程序执行阶段。

PLC 的循环扫描工作方式也为 PLC 提供了一条死循环自诊断功能。在 PLC 内部设置了一个监视定时器(WDT)，其定时时间可设置为大于用户程序的扫描时间，在每个扫描周期的公共处理阶段将监视定时器复位。正常情况下，监视定时器不会动作。如果由于 CPU 内部故障使程序执行进入死循环，那么扫描周期将超过监视定时器的定时时间。这时监视定时器(WDT)动作使 PLC 运行停止，以提示用户排查故障。

5.5.2 PLC 的主要性能指标

各厂家的 PLC 产品虽技术性能各不相同，各有特色，但其中基本的、常见的技术性能指标还是一致的，主要有以下几个方面。

1) 存储容量

系统程序存放在系统程序存储器中。这里说的存储容量指的是用户程序存储器的容量。用户程序存储器的容量决定了 PLC 可以容纳用户程序的长短，一般以字为单位来计算。中、小型 PLC 的存储容量一般在 8 K 字以下；大型 PLC 的存储容量可达到 256 K 字～2 M 字；也有的 PLC 用存放用户程序的指令条数来表示容量。

2) 输入/输出(I/O)点数

I/O 点数指 PLC 面板上的输入、输出端子的个数。I/O 点数越多，外部可接的输入器件和输出器件就越多，控制规模就越大。因此，I/O 点数是衡量 PLC 性能的重要指标之一。

3) 扫描速度

扫描速度是指 PLC 执行程序的速度。一般以扫描 1 K 字所用的时间来衡量扫描速度。PLC 用户手册一般给出执行各条指令所用的时间，用户可以通过比较各种 PLC 执行相同的操作所用的时间，来衡量扫描速度的快慢。

4) 编程指令的种类和条数

这也是衡量 PLC 能力强弱的主要指标。编程指令种类及条数越多，其功能就越强，即处理能力、控制能力越强。

5) 内部器件的种类和数量

内部器件包括各种继电器、计数器/定时器、数据存储器等。其种类越多，数量越大，存储各种信息的能力和控制能力就越强。

6) 扩展能力

大部分 PLC 可以用 I/O 扩展单元进行 I/O 点数的扩展；有的 PLC 可以使用各种功能模块进行功能扩展等。

7) 智能单元的数量

PLC 不仅能完成开关量的逻辑控制，而且利用智能单元可完成模拟量控制、位置和速度控制以及通信联网等功能。智能单元种类的多少和功能的强弱是衡量 PLC 产品水平高低的一个重要指标，各个生产厂家都非常重视智能单元的开发。近年来智能单元的种类日益增多，功能也越来越强。

8) 支持软件

为了便于对 PLC 的编程和监控，各 PLC 生产厂家相继开发出各类计算机支持的编程和监控软件。性能优越的 PLC 支持软件可方便地实现用户软件的编制和修改，同时也可以对 PLC 的工作状态进行有效的监控。

目前 PLC 支持软件主要有编程软件和监控软件。编程软件要求能适合当前常用的 PLC 语言，如助记符语言、梯形图语言、流程图语言等。尽管 PLC 常用的语言是一致的，但各厂家开发的编程软件是不通用的。如 OMRON 开发了基于 UCDOS 的 SSS 汉化编程软件和基于 Windows 的 CPT、CXP 编程软件；松下电工开发了基于 DOS 的 NPST-GR 汉化编程软件和基于 Windows 的 FPSOFT 编程软件；部分厂家则开发出独立的 PLC 语言和编程软件，如西门子的 Step 5 编程软件；部分厂家还开发出用高级语言编程的用户编程软件，如 GE-FANAC 公司的可用 C 语言实现对 PLC 进行编程的专用转换软件。绝大部分编程软件同时还具有监控作用。另外，有些 PLC 生产厂家还开发了专用的监控软件，如松下电工的 PCWAY 监控软件可利用 Windows 界面和 Excel 工具栏创建各种人机对话的监控界面。

5.5.3 PLC 的编程语言

PLC 的编程语言与一般计算机语言相比具有明显的特点，它既不同于高级语言，也不同于一般的汇编语言。它既要满足易于编写，又要满足易于调试的要求。目前，还没有一种对各厂家产品都能兼容的编程语言。如三菱公司的产品有它自己的编程语言，OMRON 公司的产品也有它自己的语言。但不管什么型号的 PLC，其编程语言都具有以下特点。

1) 图形式指令

程序由图形方式表达，指令由不同的图形符号组成，易于理解和记忆。系统的软件开发者已把工业控制中所需的独立运算功能编制成象征性图形，用户根据自己的需要对这些图形进行组合，并填入适当的参数。在逻辑运算部分，几乎所有的厂家都采用类似于继电器控制电路的梯形图。如西门子公司还采用控制系统流程图来表示，它沿用二进制逻辑元件图形符号来表达控制关系，直观易懂。对于较复杂的算术运算、定时计数等，一般也参照梯形图或逻辑元件图给予表示。

2) 明确的变量常数

图形符号相当于操作码，规定了运算功能；操作数由用户填入。PLC 中的变量和常数以及其取值范围有明确的规定，它们由产品型号决定，用户可查阅产品目录手册。

3) 简化的程序结构

PLC 的程序结构通常很简单，典型的为块式结构，不同块完成不同的功能，使程序的调试者对整个程序的控制功能和控制顺序有清晰的概念。

4) 简化应用软件生成过程

使用汇编语言和高级语言编写程序，要完成编辑、编译和链接三个过程；而使用 PLC 编程语言，只需要编辑一个过程，其余由系统软件自动完成。整个编辑过程都在人机对话下进行的，不要求用户有高深的软件设计能力。

5) 强化调试手段

无论是汇编程序，还是高级语言程序调试，都是令编辑人员头疼的事，而 PLC 的程序调试提供了完备的条件使用编程器。利用 PLC 和编程器上的按键、显示和内部编辑、调试、监控等功能，在对应软件的支持下，进行诊断和调试操作，十分简单。

总之，PLC 的编程语言是面向用户的，不要求使用者具备高深的知识，不需要长时间的专门训练。PLC 的编程语言有多种，如梯形图、语句表、逻辑功能图、逻辑方程式等。下面介绍常用的梯形图编程语言和助记符语言表。

1. 梯形图编程语言

梯形图编程语言是一种图形语言，是若干图形符号的组合。不同厂家的 PLC 各有自己的一套梯形图符号。这种编程语言具有继电器控制电路形象、直观的优点，熟悉继电器控制的技术人员很容易掌握。因此，各种机型的 PLC 都把梯形图作为第一编程语言。

表 5-1 列出了物理的继电器与 CPM1A 系列 PLC 继电器的梯形图符号。图 5-7 给出了两种控制方式的梯形图。

表 5-1 两种继电器符号的对照

线 圈		物理继电器	PLC继电器
线 圈		线圈符号	圆圈
触点	常开	常开符号	┤├
触点	常闭	常闭符号	┤/├

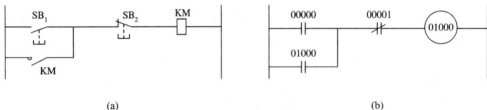

图 5-7 两种控制方式的梯形图
(a) 继电器控制梯形图；(b) PLC 控制梯形图

图 5-7(a)是用继电器控制的电动机直接启、停控制梯形图；图 5-7(b)是用 PLC 控制的梯形图程序。由图可见，这两种梯形图形式很相似。如果仅考虑逻辑控制，梯形图与电气原理图也可建立起一定的对应关系。如梯形图的输出(OUT)指令对应于继电器的线圈，而输入指令(如 LD、AND 和 OR)对应于接点，互锁指令(如 IL、ILC)可看成总开关等。这样，原有的继电控制逻辑经转换即可变成梯形图，再进一步转换，即可变成助记符语言程序。有了这个对应关系，用 PLC 程序代替继电控制是很容易的。这也是 PLC 技术对传统继电控制技术的继承。但是，它们只是形式上的相似，实质上却存在着本质的差别，其主要区别有以下几点。

1) 两种继电器的区别

(1) 继电器控制电路中使用的继电器都是物理的电器，继电器与其他控制电器间的连接必须通过硬接线来完成；PLC 的继电器不是物理的电器，它是 PLC 内部的寄存器位，常称之为"软继电器"，因为它具有与物理继电器相似的功能。例如，当它的"线圈"通电时，其所属的常开触点闭合，常闭触点断开；当它的"线圈"断电时，其所属的常开触点和常闭触点均恢复常态。PLC 梯形图中的接线称为"软接线"，这种"软接线"是通过编程序来实现的。

(2) PLC 的每一个继电器都对应着内部的一个寄存器位，由于可以无限次地读取某位寄存器的内容，因此，可以认为 PLC 的继电器有无数个常开、常闭触点可供用户使用；而物理继电器的触点个数是有限的。

(3) PLC 的输入继电器是由外部信号驱动的，在梯形图中只能使用输入继电器的触点，而不出现它的线圈。而物理继电器触点的状态取决于其线圈中有无电流通过，在继电器控制电路中，若不接继电器线圈，只接其触点，则触点永远不会动作。

2) 两种梯形图的区别

PLC 梯形图左右的两根线也叫母线，但与继电器控制电路的两根母线不同。继电器控制电路的母线与电源连接，其每一行(也称梯级)在满足一定条件时将通过两条母线形成电流通路，从而使电器动作；而 PLC 梯形图的母线并不接电源，它只表示每一个梯级的起始和终止，PLC 的每一个梯级中并没有实际的电流通过。通常说 PLC 的线圈接通了，这只不过是为了分析问题方便而假设的概念电流通路，而且概念电流的方向只能从左向右，这是 PLC 梯形图与继电器控制电路本质的区别。

3) 实现控制功能的手段不同

继电器控制是靠改变电器间的硬接线来实现各种控制功能的，而 PLC 是通过编程序来实现控制的。

图 5-8 是对应图 5-7 的 PLC 外部接线。图中只画出了一部分输入和输出端子。00000 和 00001 等是输入端子，01000 和 01001 等是输出端子，输入和输出端子各有自己的公共端 COM。

当启动按钮 SB_1 闭合时，00000 输入端子对应的输入继电器线圈通电，它的触点相应动作；当停止按钮 SB_2 闭合时，00001 输入端子对应的输入继电器线圈通电，它的触点相应动作。当 01000 输出端子对应的输出继电器线圈通电时，外部负载 KM 的线圈通电。

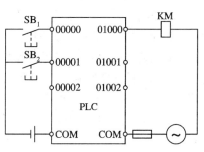

图 5-8 PLC 的外部接线

2. 助记符语言表

助记符语言类似计算机的汇编语言，用助记符来表示各种指令的功能。对同样功能的指令，不同厂家的 PLC 使用的助记符一般不同。

对应图 5-7(b)所示的梯形图，其语言表示为

LD	00000	(常开触点 00000 与左母线连接)
OR	01000	(常开触点 01000 与常开触点 00000 相并联)
AND NOT	00001	(串联一个常闭触点 00001)
OUT	01000	(输出到继电器 01000)

指令语句是 PLC 用户程序的基础元素，多条语句的组合构成了语句表。一个复杂的控

制功能是用较长的语句表来描述的。

助记符语言表不如梯形图形象、直观，但是在使用简易编程器输入用户程序时，必须把梯形图程序转换成助记符语言表才能输入。

5.5.4 OMRON PLC 系列产品

从 20 世纪 70 年代初至今的 30 多年时间里，PLC 生产已发展成为一个产业，主要厂商集中在一些欧美国家和日本。美国与欧洲一些国家的 PLC 是在互相封闭的情况下发展起来的，因此差异较大。日本的 PLC 是在引进美国 PLC 技术的基础上发展起来的。欧美国家的 PLC 是以大型的 PLC 而闻名，而日本则以高性价比的小型机著称。某些用欧美的中型机或大型机才能实现的控制，用日本的小型机就可以解决。所以，在开发较复杂的控制系统方面，日本的产品明显优于欧美的产品。

日本有许多 PLC 制造商，如欧姆龙(OMRON)、三菱、松下、富士、日立、东芝等。在世界小型 PLC 市场上，日本产品约占有 70%的份额。由于 OMRON 公司的 PLC 产品具有指令系统功能强大，编程简单，特殊功能模块和智能模块品种多，网络配置简单、实用，造价低等特点，因此销量在中国居首位。同时，OMRON 公司的 PLC 产品大、中、小、微型俱全。在其系列产品中主要有：

微型机：SP 系列(SP10/SP16/SP20)是微型机的代表，其体积极小(不足拳头大)，速度极快(比大型机还快)，非常适合用于机器人的控制。

小型机：P 型、H 型、CPM1A 系列、CPM2A 系列以及 CPM2C、CQM1、CQM1H 等。CPM1A 系列是 P 型机的升级产品，其性价比 P 型机更高；H 型机内部配置 RS-232C 通信接口，其指令系统也远高于 P 型机，但价格较 P 型机高。CPM2C、CQM1 都是模块式结构。CQM1 机内配置 RS-232C 通信接口，有 6 种 CPU 模块，各具不同功能可供选择，而且各种 I/O 单元自由组合，它们都是高功能的小型机。CQM1H 又是 CQM1 的升级产品。

中型机：C200H、C200Hα(C200HX/C200HG/C200HE)、CS1 系列。C200H 是前些年畅销的高性能中型机，配置齐全的 I/O 模块和高功能模块，具有较强的通信和网络功能；C200HS 是 C200H 的升级产品，指令系统更丰富，网络功能更强；C200Hα 是 C200HS 的升级产品，有 1148 个 I/O 点，其容量是 C200HS 的 2 倍，速度是 C200HS 的 3.75 倍，有品种齐全的通信模块，是适应信息化的 PLC 产品；CS1 系列具有中型机的规模、大型机的功能，是一种极具推广价值的新机型。

大型机：C1000H/C2000H、CV(CV500 / CV1000 / CV2000 / CVM1)等。C1000H/C2000H 可单机或双机热备份运行，安装带电插拔模块，C2000H 可在线更换 I/O 模块；CV 系列的数据区可达 256 K 字，每千条基本指令的扫描时间只有 0.125 s。除 CVM1 外，均可采用结构化编程，易读，易调试，并具有强大的通信功能。

本书将主要以 OMRON CPM1A 系列为对象介绍 PLC 的原理及使用方法。

第6章 OMRON CPM1A 系列 PLC

CPM1A 系列 PLC 是欧姆龙公司生产的小型整体式可编程序控制器。其结构紧凑，功能强，具有很高的性能价格比，在小规模控制中获得了广泛应用。

6.1 CPM1A 系列 PLC 简介

CPM1A 系列 PLC 属于高性能的小型机，它包括多种类型的主机、I/O 扩展单元、实现模拟量输入/输出的特殊功能单元以及实现对外通信的通信单元等。

6.1.1 CPM1A 系列 PLC 主机

CPM1A 系列 PLC 主机类型见表 6-1。图 6-1 所示为 10 点 I/O 型主机面板，图 6-2 所示为 20 点、30 点和 40 点 I/O 型主机面板。

表 6-1 CPM1A 系列 PLC 主机类型

主机类型	型　　号	输出方式	使用电源	I/O 扩展	外部中断
10 点 I/O 型 输入：6 点 输出：4 点	CPM1A-10CDR-A	继电器	AC100～200 V		最多 2 点
	CPM1A-10CDR-D	继电器	DC24 V		
	CPM1A-10CDT-D	晶体管(NPN)			
	CPM1A-10CDT1-D	晶体管(PNP)			
20 点 I/O 型 输入：12 点 输出：8 点	CPM1A-20CDR-A	继电器	AC100～200 V		
	CPM1A-20CDR-D	继电器	DC24 V		
	CPM1A-20CDT-D	晶体管(NPN)			
	CPM1A-20CDT1-D	晶体管(PNP)			
30 点 I/O 型 输入：18 点 输出：12 点	CPM1A-30CDR-A	继电器	AC100～200 V	最大可连接 3 台 20 点的输入/输出扩展 I/O 单元	最多 4 点
	CPM1A-30CDR-D	继电器	DC24 V		
	CPM1A-30CDT-D	晶体管(NPN)			
	CPM1A-30CDT1-D	晶体管(PNP)			
40 点 I/O 型 输入：24 点 输出：16 点	CPM1A-40CDR-A	继电器	AC100～200 V		
	CPM1A-40CDR-D	继电器	DC24 V		
	CPM1A-40CDT-D	晶体管(NPN)			
	CPM1A-40CDT1-D	晶体管(PNP)			

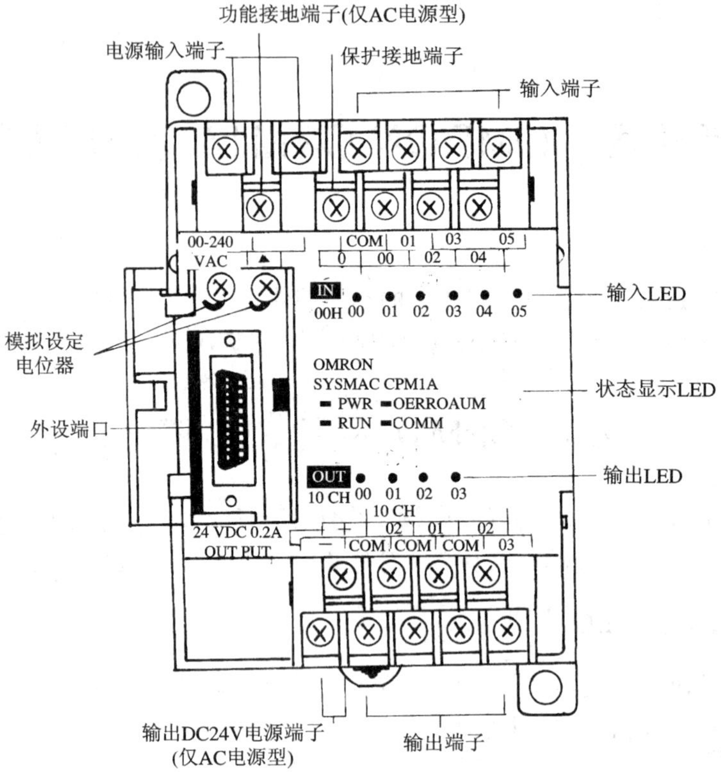

功能接地端子(仅AC电源型)

电源输入端子　　　　　　　保护接地端子

　　　　　　　　　　　　　　　　　　　输入端子

模拟设定
电位器

外设端口

00-240
VAC

| COM | 01 | 03 | 05 |
| 0 | 00 | 02 | 04 |

IN 　●　●　●　●　●　●　──── 输入LED
00H 00　01　02　03　04　05

OMRON
SYSMAC CPM1A
■ PWR ■OERROAUM　　　　　──── 状态显示LED
■ RUN ■COMM

OUT ●　●　●　●　　　　　──── 输出LED
10 CH 00　01　02　03

10 CH
24 VDC 0.2A
OUT PUT

| + | 02 | 01 | 02 |
| − | COM | COM | COM | 03 |

输出DC24V电源端子　　　　输出端子
(仅AC电源型)

图 6-1　10 点 I/O 型主机面板

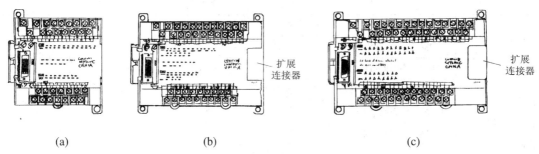

扩展
连接器

扩展
连接器

(a)　　　　　　　　　　(b)　　　　　　　　　　(c)

图 6-2　20 点、30 点和 40 点 I/O 型主机面板

(a) 20 点 I/O 型；(b) 30 点 I/O 型；(c) 40 点 I/O 型

　　CPM1A 系列 PLC 为防止因输入信号抖动以及外部干扰而造成的误动作,对输入信号配备了可选择输入时间常数(1 ms/2 ms/4 ms/8 ms/16 ms/32 ms/64 ms/128 ms)的输入滤波器,实现了平稳的输入/输出。另外,由于采用快闪内存,使维护更简单化。

　　在 CPM1A 系列 PLC 主机的面板上,除正常的运行显示外,还包括两个可预置数据的模拟量设定电位器及连接外部设备和编程器的外设端口,用户可以通过 RS-232C 或 RS-422 通信适配器连接其他 PLC 或上位计算机构成网络。

　　CPM1A 系列 PLC 的编程可通过编程器进行, 也可通过计算机利用 OMRON 系列的支持软件完成。计算机与 CPM1A 系列 PLC 的连接可通过 RS-232C 电缆及适配器或其他专用连接器实现。

6.1.2 CPM1A 系列 I/O 扩展单元及特殊功能单元

CPM1A 系列 I/O 扩展单元有三种类型，分别为 8 点输入扩展单元、8 点输出扩展单元和 20 点 I/O 扩展单元。20 点 I/O 扩展单元有 12 个输入点和 8 个输出点。扩展单元左侧的扩展 I/O 连接电缆可连在主机或其他 I/O 扩展单元的扩展连接器上；右侧的扩展连接器可再连接别的扩展单元。

因为 CPM1A 系列 10 点、20 点的主机没有扩展连接器，所以不能连接 I/O 扩展单元。30 点、40 点的主机有扩展连接器，但最多能连接 3 台 I/O 扩展单元。40 点的主机连接 3 台 20 点的 I/O 扩展单元时最多能组合成 100 个 I/O 点。因此，CPM1A 系列 PLC 的 I/O 点可在 10～100 之间进行配置。图 6-3 是 30 点和 40 点的主机 I/O 扩展配置和 I/O 点的编号。

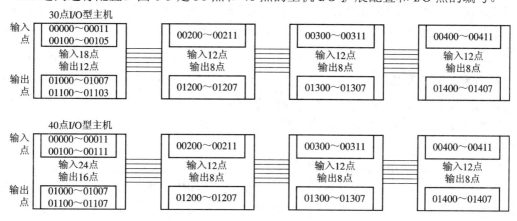

图 6-3　CPM1A 系列 PLC 的 I/O 扩展配置及 I/O 点编号

CPM1A 系列的特殊功能单元有模拟量 I/O 单元(CPM1A-MAD01)、温度传感器、模拟量输出单元 (CPM1A-TS101-DA) 以及温度传感器单元 (CPM1A-TS001/TS002、CPM1A-TS101/TS102)。用户可根据需要选择使用，但与主机连接的特殊功能单元不能超过 3 台。在使用温度传感器单元 TS002 和 TS102 时，只能连接其中的一个，且同时使用的扩展单元总数不能超过 2 台。

CPM1A 系列 PLC 的通信单元有 RS-232C 通信适配器、RS-422 通信适配器和 CompoBus/S I/O 链接单元等。

6.2　CPM1A 系列 PLC 主要功能简介

CPM1A 系列 PLC 是一种功能很强的小型机，其主要功能如下。

1. 丰富的指令系统

CPM1A 系列 PLC 具有丰富的指令系统，其常用指令有 17 条，其他应用指令有 76 条。除基本逻辑控制指令、定时器/计数器指令、移位寄存器指令外，还有算术运算指令、逻辑运算指令、数据传送指令、数据比较指令、数据转换指令、高速计数器控制指令、脉冲输出控制指令、中断控制指令、子程序控制指令、步进控制指令及故障诊断指令等。CPM1A 系列的指令系统功能强大，简单易学，编程方便，很受用户欢迎。

2. 模拟设定电位器功能

CPM1A 系列 PLC 的主机面板左上角的 2 个模拟设定电位器，可将 0~200(BCD 码)的数值自动送到内部的特殊辅助继电器区域。其中，模拟设定电位器 0 的数值送入特殊辅助继电器区域的 250 通道；模拟设定电位器 1 的数值送入特殊辅助继电器区域的 251 通道。当定时器/计数器的设定值采用 250 通道或 251 通道设置时，其设定值就可以方便地进行变动。

使用时应注意，模拟设定电位器的设定值可能随环境温度的变化而产生误差，对设定值精度要求很高的场合一般不使用。

3. 高速计数器功能

CPM1A 系列 PLC 有个高速计数器，其计数方式有两种，即递增计数和增/减计数。在递增计数模式下，计数频率最高为 5 kHz；在增/减计数模式下，计数频率最高为 2.5 kHz。

高速计数器还有中断功能，配合相关的指令可以实现目标值比较中断控制或区域比较中断控制。

4. 外部输入中断功能

外部输入中断功能是解决快速响应问题的措施之一，性能较强的 PLC 一般都有中断功能。在 CPM1A 系列中，10 点 I/O 型主机具有 2 个外部中断输入点，20 点、30 点和 40 点 I/O 型主机具有 4 个外部中断输入点。

CPM1A 系列的外部输入中断有两种模式，即输入中断模式和计数器中断模式。

输入中断模式是在输入中断脉冲的上升沿时刻响应中断，停止执行主程序而转去执行中断处理子程序，子程序执行完毕再返回断点处继续执行主程序，如图 6-4(a)所示。

计数器中断模式对中断输入点的输入脉冲进行高速计数，每达到一定次数就产生一次中断，停止执行主程序而转去执行中断处理子程序，子程序执行完毕再返回断点处继续执行主程序，如图 6-4(b)所示。计数次数可在 0~65 535(0~FFFFH)范围内设定，计数频率最高为 1 kHz。

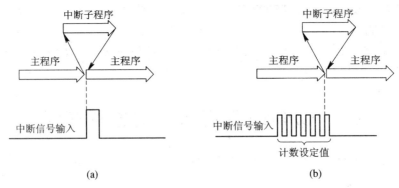

图 6-4　外部输入中断的不同模式

(a) 输入中断模式；(b) 计数器中断模式

5. 间隔定时器中断功能

CPM1A 系列 PLC 有一个间隔定时器，它具有两种模式的中断功能。其一，当间隔定时器达到其设定的时间时便产生一次中断，立即停止执行主程序而转去执行中断子程序，也称为单次中断模式;其二,每隔一段时间(即设定时间)就产生一次中断,称为重复中断模式。间隔定时时间可在 0.5~319 968 ms(时间间隔为 0.1 ms)的范围内设定,间隔定时器具有高精度的中断处理功能。

6. 快速响应输入功能

由于 PLC 的输出对输入的响应速度受扫描周期的影响,因此在某些特殊情况下可能使一些瞬间的输入信号被遗漏。为了防止发生这种情况,CPM1A 系列 PLC 中设计了快速响应输入功能。有了这个功能,PLC 可以不受扫描周期的影响随时接收最小脉冲宽度为 0.2 ms 的瞬间脉冲。快速响应的输入点内部具有缓冲,可将瞬间脉冲记忆下来并在规定的时间内响应它。

快速响应输入操作如图 6-5 所示。

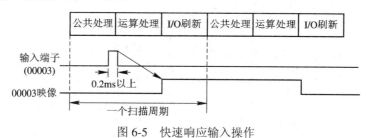

图 6-5　快速响应输入操作

CPM1A 系列主机中,外部中断输入点也是快速响应输入点。

7. 脉冲输出功能

CPM1A 系列晶体管型 PLC 能通过两个输出端口输出频率为 20 Hz~2 kHz、占空比为 1∶1 的单相脉冲,但两个点不能同时输出。输出脉冲的数目、频率分别由 PULS、SPED 指令控制。

8. 较强的通信功能

在 CPM1A 系列 PLC 的外设端口连接适当的通信适配器后,可完成以下通信功能:与个人计算机进行上位链接实现 Host Link 通信;与该公司的可编程终端 PT 链接进行 NT Link 通信;在 CPM1A 系列 PLC 之间及 CPM1A 系列 PLC 与 CQM1、CPM1、SRM1 或 C200HX/HE/HG/HS 之间可进行 1∶1 的 PLC Link 通信;通过 I/O 链接单元作为从单元加入 CompoBus/S 网络中。

9. 高性能的快闪内存

PLC 一般用锂电池来保存内存数据及用户程序。锂电池必须定期更换,否则不能保证 PLC 正常工作。CPM1A 系列 PLC 采用了快闪存储器,不必使用锂电池,使用非常方便。

6.3　CPM1A 系列 PLC 的存储区分配

如前所述,OMRON PLC 的存储器包括系统程序存储器、用户程序存储器和工作数据存储器。其中,系统程序存储器和用户程序存储器分别用来存放系统程序和用户程序;数据存储器则用来存放 I/O 点的状态、中间运算结果、系统运行状态、指令执行的结果以及其他系统或用户数据等。了解数据存储器的存储区分配是了解 OMRON PLC 工作原理及掌握其编程方法的关键。下面以 OMRON CPM1A 系列为例说明其存储区分配。

数据存储器的分区引用了电器控制系统的术语，将数据存储器分为几个继电器区，每一个继电器区都划分为若干个连续的通道。一个通道由 16 个二进制位组成，每一个位称为一个继电器；每个通道都有一个由 2～4 位数字组成的唯一的通道地址；每个继电器也有一个唯一地址，它由其所在的通道地址后加两位数字 00～15 组成。例如，继电器 00000 即指输入通道 000 的编号为 00 的第 1 个继电器。

CPM1A 系列 PLC 的数据区分为内部继电器区(IR)、特殊辅助继电器区(SR)、暂存继电器区(TR)、保持继电器区(HR)、辅助记忆继电器区(AR)、链接继电器区(LR)、定时器/计数器区(TC)和数据存储区(DM)，详见表 6-2。

表 6-2　继电器地址分配

名　称		点　数	通道号	继电器地址	功　能
内部继电器区 (IR)	输入继电器	160 点 (10 通道)	000～009CH	00000～00915	继电器号与外部的输入/输出端子相对应。(没有使用的输入通道可用作内部继电器号使用)
	输出继电器	160 点 (10 通道)	010～019CH	01000～01915	
	内部辅助继电器	512 点 (32 通道)	200～231CH	20000～23115	在程序内可以自由使用的继电器
特殊辅助继电器区(SR)		384 点 (24 通道)	232～255CH	23200～25507	分配有特定功能的继电器
暂存继电器区(TR)		8 点	TR0～TR7		回路的分歧点上,暂时记忆 ON/OFF 的继电器
保持继电器区(HR)		320 点 (20 通道)	HR00～19CH	HR0000～HR1915	在程序内可以自由使用,且断电时也能保持断电前的 ON/OFF 状态的继电器
辅助记忆继电器区(AR)		256 点 (16 通道)	AR00～15CH	AR0000～AR1515	分配有特定功能的辅助继电器
链接继电器区(LR)		256 点 (16 通道)	LR00～15CH	LR0000～LR1515	1:1 链接的数据输入输出用的继电器(也能用作内部辅助继电器)
定时器/计数器(TC)		128 点	TIM/CNT000～127		定时器、计数器,其编程号合用
数据存储区 (DM)	可读/写	1002 字		DM0000～0999 DM1022～1023	以字为单位(16 位)使用,即使断电也能保持数据 在 DM1000～1021 不作故障记忆的场合可作为常规的 DM 使用。DM6144～6599、DM6600～6655 不能用程序写入(只能用外围设备设定)
	故障履历存入区	22 字		DM1000～1021	
	只读	456 字		DM6144～6599	
	PC 系统设定区	56 字		DM6600～6655	

1. 内部继电器区(IR)

IR 区包括供输入/输出用的输入/输出继电器和供用户编写程序使用的内部辅助继电器。输入/输出继电器的通道号为 000~019。内部辅助继电器有编号为 200~231 的 32 个通道，每个通道有 16 位(点)，共有 512 点。内部辅助继电器的通道不能直接对外输出。在编写用户程序时，内部继电器的通道使用频率很高，应记住其编号范围。

在 IR 区，继电器的编号要用 5 位数表示。前 3 位是该继电器所在的通道号，后 2 位是该继电器在通道中的位序号。例如某继电器的编号是 00105，其中的 001 是通道号，05 表示该继电器的位序号。

输入继电器有编号为 000~009 的 10 个通道，其中 000、001 用来对主机的输入通道编号，002~009 用于对主机连接的 I/O 扩展单元的输入通道编号。

输出继电器有编号为 010~019 的 10 个通道，其中 010、011 通道用来对主机的输出通道编号，012~019 用于对主机连接的 I/O 扩展单元的输出通道编号。

输入/输出继电器中未被使用的通道也可作为内部辅助继电器使用。

内部辅助继电器与输入/输出点无对应的物理关系，类似于继电器控制电路中的中间继电器。使用恰当时，可帮助用户编程，实现复杂的输入与输出间的逻辑关系，从而使 PLC 更好地进行各种复杂控制。内部辅助继电器的多少，从另一个侧面反映了 PLC 的控制性能。通常 PLC 的内部辅助继电器数量较多，编程时对它们可任意使用。

2. 特殊辅助继电器区(SR)

SR 区有 24 个通道，主要供系统使用，用于暂存 CPM1A 有关动作的标志、各种功能的设定值及当前值。

SR 区的前半部分(232~251)通常以通道为单位使用，其中 232~249 通道在没使用宏指令时，可作为内部辅助继电器使用；250、251 通道只能按系统规定使用，不可作为内部辅助继电器使用。

SR 区的后半部分(252~255)用来存储 PLC 的工作状态标志，发出工作启动信号，产生时钟脉冲等。其中，25200 是高速计数器的软件复位标志位，其状态可由用户程序控制。当其为 ON 时，高速计数器被复位，高速计数器的当前值被置为 0000。对于除 25200 外的其他继电器，用户程序只能利用其状态而不能改变其状态，或者说用户程序只能用其触点，而不能将其作输出继电器用。25300~25307 是故障码存储区，故障码由用户编号，范围为 01~99。执行故障诊断指令后，故障码存到 25300~25307 中。其中，25300~25303 存放低位数字，25304~25307 存放高位数字。

表 6-3 为特殊辅助继电器区的具体功能。

表 6-3　特殊辅助继电器区的功能

通道号	继电器号	功　　能	
SR232~SR235		宏指令输入区，不使用宏指令时可作为内部辅助继电器使用	
SR236~SR239			
SR240		存放中断 0 的计数器设定值	输入中断使用计数器模式时的设定值(0000~FFFF)。输入中断不使用计数器模式时，可作为内部辅助继电器使用
SR241		存放中断 1 的计数器设定值	
SR242		存放中断 2 的计数器设定值	

通道号	继电器号	功　　能	
SR243		存放中断 3 的计数器设定值	
SR244		存放中断 0 的计数器当前值-1	输入中断使用计数器模式时的计数器当前值-1(0000～FFFF)。输入中断不使用计数器模式时，可作为内部辅助继电器使用
SR245		存放中断 1 的计数器当前值-1	
SR246		存放中断 2 的计数器当前值-1	
SR247		存放中断 3 的计数器当前值-1	
SR248、SR249		存放高速计数器的当前值。不使用高速计数器时，可作为内部辅助继电器使用	
SR250		存放模拟电位器 0 设定值	设定值为 0000～0200(BCD 码)
SR251		存放模拟电位器 1 设定值	
SR252	00	高速计数器复位标志(软件设置复位)	
	01～07	不可使用	
	08	外设通信口复位时为 ON(使用总线无效)，之后自动回到 OFF 状态	
	09	不可使用	
	10	系统设定区域(DM6600～6655)初始化的时候为 ON，之后自动回到 OFF 状态(仅编程模式时有效)	
	11	强制置位/复位的保持标志： OFF：编程模式与监控模式切换时，解除强制置位/复位的接点 ON：编程模式与监控模式切换时，保持强制置位/复位的接点	
	12	I/O 保持标志： OFF：运行开始/停止时，输入/输出、内部辅助继电器、链接继电器的状态被复位 ON：运行开始/停止时，输入/输出、内部辅助继电器、链接继电器的状态被保持	
	13	不可使用	
	14	故障履历复位时为 ON，之后自动回到 OFF	
	15	不可使用	
SR253	00～07	故障码存储区，故障发生时将故障码存入。故障报警(FAL/FALS)指令执行时，FAL 号被存储；FAL00 指令执行时，故障码存储区复位(成为 00)	
	08	不可使用	
	09	当扫描周期超过 100 ms 时为 ON	
	10～12	不可使用	
	13	常 ON	
	14	常 OFF	
	15	PLC 上电后的第一个扫描周期内为 ON，常作为初始化脉冲	

通道号	继电器号	功 能
SR254	00	输出 1 min 时钟脉冲(占空比 1∶1)
	01	输出 0.02 s 时钟脉冲(占空比 1∶1)，当扫描周期大于 0.01 s 时，不能正常使用
	02	负数标志(N 标志)
	03～05	不可使用
	06	微分监视结束标志(微分监视结束时为 ON)
	07	STEP 指令中一个行程开始时，仅一个扫描周期为 ON
	08～15	不可使用
SR255	00	输出 0.1 s 时钟脉冲(占空比为 1∶1)，当扫描周期大于 0.05 s 时，不能正常使用
	01	输出 0.2 s 时钟脉冲(占空比为 1∶1)，当扫描周期大于 0.1 s 时，不能正常使用
	02	输出 1 s 时钟脉冲(占空比为 1∶1)
	03	ER 标志(执行指令出错时为 ON)
	04	CY 标志(执行指令时，结果有进位或借位发生时为 ON)
	05	大于标志(执行比较指令时，第一个比较数大于第二个比较数时，该位为 ON)
	06	等于标志(执行比较指令时，第一个比较数等于第二个比较数时，该位为 ON)
	07	小于标志(执行比较指令时，第一个比较数小于第二个比较数时，该位为 ON)
	08～15	不可使用

3. 暂存继电器区(TR)

CPM1A 共有 8 个暂存继电器，编号为 TR0～TR7。在编写用户程序时，暂存继电器用于暂存复杂梯形图中分支点之前的 ON/OFF 状态。同一编号的暂存继电器在同一程序段内不能重复使用，在不同的程序段内可重复使用。

4. 保持继电器区(HR)

保持继电器区有编号为 HR00～HR19 的 20 个通道，每个通道有 16 位，共有 320 个继电器。保持继电器的使用方法同内部辅助继电器一样，但通道编号必须冠以 HR。

保持继电器具有断电保持功能，其断电保持功能通常有两种用法：

(1) 当以通道为单位用作数据通道时，断电后再恢复供电时数据不会丢失；

(2) 以位为单位与 KEEP 指令配合使用或做成自保持电路，断电后再恢复供电时，该位能保持掉电前的状态。

5. 辅助记忆继电器区(AR)

辅助记忆继电器区共有 AR00～AR15 的 16 个通道，通道编号前要冠以 AR 字样。该继电器区具有断电保持功能。

AR 区用来存储 PLC 的工作状态信息，如扩展单元连接的台数、断电发生的次数、扫描周期最大值及当前值等，用户可根据其状态了解系统运行状况。表 6-4 是辅助记忆继电器区的功能。

表 6-4　辅助记忆继电器区的功能

通道号	继电器号	功　　能	
AR00、AR01		不可使用	
AR02	00～07	不可使用	
	08～11	扩展单元连接的台数	
	12～15	不可使用	
AR03～AR07		不可使用	
AR08	00～07	不可使用	
	08～11	外围设备通信出错码(BCD 码)　　0：正常终了 1：奇偶出错 2：格式出错 3：溢出出错	
	12	外围设备通信异常时为 ON	
	13～15	不可使用	
AR09		不可使用	
AR10	00～15	电源断电发生的次数(BCD 码)，复位时用外围设备写入 0000	
AR11	00	1 号比较条件满足时为 ON	高速计数器进行区域比较时，各编号的条件符合时成为 ON 的继电器
	01	2 号比较条件满足时为 ON	
	02	3 号比较条件满足时为 ON	
	03	4 号比较条件满足时为 ON	
	04	5 号比较条件满足时为 ON	
	05	6 号比较条件满足时为 ON	
	06	7 号比较条件满足时为 ON	
	07	8 号比较条件满足时为 ON	
	08～14	不可使用	
	15	脉冲输出状态　　0：停止中 1：输入中	
AR12		不可使用	
AR13	00	DM6600～DM6614(电源 ON 时读出的 PLC 系统设定区域)中有异常时为 ON	
	01	DM6615～DM6644(运行开始时读出的 PLC 系统设定区域)中有异常时为 ON	
	02	DM6645～DM6655(经常读出的 PLC 系统设定区域)中有异常时为 ON	
	03、04	不可使用	

通道号	继电器号	功　能
AR13	05	在 DM6619 中设定的扫描时间比实际扫描时间大的时候为 ON
	06、07	不可使用
	08	在用户存储器(程序区域)范围以外存在有继电器区域时为 ON
	09	高速存储器发生异常时为 ON
	10	固定 DM 区域(DM6144~DM6599)发生累加和校验出错时为 ON
	11	PLC 系统设定区域发生累加和校验出错时为 ON
	12	在用户存储器(程序区)发生累加和校验出错，执行不正确指令时为 ON
	13~15	不可使用
AR14	00~15	扫描周期最大值(BCD 码 4 位)(×0.1 ms) 运行开始以后存入的最大扫描周期 运行停止时不复位，但运行开始时被复位
AR15	00~15	扫描周期当前值(BCD 码 4 位)(×0.1 ms) 运行中最新的扫描周期被存入 运行停止时不复位，但运行开始时被复位

6. 链接继电器区(LR)

链接继电器区共有编号为 LR00~LR15 的 16 个通道，通道编号前要冠以 LR 字样。

当 CPM1A 与本系列 PLC 之间，与 CQM1、CPM1、SRM1 以及 C200HS、C200HX/HG/HE 之间进行 1:1 链接时，要使用链接继电器与对方交换数据。在不进行 1:1 链接时，链接继电器可作内部辅助继电器使用。

7. 定时器/计数器区(TC)

该区总共有 128 个定时器/计数器，编号范围为 000~127。定时器、计数器又各分为两种，即普通定时器 TIM 和高速定时器 TIMH，普通计数器 CNT 和可逆计数器 CNTR。

定时器、计数器统一编号(称为 TC 号)。一个 TC 号既可分配给定时器，又可分配给计数器，但所有定时器或计数器的 TC 号不能重复。例如，000 已分配给普通定时器，则其他的普通定时器、高速定时器、普通计数器、可逆计数器便不能再使用 TC 号 000 了。

定时器无断电保持功能，电源断电时定时器复位；计数器有断电保持功能。

8. 数据存储区(DM)

数据存储区用来存储数据，具有掉电保持功能。该区共有 1536 个通道，每个通道 16 个位。通道编号用 4 位数且冠以 DM 字样，其编号为 DM0000~DM1023、DM6144~DM6655。对数据存储区的几点说明如下：

(1) 数据存储器区只能以通道为单位使用，不能以位为单位使用。

(2) DM0000~DM0999、DM1022~DM1023 为程序可读/写区，用户程序可自由读/写其内容。在编写用户程序时，这个区域经常使用，应记住这些编号范围。

(3) DM1000～DM1021 主要用作故障履历存储器(记录有关故障信息)，如果不用作故障履历存储器，也可作普通数据存储器使用。是否作为故障履历存储器使用，是由 DM6655 的 00～03 位设定的。

(4) DM6144～DM6599 为只读存储区，用户程序可以读出但不能用程序改写其内容。利用编程器可预先写入数据内容。

(5) DM6600～DM6655 称为系统设定区，用来设定各种系统参数。通道中的数据不能用程序写入，只能用编程器写入。DM6600～DM6614 仅在编程模式下设定；DM6615～DM6655 可在编程模式或监控模式下设定，其内容反映 PLC 的某些状态，如表 6-5 所示。系统设定区域的内容分别在下述时间定时读出：

● DM6600～DM6614：当电源为 ON 时，仅一次读出。
● DM6615～DM6644：运行开始时(执行程序)，仅一次读出。
● DM6645～DM6655：当电源为 ON 时，经常被读出。

若系统设定区域的设定内容有错，则在该区被定时读出时会产生运行出错(故障码 9B)信息，此时反映设定通道有错的辅助记忆继电器 AR1300～AR1302 将为 ON。对于有错误的设定只有通过初始化来处理。

表 6-5 系统设定区域

通道号	位	功　　能	缺省值	定时读出
DM6600	00～07	电源 ON 时 PLC 的工作模式 00：编程　01：监控　02：运行	根据编程器的模式设定开关	电源 ON 时
	08～15	电源 ON 时工作模式设定 00：编程器的工作模式设定 01：电源断电之前的模式 02：用 00～07 位指定的模式		
DM6601	00～07	不可使用		
	08～11	电源 ON 时 IOM 保持标志，保持/非保持设定 0：非保持　1：保持	非保持	
	12～15	电源 ON 时 SR 保持标志，保持/非保持设定 0：非保持　1：保持		
DM6602	00～03	用户程序存储器可写/不可写设定 0：可写　1：不可写(DN6602)	可写	
	04～07	0：编程器的信息量显示用英文 1：编程器的信息量显示用日文	英文	
	08～15	不可使用		
DM6603～ DM6614		不可使用		

通道号	位	功　能	缺省值	定时读出
DM6615、DM6616		不可使用		
DM6617	00～07	外围设备通信口服务时间的设定 对扫描周期而言，服务时间的比率可在 00%～99%之间(用 2 位 BCD 码)指定	无效	运 行 开 始 时
	08～15	外围设备通信口服务时间设定的有效/无效 00：无效(固定为扫描周期的 5%) 01：有效(用 00～07 位指定)		
DM6618	00～07	扫描监视时间的设定 设定值范围为 00～99(BCD 码)，时间单位用 08～15 位设定	120 ms 固定	
	08～15	扫描周期监视有效/无效设定 00：无效(120 ms 固定) 01：有效，单位时间 10 ms 02：有效，单位时间 100 ms 03：有效，单位时间 1 s 监视时间=设定值×单位时间(最大 99 s)		
DM6619		扫描周期可变/固定的设定 0000：扫描周期可变设定 0001～9999：扫描周期为固定时间(单位 ms)	扫描时间可变	
DM6620	00～03	00000～00002 的输入滤波时间常数	0：初始值 (8 ms)	8 ms
	04～07	00003、00004 的输入滤波时间常数		
	08～11	00005、00006 的输入滤波时间常数		
	12～15	00007～00011 的输入滤波时间常数		
DM6621	00～07	001CH 的输入时间常数	1：1 ms	
	08～15	002CH 的输入时间常数	2：2 ms	
DM6622	00～07	003CH 的输入时间常数	3：4 ms	
	08～15	004CH 的输入时间常数	4：8 ms	
DM6623	00～07	005CH 的输入时间常数	5：16 ms	
	08～15	006CH 的输入时间常数	6：32 ms	
DM6624	00～07	007CH 的输入时间常数	7：64 ms	
	08～15	008CH 的输入时间常数	8：128 ms	
DM6625	00～07	009CH 的输入时间常数		
	08～15	不可使用		
DM6626、DM6627		不可使用		

通道号	位	功 能		缺省值	定时读出
DM6628	00～03	输入号 00003 的中断输入设定	0：正常输入	正常输入	
	04～07	输入号 00004 的中断输入设定			
	08～11	输入号 00005 的中断输入设定	1：中断输入		
	02～15	输入号 00006 的中断输入设定	2：脉冲输入		
DM6629～DM6641		不可使用			
DM6642	00～03	高速计数器计数模式设定 4：递增计数模式；0：递减计数模式		不使用计数器	
	04～07	高速计数器的复位方式设定 0：Z 相信号+软件复位；1：软件复位			
	08～15	高速计数器使用设定 00：不使用；01：使用			
DM6643、DM6644		不可使用			
DM6645～DM6649		不可使用			
DM6650	00～07	上位链接总线	外围设备通信口通信条件标准格式设定 00：标准设定 启动位：1 位 字　长：7 位 奇偶校验：偶校验 停止位：2 位 波特率：9600 b/s 01：个别设定　DM6651 的设定 其他：系统设定异常(AR1302 为 ON)	外围设备通信口设定为上位链接	电源 ON 时经常读出
	08～11	1：1 链接(主动方)	外围设备通信口 1：1 链接区域设定 0：LR00～15CH		
	12～15	全模式	外围设备通信口使用模式设定 0：上位链接 2：1：1 链接从动方 3：1：1 链接主动方 4：NT 链接 其他：系统设定异常(AR1302 为 ON)		
DM6651	00～07	上位链接	外围设备通信口波特率设定 00：1200；01：2400；02：4800； 03：9600；04：19200		

通道号	位	功　　能		缺省值	定时读出
	08～15	上位链接	外围设备通信口的帧格式设定 　　　　启动位　字长　停止位　奇偶校验 　　00：　1　　7　　1　　偶校验 　　01：　1　　7　　1　　奇校验 　　02：　1　　7　　1　　无校验 　　03：　1　　7　　2　　偶校验 　　04：　1　　7　　2　　奇校验 　　05：　1　　7　　2　　无校验 　　06：　1　　8　　1　　偶校验 　　07：　1　　8　　1　　奇校验 　　08：　1　　8　　1　　无校验 　　09：　1　　8　　2　　偶校验 　　10：　1　　8　　2　　奇校验 　　11：　1　　8　　2　　无校验 　　其他：系统设定异常(AR1302 为 ON)		电源 ON 时经常读出
DM6652	00～15	上位链接	外围设备通信的发送延时设定 设定值：0000～9999(BCD)，单位 10 ms 其他：系统设定异常(AR1302 为 ON)		
DM6653	00～07	上位链接	外围设备通信时，上位 LINK 模式的机号设定。设定值：0～31(BCD) 其他：系统设定异常(AR1302 为 ON)		电源 ON 时经常读出
	08～15	不可使用			
DM6654	00～15	不可使用			
DM6655	00～03	故障履历存入法的设定 0：超过 10 个记录则移位存入 1：存到 10 个记录为止(不移位) 其他：不存入		移位方式	
	04～07	不可使用			
	08～11	扫描周期超出检测 0：检测；1：不检测		检测	
	12～15	不可使用			

第7章 可编程序控制器程序编制

利用梯形图进行编程是 PLC 的重要特点；掌握梯形图的编程方式及相应的指令系统是 PLC 应用的基础。

7.1 梯形图的编程规则

采用梯形图编程要有一定的格式，如图 7-1 所示。

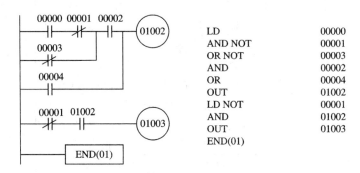

图 7-1 梯形图示例

梯形图的编程规则主要体现为以下几点：

(1) 梯形图由多个梯级组成，每个输出元素可构成一个梯级。输出元素主要指继电器线圈或指令。

(2) 每个梯级可由多个支路组成，每个支路可容纳多个编程元素，最右边的元素必须是输出元素。

(3) 梯形图两侧的竖线(OMRON PLC 梯形图右侧的母线省略)类似电器控制图的电源线，称作母线(BUS BAR)。编程时要从母线开始，按梯级从上至下，每个梯级从左到右的顺序编制。左侧总是安排输入接点，并且把并联接点多的支路靠近最左端。

(4) 在梯形图中每个编程元素应按一定的规则加标字母、数字串，不同的编程元素常用不同的字母符号和数字串表示。编程元素中常以"┤├"符号表示指定继电器的常开接点；以"┤╱├"符号表示指定继电器的常闭接点；以"Ⓝ"符号表示指定继电器的控制线圈，其中"N"表示指定继电器。

(5) 除 END 等极少数没有执行条件的指令外，输出元素不能直接和左侧母线相连接。如果必须连接，可以通过特殊辅助继电器的常 ON 接点连接(CMP1A 系列为 25313)。

(6) 在梯形图中不允许两行之间或两条支路之间连接元素，如图 7-2 所示。这种方式是无法进行编程的，应进行转换。

(7) 程序应以 END 指令结束，否则将会出现错误。

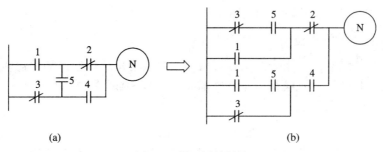

图 7-2　梯形图的转换

(a) 错误的梯形图形式；(b) 转换后的正确形式

梯形图中的继电器不是物理继电器，其每个继电器和输入接点均为存储器中的一位。相应位为"1"状态时，表示继电器线圈通电或常开接点闭合或常闭接点断开。梯形图中的继电器接点可在编制程序时无限引用，既可常开又可常闭。图 7-2 中的输入接点和输出线圈不是物理接点和线圈。用户程序的运算是根据 PLC 内 I/O 映像区每位的状态，而不是运算时现场开关的实际状态进行的。

7.2　OMRON PLC 指令系统概述

OMRON PLC 有着丰富的编程指令可供选择使用，每条指令包括操作码和操作数，同时还有对应的梯形图符号。根据功能可将这些指令分为基本指令和特殊功能指令两大类。基本指令包括输入、输出和逻辑"与"、"或"、"非"等运算，可实现对输入/输出点的简单操作。特殊功能指令包括定时/计数器指令，数据移位、传送、比较指令，算术运算指令，数制转换指令，逻辑运算指令，程序分支与跳转指令，子程序指令，中断控制指令，步进指令和其他系统操作指令等，它们可以实现各种复杂的运算和控制功能。各基本指令都有唯一的助记符与之相对应，在 OMRON 系列编程器的面板上也有专用按键与之对应。而特殊功能指令除了其助记符外，还需要用功能代码来进一步说明其功能。功能代码跟在指令助记符后面，并用一对圆括号括起来。在用编程器输入特殊功能指令时，只要按下"FUN"键和功能代码即可。

本节将分别介绍 CPM1A 系列 PLC 的各种指令的梯形图符号、助记符、指令功能及其使用方法。实践证明，掌握一种 PLC 的指令和编程方法对学习其他机型的 PLC 具有触类旁通的作用。

1. 指令格式

指令格式是由操作码和操作数组成的。操作码规定 CPU 应该执行什么操作，由助记符构成。操作数可以是 I/O 继电器、IR、SR、HR、TR、AR、LR、TC、DM 以及立即数。通常用继电器区的缩写加上通道号或继电器号作为指令的操作数；但 I/O 继电器没有缩写符，可直接采用继电器号或通道号来表示。常数也可作为指令操作数，但使用时需在常数前加上"#"号说明。常数可以是十进制数，也可以是十六进制数，视指令需要而定。OMRON CPM1A 系列 PLC 也支持间接寻址，间接寻址的操作数用 *DM×××× 表示。这种操作数是以 DM×××× 中的数据为地址的另一个 DM 通道中的数据。DM×××× 中的内容必须是 BCD 码，且不得超出 DM 区的范围。

2. 指令执行时的标志位

在指令执行的过程中，指令的执行结果往往会改变系统标志，从而说明指令的执行情况。CPM1A 系列 PLC 的系统标志是特殊辅助继电器(SR)中的 25503～25507，指令执行结果可能影响的系统标志项见表 7-1 所示。

表 7-1 系统标志项

缩 写	名 称	位
ER	指令执行出错标志	25503
CY	进位标志	25504
GR	大于标志	25505
EQ	等于标志	25506
LE	小于标志	25507

要监视一个指令的执行情况，ER 是最常用的标志。当一个 ER 标志变为 ON 时，它表示一个错误发生在当前试图执行的指令中。每条指令的标志项都列出了 ER 标志为 ON 时可能的原因。除非另有说明，否则当 ER 标志为 ON 时，停止执行指令。

3. 指令的微分和非微分形式

指令具有微分和非微分两种形式。CPM1A 系列的应用指令多数兼有这两种形式。微分指令要在其助记符前加标记@。两种指令的区别是：对于非微分指令，只要其执行条件为 ON，则每个扫描周期都将执行该指令；微分指令仅在其执行条件由 OFF 变为 ON 时才执行一次，如果执行条件不发生变化，或者从上一个扫描周期的 ON 变为 OFF，则该指令不执行。

7.3 CPM1A 系列常用指令

编写 PLC 应用程序时，有一部分指令是程序中使用频率最高的常用指令。

7.3.1 梯形图指令

梯形图指令包括输入/输出指令、位逻辑运算指令和逻辑块指令，它们与梯形图上的条件一致。执行这些指令对系统的标志位不产生影响。

1. 输入/输出和位逻辑运算指令

输入/输出和位逻辑运算指令包括 8 条 PLC 梯形图中的基本指令。它主要用于处理梯形图中继电器接点的各种连接，执行时通过系统结果寄存器及系统堆栈作为中间单元，完成对指定继电器状态的输入/输出及逻辑处理。表 7-2 列出了这些指令的名称、格式、梯形图符号、操作数的范围及指令的功能。

表 7-2 输入/输出和位逻辑运算指令

指令名称	指令格式	操作数范围	梯形图符号	指 令 功 能
载入	LD N	IR、SR、HR、AR、LR、TC 和 TR	─┤├─ N	N状态 → 结果寄存器 → 堆栈 载入与母线连接的常开触点 N 继电器状态送入结果寄存器,结果寄存器原内容送入堆栈
载入非	LD NOT N		─┤/├─ N	N状态 → ▷ → 结果寄存器 → 堆栈 载入与母线连接的常闭触点 N 继电器状态取反送入结果寄存器,结果寄存器原内容送入堆栈
与	AND N	IR、SR、HR、AR、LR 和 TC	─┤├─ N	结果寄存器 / N状态 → 与 常开触点与结果寄存器内容相与 N 继电器状态与结果寄存器中内容进行与运算,结果仍送入结果寄存器
与非	AND NOT N		─┤/├─ N	结果寄存器 / N状态 → ▷ → 与 常闭触点与结果寄存器内容相与 N 继电器状态取反与结果寄存器中内容进行与运算,结果仍送入结果寄存器
或	OR N		─┤├─ N	结果寄存器 / N状态 → 或 常开触点与结果寄存器内容相或 N 继电器状态与结果寄存器中内容进行或运算,结果仍送入结果寄存器
或非	OR NOT N		─┤/├─ N	结果寄存器 / N状态 → ▷ → 或 常闭触点与结果寄存器内容相或 N 继电器状态取反与结果寄存器中内容进行或运算,结果仍送入结果寄存器

指令名称	指令格式	操作数范围	梯形图符号	指 令 功 能
输出	OUT N	IR、SR、HR、AR、LR、TC 和 TR	(N)	结果寄存器内容送指定继电器 N
输出非	OUT NOT N		(N)	结果寄存器内容取反送指定继电器 N

图 7-3 是使用表 7-2 指令的示例，图 7-3 (a)为梯形图，7-3 (b)为程序指令表。当利用编程器进行程序输入时，必须通过程序指令表。

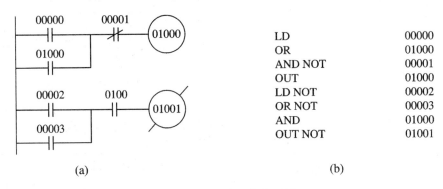

图 7-3 输入/输出指令示例

(a) 指令编程；(b) 指令表

在分析梯形图程序时，常开和常闭触点的状态(ON/OFF)是由它对应的继电器的状态来确定的。例如在图 7-3 中，若 00000 号输入继电器状态为 ON，则常开触点 00000 的状态为 ON(触点闭合)，否则状态为 OFF；如果 00001 号输入继电器状态为 ON，则常闭触点 00001 的状态为 OFF(触点断开)，否则状态为 ON。后面再分析程序时，上述原则不再重申。

在图 7-3 中，第一个梯级首先将触点 00000 的状态载入结果寄存器，而原结果寄存器的内容被压入堆栈；结果寄存器中触点 00000 的状态与 01000 触点的状态相或后的结果存入结果寄存器；再将继电器 00001 的状态取反后与结果寄存器的内容作与运算；最后的运算结果输出到 01000 继电器。第二个梯级完成的过程与第一个梯级相似，最后输出时将结果寄存器中的内容取反后送至 01001 继电器。

2. 逻辑块与指令和逻辑块或指令——AND LD 和 OR LD

逻辑块与指令 AND LD 和逻辑块或指令 OR LD 用于处理复杂逻辑块操作。表 7-3 列出了指令的格式、操作数范围、梯形图符号及指令的功能。

表 7-3　AND LD 和 OR LD 指令

指令名称	指令格式	操作数范围	梯形图符号	指令功能
逻辑块与	AND LD	无		结果寄存器内容与堆栈弹出数据做与运算，运算结果仍送入结果寄存器
逻辑块或	OR LD			结果寄存器内容与堆栈弹出数据做或运算，运算结果仍送入结果寄存器

1) AND LD 指令

AND LD 指令可处理逻辑块串联，编程举例如图 7-4 所示。

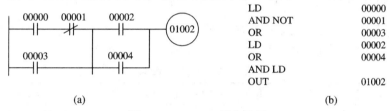

LD	00000
AND NOT	00001
OR	00003
LD	00002
OR	00004
AND LD	
OUT	01002

(a)　　　　　　　　　　　　　　　　　　(b)

图 7-4　AND LD 指令示例

(a) 指令编程；(b) 指令表

在图 7-4 中，由触点 00000、00001 和 00003 组成的逻辑块和触点 00002、00004 组成的逻辑块串联，助记符指令表中的前三条指令 LD 00000、AND NOT 00001、OR 00003 完成了第一个逻辑块的处理，指令执行结果已存入结果寄存器中，第四、五条指令则完成第二个逻辑块的处理。在执行 LD 00002 指令时，第一个逻辑块的结果在结果寄存器中被压入堆栈(堆栈的深度一般为 8 位)，结果寄存器中载入触点 00002 的状态，在与触点 00004 的状态或运算后，结果仍存入结果寄存器。执行 AND LD 指令时，将结果寄存器中的内容与堆栈顶部的第一个逻辑块的结果作与运算，结果存入结果寄存器并执行输出指令。

2) OR LD 指令

OR LD 指令可处理逻辑块并联，编程举例如图 7-5 所示。

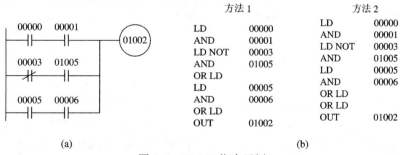

图 7-5　OR LD 指令示例

(a) 指令编程；(b) 指令表

图 7-5 所示的指令程序采用了两种方法，方法 1 对处理的逻辑块数量没有限制，而方法 2 规定处理的逻辑块数量一般不能超出 8 个。

图 7-6 所示为另一个利用 AND LD 和 OR LD 进行逻辑块处理的示例。

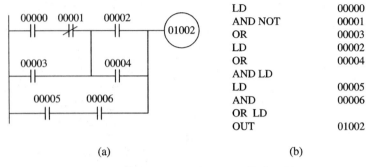

LD	00000
AND NOT	00001
OR	00003
LD	00002
OR	00004
AND LD	
LD	00005
AND	00006
OR LD	
OUT	01002

(a)　　　　　　　　　(b)

图 7-6　利用 AND LD 和 OR LD 指令示例

(a) 指令编程；(b) 指令表

7.3.2　锁存继电器指令——KEEP

锁存继电器指令 KEEP 用来保持基于两个执行条件指定位的状态。表 7-4 列出了指令的名称、格式、操作数区域、梯形图符号、指令的功能及执行指令对标志位的影响。

表 7-4　KEEP 指令

指令名称	指令格式	操作数区域	梯形图符号	指令功能及标志位情况
锁存继电器	KEEP(11) N	IR、SR、HR、AR 和 LR	S — KEEP N R —	当 S 端输入为 ON 时，继电器 N 被置为 ON 且保持；当 R 端输入为 ON 时，N 被置为 OFF 且保持；当 S、R 端同时为 ON 时，R 优先。 N 为 HR 区继电器时有掉电保持功能，指令的执行结果不影响标志位

指令的执行条件用 S 和 R 标出。S 是置位端，R 是复位端。KEEP 运算就像一个由 S 置位和由 R 复位的锁存继电器。图 7-7 所示为 KEEP 指令应用示例。

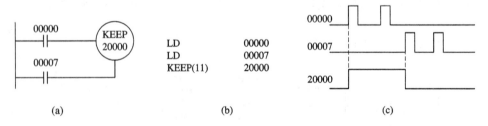

图 7-7　KEEP 指令应用示例

(a) 指令编程；(b) 指令表；(c) 工作波形图

当 00000 为 ON 时，其指定位 20000 也会置 ON，并保持 ON 直到复位为止。在此期间，不管 00000 是否保持 ON 或变为 OFF，当 00007 置 ON 时，其指定位 20000 被复位，置为 OFF；当 00000 与 00007 端同时为 ON 时，00007 端优先。

7.3.3 置位指令和复位指令——SET、RESET

置位指令 SET 和复位指令 RESET 主要用来将指定继电器置位或复位,它们的执行结果不影响标志位。表 7-5 列出了指令的名称、格式、操作数区域、梯形图符号、指令的功能及执行指令对标志位的影响。

表 7-5 SET 和 RESET 指令

指令名称	指令格式	操作数区域	梯形图符号	指令功能及标志位情况
置位	SET N	IR、SR、HR、AR 和 LR	SET N	当执行条件为 ON 时,将指定继电器置为 ON 并保持
复位	RESET N		RESET N	当执行条件为 ON 时,将指定继电器置为 OFF 并保持

图 7-8 所示为 SET 和 RESET 指令对指定继电器置位及复位的示例。当触点 00000 为 ON 时,继电器 01000 被置位;当触点 00005 为 ON 时,继电器 01000 被复位。图 7-8(c)所示为继电器对应的触点波形。

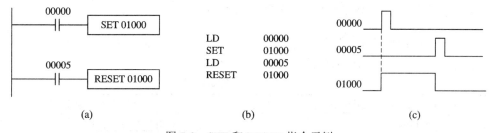

图 7-8 SET 和 RESET 指令示例
(a) 指令编程; (b) 指令表; (c) 工作波形图

7.3.4 上微分指令和下微分指令——DIFU、DIFD

上微分指令 DIFU 和下微分指令 DIFD 在输入信号的上跳沿和下跳沿时,在指定继电器输出微分信号,这两条指令对系统的标志位不产生影响。表 7-6 列出了指令的格式、操作数区域、梯形图符号和指令的功能。

表 7-6 DIFU 和 DIFD 指令

指令名称	指令格式	操作数区域	梯形图符号	指令功能
上微分	DIFU(13) N	SR、HR、AR、LR 和 IR(除已作为输入通道的位)	DIFU(13) N	当执行条件由 OFF 变为 ON 时,使指定继电器接通一个扫描周期
下微分	DIFD(14) N		DIFU(14) N	当执行条件由 ON 变为 OFF 时,使指定继电器接通一个扫描周期

在使用 DIFU 和 DIFD 指令时,只有检测到输入信号的跳变时(即输入条件由 OFF 变为 ON 或由 ON 变为 OFF)指令才会被执行。如果开机时的执行条件已为 ON,则 DIFU 指令不执行。同样,如果开机时的执行条件已为 OFF,则 DIFD 指令也不执行。

图 7-9 使用了 DIFU 和 DIFD 指令。图中,T_s 是扫描周期,00000 是 DIFU 和 DIFD 指令

的执行条件。从触点 00000 由 OFF 变为 ON 开始，继电器 20014 接通一个扫描周期；从触点 00000 由 ON 变为 OFF 开始，继电器 20015 接通一个扫描周期。

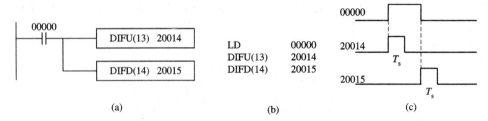

图 7-9　DIFU 和 DIFD 指令示例

(a) 指令编程；(b) 指令表；(c) 工作波形图

DIFU 和 DIFD 指令常用在下面的几种场合：

(1) 利用 DIFU 和 DIFD 指令的操作位作为某指令的执行条件，使某条指令只在该操作位由 OFF 变为 ON 时或由 ON 变为 OFF 时执行一次。

(2) 利用 DIFU 和 DIFD 指令产生脉冲信号。

7.3.5　空操作指令和结束指令——NOP、END

表 7-7 列出了空操作指令 NOP 和结束指令 END 的格式、操作数区域、梯形图符号、指令的功能及执行指令对标志位的影响。

表 7-7　NOP 和 END 指令

指令名称	指令格式	操作数区域	梯形图符号	指令功能及标志位情况
空操作	NOP(00)	无操作数	无	指令不执行任何操作
结束	END(01)		—[END(01)]—	程序结束指令。指令执行结果影响的标志位如下： ER、CY、GR、EQ 和 LE 置为 OFF

在编程中一般不需要 NOP 指令，也没有它的梯形图符号。当程序中出现 NOP 时，程序将执行下一条指令。该指令主要用于程序修改。当程序被清除后，NOP 被写入对应的地址。NOP 可以通过功能代码 00 写入。该指令不影响任何标志位。

END 指令作为程序的最后一条用，它可保证 END 后面的指令不被执行。当有时要调试程序时，END 可以放在程序的任何一个位置来执行这点以前的指令，但调试后必须删除它以执行剩下的程序。

如果程序没有 END 指令，系统将出现“NO END INST”的错误信息，且不执行任何指令。图 7-10 是 END 指令的示例。

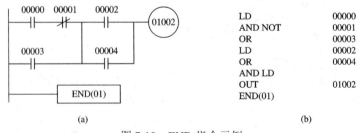

图 7-10　END 指令示例

(a) 指令编程；(b) 指令表

7.4 CPM1A 系列应用指令

CPM1A 系列共有指令 93 条，除了前述的 17 条以外，其他指令将在本节介绍。

7.4.1 定时/计数指令

定时/计数指令也是在 PLC 编程中经常用到的指令。在 CPM1A 系列 PLC 中，定时/计数指令包括 TIM、TIMH、CNT 和 CNTR 四条指令。TIM 和 TIMH 是递减、ON 延时定时器指令；CNT 是递减计数器指令；CNTR 是一个可逆的计数器指令。它们都需要一个 TC 编号和一个设定值(SV)。计数器指令除需要一个输入信号外，还需要一个用作复位的信号。

任何一个 TC 编号不能在计数器和定时器指令中重复定义，一旦它在定时器或计数器指令中被定义后，则不能再次定义它，而 TC 编号在指令中作为操作数时可根据需要多次使用。

1. 定时器指令和高速定时器指令——TIM 和 TIMH

定时器指令 TIM 和高速定时器指令 TIMH 在输入条件为 ON 时开始计时，从设定值 SV 起，以定时单位进行减 1 运算，当减为 0 时计时时间到。表 7-8 列出了 TIM、TIMH 指令的名称、格式、操作数区域、梯形图符号及执行指令对标志位的影响。

表 7-8 TIM、TIMH 指令

指令名称	指令格式	操作数区域	梯形图符号	标志位情况
定时器	TIM N SV	N 是定时器的 TC 号，范围为 000～127 SV 是定时器/计数器的设定值(BCD 码 0000～9999)，其范围为 IR、SR、HR、AR、LR、DM、*DM 和#	TIM N SV	当 SV 不是 BCD 数或间接寻址 DM 不存在时，ER(25503) 为 ON
高速定时器	TIMH(15) N SV		TIMH(15) N SV	

定时器 TIM 指令的定时单位为 0.1 s，延时时间可在 0～999.9 s 范围内选择。若定时时间到，则定时器的输出为 ON 且保持；当输入条件变为 OFF 时，定时器复位，输出变为 OFF 并停止定时，其当前值 PV 恢复为 SV。

图 7-11 是 TIM 指令的应用示例。

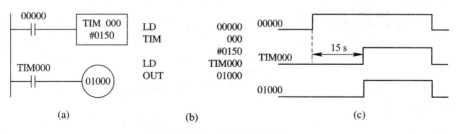

图 7-11 TIM 指令示例

(a) 指令编程；(b) 指令表；(c) 工作波形图

由图 7-11(c)可看出，当定时器 TIM000 的输入条件触点 00000 为 ON 时，定时器开始工作，每隔 0.1 s 减 1。当减为 0 且达到设定值确定的时间时(150×0.1 s)，定时器导通，定时器对应触点变为 ON，同时继电器 01000 接通。若触点 00000 的 ON 状态保持下去，定时器将一直保持为 ON 状态；当触点 00000 的状态变为 OFF 时，定时器 TIM000 复位，其设定值恢复为 #0150，01000 变为 OFF。

高速定时器指令 TIMH 的操作与 TIM 相同，只是延时时间可在 0～99.99 s 范围内选择，定时单位为 0.01 s。

2. 计数器指令——CNT

计数器指令 CNT 在复位端 R 为 OFF 的情况下，根据 CP 端的输入脉冲进行减法计数。计数器预置数 SV 可在 0～9999 范围内选择，当计数达到 0 时，停止计数，输出为 ON 且保持。只要复位端 R 为 ON，计数器即复位为 OFF 并停止计数，且当前值 PV 恢复为 SV。计数器有掉电保持功能。表 7-9 列出了 CNT 指令格式、操作数区域、梯形图符号及执行指令对标志位的影响。

表 7-9　CNT 指令

指令名称	指令格式	操作数区域	梯形图符号	标志位情况
计数器	CNT N SV	N 是计数器的 TC 号，范围为 000～127 SV 是计数器的设定值(BCD 码 0000～9999)，其范围为 IR、SR、HR、AR、LR、DM、*DM 和#	CP ─── CNT N R ─── SV	当 SV 不是 BCD 数，或间接寻址 DM 不存在时，ER(25503)为 ON

图 7-12 是 CNT 指令的应用示例。计数器 CNT001 内的预置数为 50，在复位端 R 为 OFF 的条件下，通过触点 00000 送至计数输入端 CP 的脉冲被计数(脉冲上跳沿有效)。CNT001 每接到一个脉冲作一次减 1 运算，当接到第 50 个脉冲时，其预置数减为 0，CNT001 状态则由 OFF 变为 ON，对应 CNT001 的触点接通，继电器 01001 变为 ON。一旦 CNT001 复位端 R 的状态变为 ON，则计数器 CNT001 复位，由 ON 变为 OFF，继电器 01001 的状态也由于触点 CNT001 的断开而变为 OFF，CNT001 内部预置数恢复为 50，待复位端变为 OFF 后即可开始重新计数。图 7-12(c)是图 7-12(a)梯形图的工作波形。

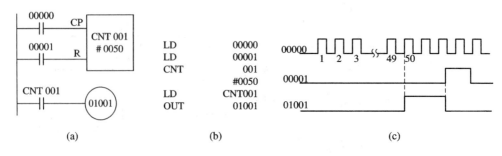

图 7-12　CNT 指令示例
(a) 指令编程；(b) 指令表；(c) 工作波形图

3. 可逆计数器指令——CNTR

CNTR 指令是一个可逆的递增/递减循环计数器,计数器根据增值输入(ACP)和减值输入(SCP)的变化对 0 和设定值(SV)之间计数。

在复位端 R 为 OFF 的情况下,从 ACP 端输入计数脉冲为加计数;从 SCP 端输入计数脉冲为减计数;加/减计数有进/借位时,输出 ON 一个计数脉冲周期。

只要复位 R 端为 ON,计数器即复位为 OFF 并停止计数,且不论加计数还是减计数,其当前值(PV)均变为 0。若从 ACP 端和 SCP 端同时输入,计数脉冲则不计数,当前值(PV)不变。

可逆计数器有掉电保持功能。

表 7-10 列出了 CNTR 指令的格式、操作数区域、梯形图符号及执行指令对标志位的影响。

表 7-10　CNTR 指令

指令名称	指令格式	操作数区域	梯形图符号	标志位情况
可逆计数器	CNTR(12) N SV	N 是计数器的 TC 号,范围为 000～127 SV 是计数器的设定值(BCD 码 0000～9999),其范围为 IR、SR、HR、AR、LR、DM、*DM 和#	ACP SCP R　CNTR(12) N SV	当 SV 不是 BCD 数,或间接寻址 DM 不存在时,ER(25503) 为 ON

图 7-13 是 CNTR 指令的应用示例。

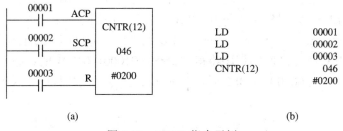

图 7-13　CNTR 指令示例
(a) 指令编程; (b) 指令表

如图 7-13 所示,当复位端 R 的触点 00003 为 ON 时,CNTR046 复位,当前值(PV)变为 0000,此时既不进行加计数,也不进行减计数。当 00003 变为 OFF 时计数器开始计数,其计数过程如下:

若触点 00002 为 OFF,则由 00001 输入计数脉冲时为加计数器。00001 每输入一个计数脉冲,CNTR046 的当前值(PV)加 1。当 PV=0200 时,若再输入一个计数脉冲,则 PV 值变为 0000(有进位),同时 CNTR046 的输出变为 ON。当再来一个计数脉冲时,PV=1,CNTR046 的输出变为 OFF,且开始下一个循环的计数。

若 00001 为 OFF,则由 00002 输入计数脉冲时为减计数器。00002 每输入一个计数脉冲,CNTR046 的当前值(PV)减 1。当 PV=0000 时,若再输入一个计数脉冲,PV 变为 0200(有借位),同时 CNTR046 的输出变为 ON。当再来一个计数脉冲时,PV=199,且 CNTR046 的输出变为 OFF,并开始下一个循环的计数。

由上述操作过程可见，CNT 和 CNTR 指令的主要区别在于：

当计数器 CNT 达到设定值后，只要不复位，其输出就一直为 ON，即使计数脉冲仍在输入；而计数器 CNTR 达到设定值后，其输出为 ON，只要不复位，在下一个计数脉冲到来时，计数器 CNTR 立即变为 OFF，且开始下一轮计数，即 CNTR 是个循环计数器。

7.4.2　互锁指令和解除互锁指令——IL、ILC

互锁指令 IL 和解除互锁指令 ILC 常用于控制程序的流向。当 IL 的输入条件为 ON 时，IL 和 ILC 之间的程序正常执行；当 IL 的输入条件为 OFF 时，IL 和 ILC 之间的程序不执行。在这种情况下，IL 和 ILC 之间的部分程序中所涉及的内部器件将做如下处理：

所有 OUT 和 OUT NOT 指令的输出位为 OFF；所有定时器都复位；KEEP 指令的操作位、计数器、移位寄存器以及 SET 和 RESET 指令的操作位都保持 IL 为 OFF 以前的状态。

表 7-11 列出了互锁 IL 和解除互锁 ILC 指令的格式、操作数区域、梯形图符号及执行指令对标志位的影响。

表 7-11　IL 和 ILC 指令

指令名称	指令格式	操作数区域	梯形图符号	标志位情况
互锁	IL(02)	无操作数	─[IL(02)]	指令的执行结果不影响标志位
解除互锁	ILC(03)		─[ILC(03)]	

IL 和 ILC 指令可以成对使用，也可以多个 IL 指令配一个 ILC 指令，但 ILC 不得连续使用，如 IL-IL-ILC-ILC。图 7-14 是 IL 和 ILC 指令的应用示例。

图 7-14(a)所示为 IL 和 ILC 指令的应用梯形图。触点 00000 是 IL 的执行条件。当 00000 为 ON 时，IL 和 ILC 指令之间的程序将得到执行，01000、01001 的状态取决于各自分支上的控制触点的状态；当 00000 为 OFF 时，IL 和 ILC 指令之间的程序不执行，01000、01001 都处于 OFF 状态。

为了更清楚地表示 IL 和 ILC 指令之间的联锁关系，图 7-14(a)也可以画成图 7-14(b)所示的结构，两图的功能是一样的。图 7-14(c)是它们的指令表。

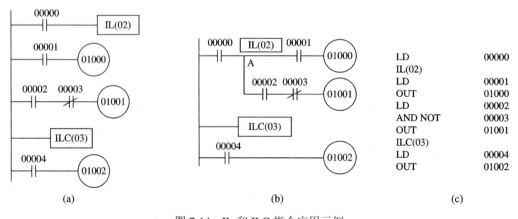

图 7-14　IL 和 ILC 指令应用示例

(a) 指令编程方式一；(b) 指令编程方式二；(c) 指令表

图 7-15 表示了多个 IL 指令配一个 ILC 指令的实例，同样，图 7-15(a)与图 7-15(b)具有相同的功能。在指令表中，多个 IL 指令只用一个 ILC 指令，在程序检查时会有出错信息显示，但不影响程序的正常执行。

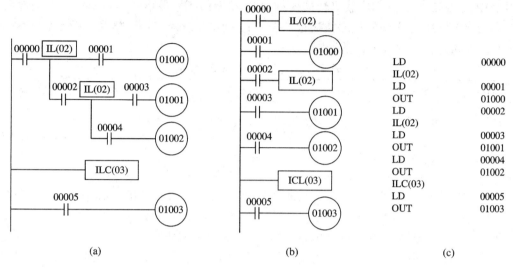

图 7-15　多个 IL 指令配一个 ILC 指令实例

(a) 指令编程方式一；(b) 指令编程方式二；(c) 指令表

7.4.3　暂存继电器——TR

TR 不是编程指令，但编程中常需要用暂存继电器 TR 存储当前指令的执行结果或梯形图分支点上存在的执行条件，即保存结果寄存器的当前内容。这是因为指令行在返回分支点执行一个分支行上的其他指令之前执行了右侧指令，使得执行条件可能发生改变而不能完成本来的操作。它与互锁 IL 和解除互锁 ILC 指令同样可作为处理程序分支的方法。

CPM1A 系列 PLC 有编号为 TR0～TR7 的 8 个暂存继电器。如果某个 TR 位被设置在一个分支点处，则分支前面的执行结果就会存储在这个 TR 位中，但在同一分支程序段中，同一 TR 号不能重复使用。由于 TR 不是编程指令，因此只能与 LD 或 OUT 等基本指令一起使用。

图 7-16(a)和(b)所示是使用暂存继电器 TR 处理分支的例子。图 7-16(c)表示采用互锁 IL 和解除互锁 ILC 指令处理同样问题的方法，从指令表可以看出这两种处理分支方法的区别：用 TR 时，是用 AND 指令连接下一个分支触点的；用 IL/ILC 时，是用 LD 指令连接下一个分支触点的。在分支多时，用 IL/ILC 指令处理分支程序时的指令表比使用 TR 时的简捷。

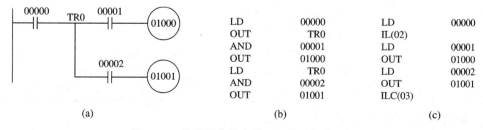

图 7-16　使用暂存继电器 TR 处理分支示例

(a) 指令编程；(b) 用 TR 处理分支；(c) 用 IL/ILC 处理分支

7.4.4 跳转指令和跳转结束指令——JMP、JME

跳转指令 JMP 和跳转结束指令 JME 常用于控制程序的流向。当 JMP 条件为 OFF 时，使用 JMP 和 JME 的分支程序就可转向控制 JME 后面的第一条指令。当 JMP 的执行条件为 ON 时，JMP 和 JME 之间的程序被执行。表 7-12 列出了这对指令的格式、操作数区域、梯形图符号及执行指令对标志位的影响。

表 7-12 JMP 和 JME 指令

指令名称	指令格式	操作数区域	梯形图符号	指令功能及标志位情况
跳转	JMP(04) N	N 为跳转号，其范围为 00~49	—[JMP(04) N]—	指令的执行结果不影响标志位
跳转结束	JME(05) N		—[JME(05) N]—	

当程序中有多个跳转时，就可使用跳转号 N 来区分不同的 JMP N/JME N 对。在 00 和 49 之间的任何一个两位数都可以作为一个跳转编号，但除 00 外，同一编号只能在程序中使用一次。当 N 取 00 时，JMP 00/JME 00 可以在程序中多次被使用。JMP 00 和 JME 00 之间的指令被跳转时，指令虽不执行但仍被扫描，因此执行的时间比其他跳转号的执行时间长。跳转号不是 00 的 JMP N/JME N 之间的指令则完全跳转，不需要扫描时间。发生跳转时，JMP N/JME N 指令对中所有的继电器、定时器、计数器均保持跳转前的状态。

跳转指令可以嵌套使用，但必须是不同跳转号的嵌套，如 JMP 00-JMP 01-JME(05)01-JME 00 等。另外，和 IL/ILC 指令一样，多个 JMP 00 可以共用一个 JME 00。尽管在进行程序检查时会出现错误信息"JMP-JME ERR"，但程序仍会正常执行。图 7-17 是使用跳转指令的示例。

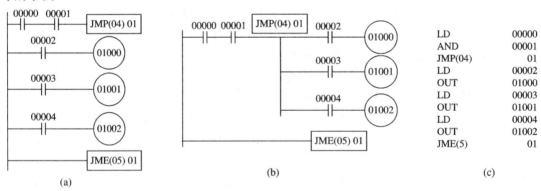

图 7-17 跳转 JMP 和 JME 指令示例

(a) 指令编程方式一；(b) 指令编程方式二；(c) 指令表

图 7-17 (a)和图 7-17 (b) 与前述 IL/ILC 指令一样，是梯形图的两种表示方式，对应指令表如图 7-17 (c)所示。梯形图中 00000 和 00001 相与的结果是 JMP 00 的执行条件。当结果为 OFF 时，JMP 00 到 JME 00 之间的程序不执行，而转去执行 JME 00 之后的程序，这时 01000、01001 和 01002 保持跳转前的状态。

图 7-18 是多个 JMP 00 共用一个 JME 00 的示例。在这段程序中，当第一个 JMP 00 条件是 OFF 时，输出 01000、01001 和计数器 CNT001 都保持它们的状态。

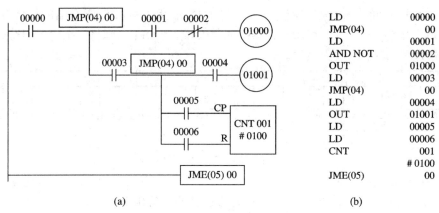

图 7-18　多个 JMP 00 共用一个 JME 00 示例

(a) 指令编程；(b) 指令表

当第一个 JMP 00 条件是 ON，并且第二个 JMP 00 条件是 OFF 时，输出 01000 的 ON/OFF 状态取决于 00001 和 00002 的状态，而输出 01001 和计数器仍保持它们的状态。

当两个 JMP 00 在同一时间的条件都是 ON 时，程序的执行与没有 JMP 00 指令时一样。

将 JMP /JME 与 IL /ILC 指令进行比较后可以发现，由于在 JMP /JME 分支起作用时，I/O 位、计时器等的状态被保持，因此 JMP/JME 常用于控制需要一个持续输出的设备(例如气动装置和液压装置)，而 IL / ILC 分支用于控制那些不需要一个持续输出的设备，例如电子仪器。

7.4.5　数据移位指令

CPM1A 系列 PLC 有 10 条用于数据移位的指令，这些指令的主要区别在于移位的位数和方向不同。

1. 移位寄存器指令——SFT

移位寄存器指令 SFT 由三个执行条件 IN、SP 和 R 控制。当复位端 R 为 OFF 时，随着 SP 端移位脉冲的上升沿，St 到 E 通道中的所有数据按位依次左移一位，E 通道中数据的最高位溢出丢失，IN 端的数据移进 St 通道中的最低位；当复位端 R 为 ON 时，St 到 E 所有通道均复位为零，且移位指令不执行。

表 7-13 列出了这些指令的名称、格式、操作数区域、梯形图符号、指令的功能及执行指令对标志位的影响。

表 7-13　SFT 指令

指令名称	指令格式	操作数区域	梯形图符号	标志位情况
移位寄存器	SFT(10) St E	St：移位的开始通道号 E：移位的结束通道号 它们的范围是：IR、SR、HR、 AR 和 LR	IN — SFT(10) SP — St R — E	执行该指令不 影响标志位

注：St 和 E 必须在同一区域，且 St≤E。

移位寄存器 SFT 指令的执行情况如图 7-19 所示。当移位脉冲 SP 由 OFF 变为 ON 时，始通道到末通道之间的所有位向左移一位，此时 IN 端状态移入 St 寄存器的最低位，即如果 IN 端为 ON，则将一个"1"移入寄存器；如果 IN 端为 OFF，则将一个"0"移入寄存器。E 寄存器最左位(最高位)溢出丢失。

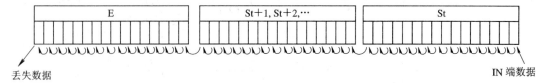

图 7-19   SFT 指令执行情况

图 7-20 是 SFT 指令的应用示例。例中，SFT 指令的首通道为 HR00，末通道为 HR01，以特殊辅助继电器 25502 产生的秒脉冲作为移位脉冲，以 00000 的 ON、OFF 状态作为输入数据。在 PLC 上电后的第一个扫描周期，利用特殊辅助继电器 25315 对移位寄存器进行复位。在移位过程中，首通道 HR00 和末通道 HR01 是一个完整的数据链。当 HR01 通道中的第 07 位为 ON 时，继电器 20000 为 ON。移位过程中只要触点 00001 为 ON，移位寄存器即复位。

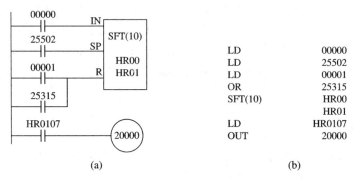

(a)   (b)

图 7-20   SFT 指令应用示例

(a) 指令编程；(b) 指令表

2. 双向移位寄存器指令——SFTR/@SFTR

双向移位寄存器指令 SFTR /@SFTR 用于创建一个单字或多字的可向左或向右移位的移位寄存器。指令中的控制字 C 提供移位方向、寄存器的输入状态、移位脉冲和复位输入。

表 7-14 是指令格式、操作数区域、梯形图符号及执行指令对标志位的影响。

在执行条件为 ON 时，SFTR/@SFTR 指令根据控制字 C 中对应位的状态执行。其功能为：

(1) 控制字 C 的复位位 bit 15 为 1 时，St 到 E 通道中的所有数据及进位位 CY 全部清为 0，且不接收输入数据。

(2) 控制字 C 的复位位 bit 15 为 0 时，在移位脉冲 SP 的作用下，根据移位脉冲的状态进行左移或右移，移动的方向由 C 的 bit 12 的状态决定，移位溢出的位进入 CY(25504)。

◆ 左移：从 St 到 E 通道的所有数据，每个扫描周期按位依次左移一位。C 的 bit 13 的数据移入开始通道 St 的最低位中，结束通道 E 最高位的数据移入进位位 CY 中。

◆ 右移：从 E 到 St 通道的所有数据，每个扫描周期按位依次右移一位。C 的 bit 13 的数据移入结束通道 E 的最高位中，开始通道 St 最低位的数据移入进位位 CY 中。

表 7-14 SFTR /@SFTR 指令

指令名称	指令格式	操作数区域	梯形图符号	标志位情况
双向移位寄存器	SFTR(84) C St E @SFTR(84) C St E	C 是控制字，其中包含移位方向、数据输入、移位脉冲和复位输入 15 14 13 12 不使用 移位方向 1:左移(低→高) 0:右移(高→低) 数据输入(IN) 移位脉冲输入(SP) 复位输入(R) St 是移位的开始通道号 E 是移位的结束通道号 它们的范围是 IR、SR、HR、AR、LR、DM 和*DM St 和 E 必须在同一区域，且 St≤E	SFTR(84) C St E @SFTR(84) C St E	下列情况下，ER(25503) 为 ON: (1) St 和 E 不在同一个区域; (2) St>E; (3) 间接寻址 DM 通道不存在

在执行条件为 OFF 时，双向移位寄存器停止工作，此时复位信号若为 ON，则 St 到 E 通道中的数据及进位 CY 也保持原状态不变。

图 7-21 是使用微分指令@SFTR 的示例，它与 SFTR 指令的区别在于执行条件 00004 由 OFF 变为 ON 时只执行一次移位，控制通道各控制位的状态只在一个扫描周期中有效。

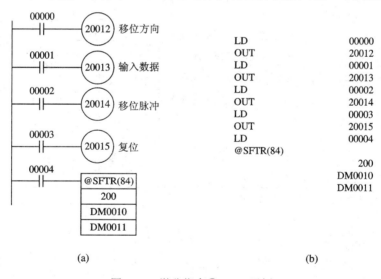

(a)   (b)

图 7-21 微分指令@SFTR 示例

(a) 指令编程；(b) 指令表

图 7-21 中，00004 是@SFTR 指令的执行条件，IR200 是控制通道，由 DM0010～DM0011 组成可逆移位寄存器。当 00004 为 ON 时，@SFTR 指令执行一次移位操作；当 00004 为 OFF 时，@SFTR 指令不执行，此时控制通道的控制位不起作用，DM0010～DM0011 及 CY 位的数据保持不变。

控制通道 IR200 的 bit12～bit15 的状态是由 00000～00003 控制的。工作时，若 00000 为 ON，则 20012 为 1，执行左移位操作；若 00000 为 OFF，则 20012 为 0，执行右移位操作。若 00001 为 ON，则 20013 为 1，即输入数据为 1；若 00001 为 OFF，则 20013 为 0，即输入数据为 0。

以 00002 的信号作为移位脉冲，若 00003 为 ON，则 20015 为 ON，双向移位寄存器 DM0010～DM1011 及 CY 位清零；若 00003 为 OFF，则 20015 为 OFF，此时根据 20012 的状态将执行左移或右移操作。

3. 数字左移指令和数字右移指令——SLD/@SLD 和 SRD/@SRD

数字左移指令 SLD/@SLD 和数字右移指令 SRD/@SRD 可完成一个 4 位数字的左移和右移。表 7-15 列出了指令名称、指令格式、操作数区域、梯形图符号及执行指令对标志位的影响。

当执行条件置 ON 时，数字左移指令 SLD/@SLD 将 St 和 E 之间的连续通道的内容左移 4 位(一个数字)。当数字 0 被写入 St 的最右边数字时，E 中的最左边数字的内容将丢失。图 7-22 是数字左移指令 SLD/@SLD 的应用示例。

表 7-15   SLD/@SLD 和 SRD/@SRD 指令

指令名称	指令格式	操作数区域	梯形图符号	标志位情况
数字左移	SLD(74) St E @SLD(74) St E	St 是移位的开始通道号 E 是移位的结束通道号 它们的范围是 IR、SR、HR、AR、LR、DM 和 *DM	SLD(74) St E @SLD(74) St E	下列情况下，出错标志 ER(25503)为 ON： (1) St 和 E 不在同一区域； (2) St>E； (3) 间接寻址 DM 通道不存在
数字右移	SRD(75) St E @SRD(75) St E		SRD(75) St E @SRD(75) St E	

注：St 和 E 必须在同一区域，且 St≤E。

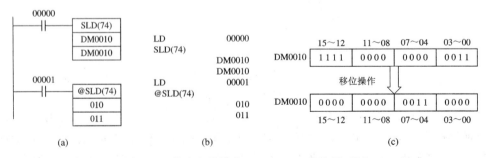

图 7-22   数字左移指令 SLD/@SLD 的应用示例

(a) 指令编程；(b) 指令表；(c) 指令执行情况

图 7-22(a)为 SLD/@SLD 的应用示例，图 7-22 (c)表明当触点 00000 为 ON 时，DM0010 通道发生数字左移前后通道中数据的变化情况。当 SLD 以非微分形式使用时，每循环一个数字，0 将移入 St 的最低位数字。使用微分形式@SLD，或将 SLD 与 DIFU 或 DIFD 结合使用时，仅移位一次。

数字右移指令 SRD/@SRD 的工作情况与数字左移指令 SLD/@SLD 类似，只是移位的方向不同。

4. 算术左移指令和算术右移指令——ASL/@ASL 和 ASR/@ASR

算术左移指令 ASL/@ASL 和右移指令 ASR/@ASR 将指定通道中的数据按位左移或右移一位。移位溢出的位进入 CY，另一端则补 0。表 7-16 列出了指令的名称、格式、操作数区域、梯形图符号及执行指令对标志位的影响。

表 7-16 ASL/@ASL 和 ASR/@ASR 指令

指令名称	指令格式	操作数区域	梯形图符号	标志位情况
算术左移	ASL(25) Ch @ASL(25) Ch	Ch 是移位通道号，范围是 IR、SR、HR、AR、LR、DM 和*DM	ASL(25) Ch @ASL(25) Ch	(1) 间接寻址 DM 通道不存在时，ER(25503)为 ON； (2) 移位溢出的位进入 CY(25504)； (3) 当 Ch 中的内容为 0000 时，EQ(25506)为 ON
算术右移	ASR(26) Ch @ASR(26) Ch		ASR(26) Ch @ASR(26) Ch	

当算术左移指令 ASL/@ASL 执行条件置 OFF 时，ASL 不被执行；执行条件置 ON 时，ASL 把 0 移入指定通道的第 00 位，并把指定通道的所有位向左移一位，把第 15 位的状态移入 CY。算术右移指令 ASR/@ASR 执行情况与左移相似。图 7-23 为算术左移与算术右移指令执行时通道内数据移动情况。图 7-24 为算术左移指令 ASL 的应用示例。

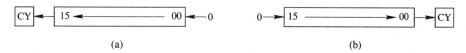

(a)   (b)

图 7-23 算术左移与算术右移指令执行情况
(a) 算术左移； (b) 算术右移

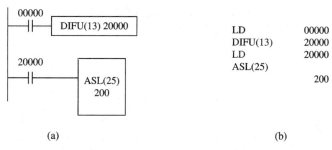

(a)   (b)

图 7-24 算术左移指令应用示例
(a) 指令编程；(b) 指令表

5. 循环左移指令和循环右移指令——ROL/@ROL 和 ROR/@ROR

循环左移指令 ROL/@ROL 与循环右移指令 ROR/@ROR 将指定通道中的数据按位左移或右移一位。通道的最低位和最高位通过 CY 构成循环移位。表 7-17 列出了指令名称、指令格式、操作数区域、梯形图符号及执行指令对标志位的影响。

表 7-17 ROL/@ROL 和 ROR/@ROR 指令

指令名称	指令格式	操作数区域	梯形图符号	标志位情况
循环左移	ROL(27) Ch @ROL(27) Ch	Ch 是移位通道号，范围是 IR、SR、HR、AR、LR、DM 和 *DM	ROL(27) Ch @ROL(27) Ch	(1) 间接寻址 DM 通道不存在时，ER(25503)为 ON； (2) 移位溢出的位进入 CY(25504)； (3) 当 Ch 中的内容为 0000 时，EQ(25506)为 ON
循环右移	ROR(28) Ch @ROR(28) Ch		ROR(28) Ch @ROR(28) Ch	

当循环左移指令 ROL 执行条件为 OFF 时，ROL 不被执行；当执行条件置 ON 时，ROL 把指定通道的所有位向左移一位，把 CY 移入第 00 位，并且把指定通道的第 15 位移入 CY。循环右移 ROR/@ROR 指令执行情况与循环左移相似。图 7-25 为循环左移与循环右移指令执行时通道内数据的移动情况。

(a)　　　　　　　　　　　　　　(b)

图 7-25　循环左移与循环右移指令的执行情况

(a) 循环左移；(b) 循环右移

6. 字移位指令——WSFT/@WSFT

当字移位指令 WSFT/@WSFT 的执行条件置 ON 时，WSFT 在以字为单位的 St 和 E 之间移动数据，0 被写入 St 且 E 中内容将丢失。表 7-18 列出了指令名称、指令格式、操作数区域、梯形图符号及执行指令对标志位的影响。

表 7-18 WSFT/@WSFT 指令

指令名称	指令格式	操作数区域	梯形图符号	标志位情况
字移位	WSFT(16) St E @WSFT(16) St E	St 是移位的开始通道号 E 是移位的结束通道号 它们的范围是 IR、SR、HR、AR、LR、DM 和 *DM	WSFT(16) St E @WSFT(16) St E	下列情况下，ER(25503)为 ON： (1) St 和 E 不在同一数据区； (2) St>E； (3) 间接寻址 DM 通道不存在

注：St 和 E 必须在同一区域，且 St≤E。

图 7-26 是字移位指令 WSFT/@WSFT 的应用示例。在图 7-26(a)中，当触点 00000 由 OFF 变为 ON 时，触点 20000 将产生一个微分信号，使字移位指令 WSFT 在一个扫描周期内执行；指令执行时，移位的初始通道为 DM0010，结束通道为 DM0012，指令执行后，数字 0 被移入 DM0010，而原 DM0012 中的数据被丢弃。指令执行前后每个通道的数据情况如图 7-26(c)所示。

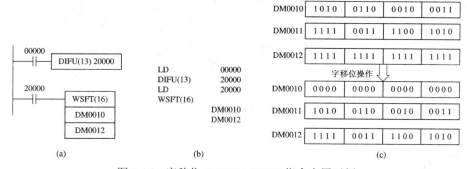

图 7-26 字移位 WSFT/@WSFT 指令应用示例

(a) 指令编程；(b) 指令表；(c) 通道数据情况

7. 异步移位寄存器——ASFT/@ASFT

当异步移位寄存器 ASFT 执行条件为 OFF 时，不执行指令且程序转到下一条指令执行；当执行条件是 ON 时，ASFT 用来建立和控制一个在 St 和 E 之间的可逆异步字移位寄存器。这个寄存器的移位字仅当寄存器中相邻的一个字是 0 时执行。也就是说，如果寄存器中没有字包含 0，就不做任何移位，即寄存器中每个为 0 的字移动一个字。当一个字中的内容移到下一个字时，原始字的内容将被设定为 0。从本质上来说，当寄存器移位时，寄存器中每一个 0 字与下一个字对换位置，而"下一个字"是向上还是向下，则在控制字 C 中被指定。上移时，所有数据为 0000 的通道与紧邻的高地址通道进行数据交换；下移时，所有数据为 0000 的通道与紧邻的低地址通道进行数据交换。同时，C 也可用来复位寄存器。表 7-19 列出了指令名称、指令格式、操作数区域、梯形图符号及执行指令对标志位的影响。

表 7-19 ASFT/@ASFT 指令

指令名称	指令格式	操作数区域	梯形图符号	标志位情况
异步移位寄存器	ASFT(17) C St E @ASFT(17) C St E	C 是控制字，范围为 IR、SR、HR、AR、LR、DM、*DM 和# C 的含义为 15 14 13 0 移位方向1:上移;0:下移 1:允许移位;0:不允许移位 1:复位;0:正常操作 St：移位开始通道号 E：移位结束通道号 它们的范围是 IR、SR、HR、AR、LR、DM 和*DM	ASFT(17) C St E @ASFT(17) C St E	下列情况下，ER(25503)为 ON： (1) St 和 E 不在同一数据区； (2) St>E； (3) 间接寻址 DM 通道不存在

注：St 和 E 必须在同一区域，且 St≤E。

图 7-27 所示为 ASFT 指令的应用示例。例中控制字 C 为#6000，即 bit 14 和 bit 13 为"1"，表示允许移位，方向为上移。图 7-26 (b)为指令表，图 7-26 (c)为指令执行情况。当指令执行 5 次后，通道中的 0 字被集中移到下半部分。

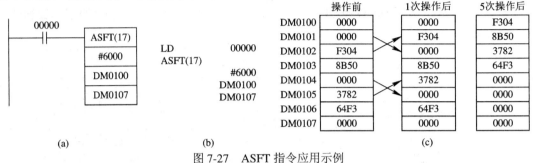

<table>
<tr><td></td><td>操作前</td><td>1次操作后</td><td>5次操作后</td></tr>
<tr><td>DM0100</td><td>0000</td><td>0000</td><td>F304</td></tr>
<tr><td>DM0101</td><td>0000</td><td>F304</td><td>8B50</td></tr>
<tr><td>DM0102</td><td>F304</td><td>0000</td><td>3782</td></tr>
<tr><td>DM0103</td><td>8B50</td><td>8B50</td><td>64F3</td></tr>
<tr><td>DM0104</td><td>0000</td><td>3782</td><td>0000</td></tr>
<tr><td>DM0105</td><td>3782</td><td>0000</td><td>0000</td></tr>
<tr><td>DM0106</td><td>64F3</td><td>64F3</td><td>0000</td></tr>
<tr><td>DM0107</td><td>0000</td><td>0000</td><td>0000</td></tr>
</table>

```
      00000        ASFT(17)
    ——| |——         #6000       LD       00000
                   DM0100       ASFT(17)
                   DM0107                #6000
                                        DM0100
                                        DM0107
       (a)            (b)                              (c)
```

图 7-27　ASFT 指令应用示例

(a) 指令编程；(b) 指令表；(c) 指令执行情况

7.4.6　数据传送指令

数据传送是 PLC 内部数据区操作的重要手段。CPM1A 系列 PLC 有 9 条用于数据传送的指令。

1. 传送指令和传送非指令——MOV/@MOV 和 MVN/@MVN

当指令执行条件为 ON 时，传送指令 MOV 将源数据 S 传送到通道 D 中，而传送非指令 MVN 则将源数据 S 按位求反后传送到通道 D 中。表 7-20 列出了指令名称、指令格式、操作数范围、梯形图符号及执行指令对标志位的影响。

表 7-20　MOV/@MOV 和 MVN/@MVN 指令

指令名称	指令格式	操作数范围	梯形图符号	标志位情况
传送	MOV(21) S D @MOV(21) S D	S 是源数据，其范围是 IR、SR、HR、AR、LR、TC、DM、*DM 和# D 是目的通道，其范围是 IR、SR、HR、N、LR、DM 和*DM	MOV(21) S D @MOV(21) S D	(1) 当间接寻址 DM 通道不存在时，ER(25503) 为 ON； (2) 执行指令后若 D 中数据为 0000，EQ(25506) 为 ON
传送非	MVN(22) S D @MVN(22) S D		MVN(22) S D @MVN(22) S D	

图 7-28 所示为 MOV 和@MVN 指令的应用示例。例中当执行条件 00000 为 ON 时，MOV 指令将通道 HR00 内的数据传送到通道 HR05 中，@MVN 将 BCD 数 3015 按位求反后传送到通道 IR200 中。图 7-28(a)、7-28(b)为示例的梯形图和指令表，图 7-28 (c)为指令执行情况。

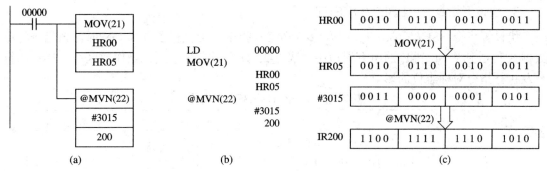

图 7-28　MOV 和@MVN 指令应用示例

(a) 指令编程；(b) 指令表；(c) 指令执行情况

2. 块传送指令——XFER/ @XFER

当块传送指令 XFER/ @XFER 执行条件为 ON 时，可将几个连续通道中的数据对应传送到另外几个连续通道中去。表 7-21 列出了指令格式、操作数区域、梯形图符号及执行指令对标志位的影响。

表 7-21　XFER/ @XFER 指令

指令名称	指令格式	操作数区域	梯形图符号	标志位情况
块传送	XFER(70) N S D @XFER(70) N S D	N 是通道数(必须是 BCD 码)，其范围是 IR、SR、HR、AR、LR、TC、DM、*DM 和# 　S 是源数据块开始通道号 　D 是目的通道号，它们的范围是 IR、SR、HR、AR、LR、TC、DM 和*DM 　S 和 D 可在同一区内，但不得重叠 　S + N 和 D + N 不能超出所在的区域	XFER(70) N S D @XFER(70) N S D	下列情况下，标志位 ER(25503)为 ON： 　(1) N 不是 BCD 码； 　(2) S + N 或 D + N 超出所在的区域； 　(3) 间接寻址 DM 通道不存在

图 7-29 是 XFER 指令的应用示例。当执行条件 00000 为 ON 时，IR001、IR002 和 IR003 通道中的数据分别被传送到 DM0010、DM0011 和 DM0012 通道中。

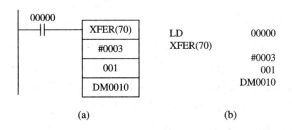

图 7-29　XFER 指令应用示例

(a) 指令编程；(b) 指令表

3. 块设置指令——BSET/@BSET

块设置指令 BSET/@BSET 相当于多个 MOV 指令。当执行条件为 ON 时，该指令将源数据 S 传送到从 St 到 E 的所有通道中。表 7-22 列出了指令格式、操作数区域、梯形图符号及执行指令对标志位的影响。

表 7-22　BSET/@BSET 指令

指令名称	指令格式	操作数区域	梯形图符号	标志位情况
块设置	BSET(71) S St E @ BSET(71) S St E	S 是源数据，其范围是 IR、SR、HR、AR、LR、TC、DM、*DM 和# St 是开始通道号 E 是结束通道号 它们的范围是 IR、SR、HR、AR、LR、TC、DM 和*DM St 和 E 必须在同一区域，且 St<E	BSET(71) S St E @BSET(71) S St E	下列情况下，标志位 ER(25503)为 ON： (1) St 和 E 不在同一区域； (2) St>E； (3) 间接寻址 DM 通道不存在

BSET 可用来改变定时器/计数器的 PV 值。(这项工作不能由 MOV 或 MVN 来完成)。同时，BSET 也能用于清除部分数据区域。也就是说，用户可通过 BSET 指令传送 0 以清除其他指令准备使用的 DM 区域。图 7-30 是 @BSET 指令的应用示例。

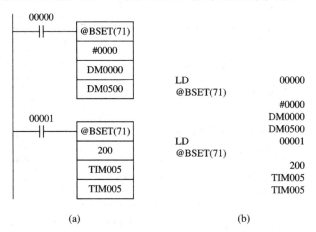

图 7-30　@BSET 指令应用示例

(a) 指令编程；(b) 指令表

在图 7-30 中，当执行条件 00000 为 ON 时，@BSET 指令将 DM0000 到 DM0500 内的数据区全部清为 0，从而保证其他指令安全使用这部分区域。当 00001 为 ON 时，@BSET 指令将 IR200 通道内的数据送入 TIM005 中，若 TIM005 正在计时中，则代替 TIM005 的当前值 PV，使 TIM005 的计时立即以新的数据进行。而 MOV 指令不具有代换 PV 值的功能。采用这种方式也为更加灵活地使用定时器/计数器提供了途径。

综上所述，MOV 和 BSET 指令的区别在于：

(1) 执行一次 MOV 指令，只能向一个通道传送一个字；而执行一次 BSET 指令，可以向多个通道传送同一个字。

(2) 当用通道对 TIM / CNT 进行设定时，使用 MOV 和 BSET 指令都可以改变 TIM/CNT 的设定值；使用 @BSET 指令不仅可以改变 TIM/CNT 的设定值，还可以改变 TIM/CNT 的当前值，而 MOV 指令却没有这个功能，因为 MOV 指令不能向 TC 区传送数据。

4. 变址传送指令——DIST/@DIST

变址传送指令 DIST/@DIST 根据控制字的设置可进行单字数据分配和用户堆栈操作。表 7-23 列出了指令格式、操作数区域、梯形图符号及执行指令对标志位的影响。

表 7-23　DIST/@DIST 指令

指令名称	指令格式	操作数区域	梯形图符号	标志位情况
变址传送	DIST(80) S DBs C @DIST(80) S DBs C	S 是源数据，范围是 IR、SR、HR、TC、AR、LR、DM、*DM 和# DBs 是目标基准通道，范围比 S 少一个# C 是控制字(BCD)，范围同 S。其含义为：当 bit12~bit15 的内容小于等于 8 时，进行单字数据分配；当 bit12~bit15 的内容等于 9 时，进行进栈操作	DIST(80) S DBs C @DIST(80) S DBs C	当 S 的内容为 0000 时，EQ(25506)为 ON 有下列情况之一，标志位 25503 为 ON： (1) C 的最高位是 9 时，DBs 和 (DBs+C-9000) 不在同一数据区，或堆栈指针超出堆栈深度； (2) C 的低 3 位不是 BCD 码； (3) 间接寻址 DM 通道不存在； (4) C 的最高位小于等于 8 时，DBs 和(DBs+C) 不在同一数据区

1) 单字数据分配

当 C 的第 12~15 位为 0~8 的数值时，DIST 可用于单字分配操作。控制字 C 指定一个偏移量 Of，偏移量 Of 的取值范围为 BCD 码 0000~2047。

当执行条件为 OFF 时，@DIST 不执行；当执行条件为 ON 时，@DIST 把 S 的内容复制到 DBs+Of。也就是说，Of 是被加到 DBs 中来决定目的字地址的。图 7-31 是 @DIST 指令用于单字数据分配的示例。

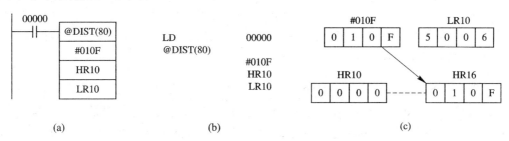

图 7-31　@DIST 指令用于单字数据分配的示例

(a) 指令编程；(b) 指令表；(c) 指令执行情况

图 7-31 中，控制字为 LR10 中保存的数据 5006，即控制字 C 的第 12～15 位为 5，所以执行单字数据分配，而偏移量 Of 为 6，则数据#010F 被复制到 HR10+6 的通道 HR16。

2）进栈操作

当 C 的第 12 位～15 位为 9 时，DIST 能用作堆栈操作。执行该指令生成一个用户堆栈，C 的其他位指定堆栈的深度(BCD 码 000～999)。DBs 的内容是堆栈的指针。

当执行条件为 OFF 时，DIST 不执行；当执行条件为 ON 时，DIST 把 S 的内容复制到 DBs+1+堆栈指针中。换句话说，1 和堆栈指针被加到 DBs 中以决定目的字地址，然后堆栈指针加 1。图 7-32 所示是@DIST 指令用于进栈操作的示例。

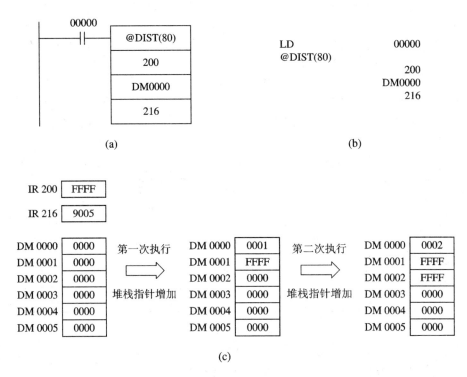

(a)   (b)

(c)

图 7-32 @DIST 指令用于进栈操作的示例

(a) 指令编程；(b) 指令表；(c) 指令执行情况

在图 7-32 中，IR216 通道中所保存的数据为控制字 C，它的第 12 位～15 位为 9，其他位构成 BCD 码 005，即堆栈字数为 5；DBs 是 DM0000，其中的堆栈指针为 0000。当执行一次操作后，堆栈指针变为 0001，源数据 IR200 通道内的数据 FFFF 被送入堆栈的第一位。指令执行情况见图 7-32(c)。

5. 数据交换指令——XCHG/@XCHG

数据交换指令 XCHG/@XCHG 将两个通道 E1、E2 内的数据进行交换。表 7-24 列出了指令格式、操作数区域、梯形图符号及执行指令对标志位的影响。图 7-33 是@XCHG 指令的应用示例。

表 7-24 XCHG/@XCHG 指令

指令名称	指令格式	操作数区域	梯形图符号	标志位情况
数据交换	XCHG(73) E1 E2 @XCHG(73) E1 E2	E1 是交换数据 1，E2 是交换数据 2。它们的范围是 IR、SR、HR、T6、AR、LR、DM 和 *DM	 XCHG(73) E1 E2 @XCHG(73) E1 E2	当间接寻址 DM 通道不存在时，ER(25503)为 ON

当执行条件为 ON 时，@XCHG 指令交换通道 LR00 和 HR05 内的数据。

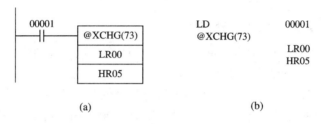

00001 @XCHG(73) LR00 HR05	LD 00001 @XCHG(73) LR00 HR05
(a)	(b)

图 7-33 @XCHG 指令应用示例

(a) 指令编程；(b) 指令表

6. 位传送指令——MOVB/@MOVB

位传送指令 MOVB/@MOVB 根据控制字 C 的设定，将源数据 S 中的指定位传送到目的通道 D 中。控制字 C 的高 8 位和低 8 位均为两个 15 以内的 BCD 码，S 中的位由 C 的低 8 位指定，D 中的位由 C 的高 8 位指定。表 7-25 列出了指令格式、操作数区域、梯形图符号及执行指令对标志位的影响。

表 7-25 MOVB/@MOVB 指令

指令名称	指令格式	操作数区域	梯形图符号	标志位情况
位传送	MOVB(82) S C D @MOVB(82) S C D	S 是源数据 C 是控制字(BCD)，它的范围是 IR、SR、HR、TC、AR、LR、DM、*DM 和# D 是目的通道，范围是 IR、SR、HR、AR、LR、DM 和*DM	 MOVB(82) S C D @MOVB(82) S C D	下列情况下 ER(25503)为 ON： (1) C 指定的位不存在； (2) 间接寻址 DM 通道不存在

图 7-34 是 @MOVB 指令的应用示例。其中，图 7-34(c)为控制字 C 的内部数据及指令执行情况。

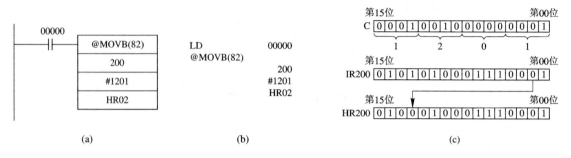

图 7-34 @MOVB 指令应用示例

(a) 指令编程；(b) 指令表；(c) 指令执行情况

7. 数字传送指令——MOVD/@MOVD

数字传送指令 MOVD/@MOVD 将一个通道的 16 个二进制位划分成 4 个数字位来看待，每个数字位含有 4 个二进制位。传送操作是以数字位为单位进行的。该指令将 S 中某一数字位开始的若干个连续的数字位传送至 D 中某一数字位开始的连续区域中。控制数据 C 指定了传送的位数及源、目的通道的起始位。表 7-26 列出了指令格式、操作数区域、梯形图符号及执行指令对标志位的影响。

表 7-26 MOVD/@MOVD 指令

指令名称	指令格式	操作数区域	梯形图符号	标志位情况
数字传送	MOVD(83) S C D @MOVD(83) S C D	S 是源数据；C 是控制字(BCD 码，格式见图 7-34)。它们的范围是 IR、SR、HR、TC、AR、LR、DM、*DM 和# D 是目的通道，范围是 IR、SR、HR、AR、LR、DM 和*DM	MOVD(82) S C D @MOVD(82) S C D	下列情况下，ER(25503)为 ON： (1) C 右边 3 位数字大于 3； (2) 间接寻址 DM 通道不存在

图 7-35 所示为数字传送指令 MOVD/@MOVD 中控制字的格式及在不同的控制字 C 时数字传输的情况。

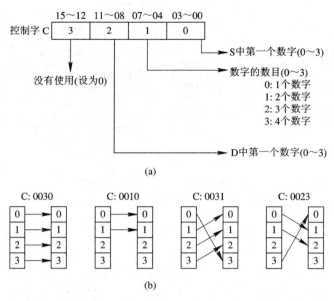

图 7-35　数字传送指令 MOVD/@MOVD 示例

(a) 控制字 C 格式；(b) 不同的 C 值的数据传输

8. 数据调用指令——COLL/@COLL

数据调用指令 COLL/@COLL 可以根据控制字 C 的内容来进行数据收集、先进先出堆栈的出栈操作或后进先出堆栈的出栈操作。表 7-27 列出了指令格式、操作数区域、梯形图符号及执行指令对标志位的影响。

表 7-27　COLL/@COLL 指令

指令名称	指令格式	操作数区域	梯形图符号	标志位情况
数据调用	COLL(81) SBs C D @COLL(81) SBs C D	SBs 是基准通道；D 是目的通道。它们的范围是 IR、SR、HR、TC、AR、LR、DM 和*DM C 是控制字(BCD)，范围是 IR、SR、HR、TC、AR、LR、DM、*DM 和#	COLL(81) SBs C D @COLL(81) SBs C D	当 S 的内容为 0000 时，EQ(25506) 为 ON 有下列情况之一，标志位 ER(25503) 为 ON： (1) C 的最高位是 8 或 9，DBs 与 DBs + (C 的低 3 位)不在同一数据区，或堆栈指针超出堆栈深度； (2) C 的低 3 位不是 BCD 码； (3) 间接寻址 DM 通道不存在； (4) C 的最高位<7 时，DBs 和 (DBs+C) 不在同一数据区

如图 7-36 所示，当 C 的第 12～15 位为 0～7 时，COLL 用作数据收集。C 的内容指定一个偏移量 Of(BCD 码 0000 到 2047)，把 DM0000+Of 的内容复制到 LR00。由于 IR200 的内容是#0005，因此，当 00000 为 ON 时，DM0005(DM0000+5)的内容被复制到 LR00 中。

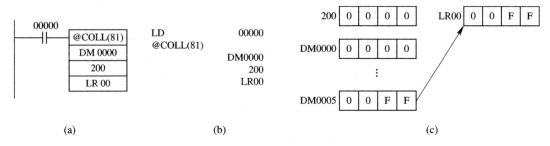

图 7-36 COLL 用作数据收集示例

(a) @COLL 编程；(b) 指令表；(c) 指令操作情况

当 C 的 bit 12~bit 15 等于 9 时，COLL 可以用于一个先进先出堆栈的出栈操作。C 中的其他三位数字指定堆栈的深度(BCD 码 000~999)。SBs 中的内容是堆栈指针。

当执行条件为 ON 时，COLL 通过一个地址对堆栈中的每一个字的内容往下移一地址，最后把数据从 SBs+1(写入堆栈的第一个数值)移位到目的字 D，堆栈指针的内容减 1。

图 7-37 显示了使用@COLL 指令在 DM0001 与 DM0005 之间创建堆栈，并完成先进先出堆栈的出栈操作的过程。DM0000 起堆栈指针的作用，IR200 通道内存放的是控制字 9005。

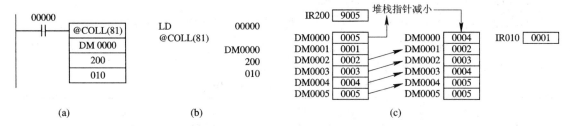

图 7-37 COLL 用作先进先出堆栈的出栈操作示例

(a) @COLL 编程；(b) 指令表；(c) 指令操作情况

当 00000 从 OFF 变为 ON 时，@COLL 把 DM0002~DM0005 的内容往下移一个地址，并将 DM0001 移入 IR010，然后，堆栈指针 DM0000 的内容减 1。

当 C 的 bit 12~bit 15 等于 8 时，COLL 可以用于一个后进先出堆栈的出栈操作，此时指令将 SBs+堆栈指针的内容所指向的数据复制到目的通道 D 中，而堆栈中的数据不变，堆栈指针的内容减 1。

7.4.7 数据比较指令

CPM1A 系列 PLC 有 4 条用于数据比较的指令，它包括单字比较、双字比较、块比较和表比较指令。

1. 单字比较指令——CMP

单字比较指令 CMP 对 C1 和 C2 进行比较，并把结果输出给 SR 区域中的 GR、EQ 和 LE 标志。表 7-28 列出了指令格式、操作数区域、梯形图符号及执行指令对标志位的影响。

表 7-28 CMP 指令

指令名称	指令格式	操作数区域	梯形图符号	标志位情况
单字比较	CMP(20) C1 C2	C1 是比较数 1 C2 是比较数 2 它们的范围是 IR、SR、HR、AR、 LR、TC、DM、 *DM 和#	CMP(20) C1 C2	当 C1 > C2 时，大于标志位 GR(25505) 为 ON； 当 C1 = C2 时，等于标志位 EQ(25506) 为 ON； 当 C1 < C2 时，小于标志位 LE(25507) 为 ON； 间接寻址 DM 通道不存在时，ER(25503) ON

图 7-38 所示为 CMP 指令的应用示例。当执行条件为 ON 时，通道 IR010 和 HR09 之间的比较结果通过对应继电器触点输出到继电器 2000、2001 和 2002。

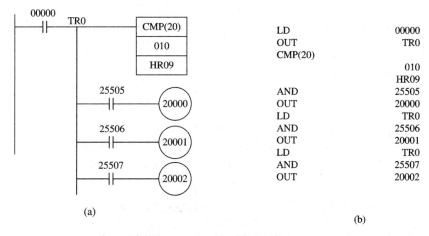

图 7-38 CMP 指令应用示例

(a) CMP 指令编程；(b) 指令表

2. 双字比较指令——CMPL

当双字比较指令 CMPL 执行条件为 ON 时，将 C1 + 1、C1 两个通道的内容与 C2 + 1、C2 两个通道的内容进行比较，比较结果放在 SR 区的相关标志位中。表 7-29 列出了指令格式、操作数区域、梯形图符号及执行指令对标志位的影响。

表 7-29 CMP 指令

指令名称	指令格式	操作数区域	梯形图符号	标志位情况
双字比较	CMPL(60) C1 C2 000	C1 是第一个双字的开始通道 C2 是第二个双字的开始通道 它们的范围是 IR、SR、HR、AR、LR、TC、DM 和 *DM	CMPL(60) C1 C2 000	(C1 + 1、C1) > (C2 + 1、C2) 时，GR(25505) 为 ON； (C1 + 1、C1) = (C2 + 1、C2) 时，EQ(25506) 为 ON； (C1 + 1、C1) < (C2 + 1、C2) 时，LE(25507) 为 ON； 间接寻址 DM 通道不存在时，ER(25503) 为 ON

双字比较指令 CMPL 的实际应用情况与单字比较指令相似。

3. 块比较指令——BCMP/@BCMP

块比较指令 BCMP/@BCMP 将 16 个范围值(上限和下限)以下限在前、上限在后的顺序存放在以 CB 开始的 32 个连续通道中，然后将数据 CD 与这 16 个范围值依次进行比较。若下限≤CD≤上限，则在结果通道 R 的相应位上置 1，否则清零。R 的 16 个位分别对应于16 个范围值，其第 0 位与 CB 所存放的一组范围值相对应。表 7-30 列出了指令格式、操作数区域、梯形图符号及执行指令对标志位的影响。

表 7-30　BCMP/@BCMP 指令

指令名称	指令格式	操作数区域	梯形图符号	标志位情况
块比较	BCMP(68) CD CB R @BCMP(68) CD CB R	CD 是比较数据，范围是 IR、SR、HR、AR、LR、TC、DM、*DM 和# CB 是数据块的起始通道，其范围是 IR、SR、HR、LR、TC、DM 和*DM R 是比较结果通道，其范围是 IR、SR、HR、AR、LR、TC、DM 和*DM	BCMP(68) CD CB R @BCMP(68) CD CB R	当比较块超出所在区的范围，或间接寻址 DM 通道不存在时，ER(25503)为 ON

图 7-39 是 BCMP 指令的应用示例。数据存储区 DM0010～DM0041 的 32 个通道保存16 对上下限。本例中需对比的数据为#0210。指令执行后，由于#0210 大于 DM0014 中的数据，小于 DM0015 中的数据，因此结果通道中 LR0502 被置 1。

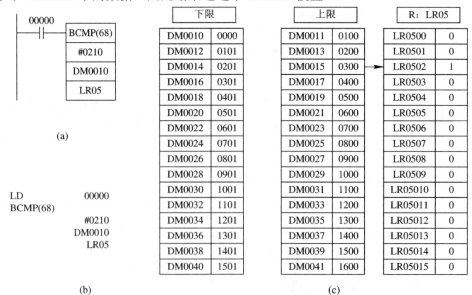

图 7-39　BCMP 指令应用示例

(a) 指令编程；(b) 指令表；(c) 指令执行情况

4. 表比较指令——TCMP/@TCMP

表比较指令 TCMP/@TCMP 与块比较指令 BCMP 相似。在执行条件为 ON 时，将数据 CD 与比较表中的数据进行比较。若 CD 与比较表中某个通道的数据相同，则与该通道对应的 R 通道的位为 ON。表 7-31 列出了指令格式、操作数区域、梯形图符号及执行指令对标志位的影响。

表 7-31　TCMP/@TCMP 指令

指令名称	指令格式	操作数区域	梯形图符号	标志位情况
表比较	TCMP(85) CD TB R @TCMP(85) CD TB R	CD 是比较数据，范围是 IR、SR、HR、AR、LR、TC、DM、*DM 和# TB 是数据块的起始通道，其范围是 IR、SR、HR、LR、TC、DM 和*DM R 是比较结果通道，其范围是 IR、SR、HR、AR、LR、TC、DM 和*DM	TCMP(85) CD TB R @TCMP(85) CD TB R	当比较块超出所在区的范围，或间接寻址 DM 通道不存在时，ER(25503)为 ON

表比较指令 TCMP 与块比较指令 BCMP 的区别在于：块比较指令是将数据与指定通道中的上下限值进行比较，当下限≤CD≤上限时，结果通道对应位置 1；而表比较指令则是将数据与指定通道中的数值比较，当 CD 等于对应数值时，结果通道对应位置 1。

7.4.8　数据转换指令

CPM1A 系列 PLC 有 6 条用于数据转换的指令，它包括二—十进制转换、译码、编码、ASCII 码转换等。

1. BCD 与二进制转换及二进制与 BCD 转换指令——BIN/@BIN 及 BCD/@BCD

BCD 与二进制数转换指令 BIN/@BIN 把源通道 S 中的 BCD 内容转换为数值对等的二进制数，并把该二进制数的结果输出到结果通道 R。因此，仅 R 的内容被改变，S 的内容保持不变。而二进制数与 BCD 转换指令 BCD/@BCD 则是 BCD 与二进制数转换指令的逆运算。表 7-32 列出了指令名称、指令格式、操作数区域、梯形图符号及执行指令对标志位的影响。

表 7-32　BIN/@BIN 和 BCD/@BCD 指令

指令名称	指令格式	操作数区域	梯形图符号	标志位情况
BCD 与 二进制数转换	BIN(23) S R @BIN(23) S R	S 是源通道，其范围是 IR、SR、HR、AR、LR、TC、DM 和*DM R 是结果通道，其范围是 IR、SR、HR、LR、DM 和*DM	BIN(23) S R @BIN(23) S R	(1) 当 S 的内容不是 BCD 码时，ER(25503) 为 ON； (2) 当间接寻址 DM 不存在时，ER(25503) 为 ON； (3) 当转换结果为 0000 时，EQ(25506)为 ON

指令名称	指令格式	操作数区域	梯形图符号	标志位情况
二进制数与BCD转换	BCD(24) S R @BCD(24) S R	S是源通道；R是结果通道，它们的范围是IR、SR、HR、AR、LR、DM和*DM	BCD(24) S R @BCD(24) S R	(1) 当转换后的BCD数大于9999时，ER(25503)为ON； (2) 当间接寻址DM不存在时，ER(25503)为ON； (3) 当转换结果为0000时，EQ(25506)为ON

图 7-40 是 BCD 与二进制数转换指令 BIN 的应用示例。示例中源通道 IR200 内的数据为 BCD 码#1024，转换后的二进制数送入结果通道 DM0010 中。图 7-40 (c)显示了源通道和结果通道中的数据。

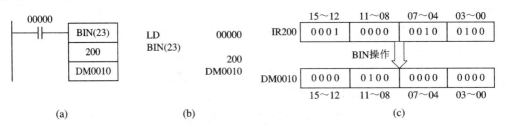

图 7-40　BCD 与二进制数转换指令 BIN 的应用示例

(a) 指令编程；(b) 指令表；(c) 指令执行情况

二进制数与 BCD 转换指令 BCD/@BCD 与此类似，它是 BCD 与二进制数转换指令 BIN 的逆运算，使用时应注意源通道 S 中的数据不得大于十六进制数 270F，否则转换后的 BCD 数将大于 9999。

2. 数字译码指令——MLPX/@MLPX

数字译码指令 MLPX/@MLPX 将源通道 S 中的若干个十六进制数进行译码，根据译码结果将结果通道的相应位置 1，其余位清零。将要译码的十六进制数的位数由 C 的 4～7 位指定，最多不超过 4 位；开始译码的位号由 R 的 0～3 位决定，后续位号依次加 1，超过 4 位时又从第一位开始。转换结果总是存在 R、R＋1、R＋2 和 R＋3 中。表 7-33 列出了指令格式、操作数区域、梯形图符号及执行指令对标志位的影响。

表 7-33　MLPX/@MLPX 指令

指令名称	指令格式	操作数区域	梯形图符号	标志位情况
数字译码	MLPX(76) S C R @MLPX(76) S C R	S是源通道，范围是IR、SR、HR、AR、LR、TC、DM和*DM R是结果开始通道，范围是IR、SR、HR、AR、LR、DM和*DM C是控制字，其范围是IR、SR、HR、AR、LR、TC、DM、*DM和#	MLPX(76) S C R @MLPX(76) S C R	有下列情况之一，ER(25503)为ON： (1) R+3 超出数据区范围； (2) 间接寻址DM不存在

· 160 ·

图 7-41(a)为 MLPX 指令控制字 C 的格式，图 7-41 (b)、7-41(c)和 7-41(d)为指令的应用示例。示例中控制字 C 为#0002，表示从第 2 位开始译码，共译 1 位。由于只译 1 位，因此结果通道也只需一个。被译码的第 2 位数据为十进制数 10，DM0010 的第 10 位变为 1，其余位为 0。

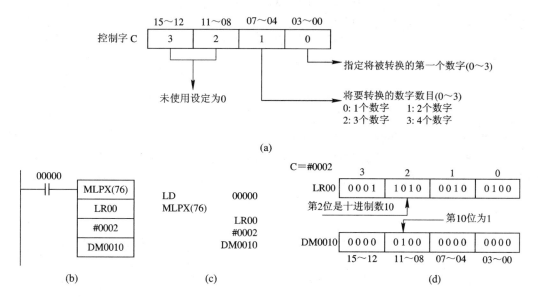

(a)

图 7-41　MLPX 指令控制字 C 的格式及指令的应用示例

(a) 控制字 C 的格式；(b) 指令编程；(c) 指令表；(d) 指令执行情况

图 7-42 所示为 MLPX 指令具有不同控制字时的执行情况。

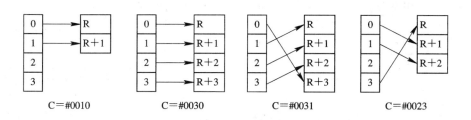

图 7-42　MLPX 指令具有不同控制字时的执行情况

3. 数字编码指令——DMPX/@DMPX

数字编码指令 DMPX/@DMPX 类似于数字译码指令的逆运算，它将 S 开始的若干个连续通道中的最高位"1"的位号编为一个十六进制数，结果存放于 R 的某一个十六进制位上。一次最多对四个通道进行编码，通道的个数由 C 的 4~7 位指定，结果存放在 R 中，存放的起始位号由 C 的 0~3 位指定。表 7-34 列出了指令格式、操作数区域、梯形图符号及执行指令对标志位的影响。

表 7-34 DMPX/@DMPX 指令

指令名称	指令格式	操作数区域	梯形图符号	标志位情况
数字编码	DMPX(77) S R C @DMPX(77) S R C	S 是源通道,范围是 IR、SR、HR、AR、LR、TC、DM 和*DM R 是结果开始通道,范围是 IR、SR、HR、AR、LR、DM 和*DM C 是控制字,范围是 IR、SR、HR、AR、LR、TC、DM、*DM 和#	DMPX(77) S R C @DMPX(77) S R C	下列情况之一,ER(25503)为 ON: (1) R+3 超出数据区范围; (2) 间接寻址 DM 不存在

图 7-43(a)为 DMPX 指令控制字 C 的格式,图 7-43 (b)、7-43(c)和 7-43(d)为指令的应用示例。示例中控制字 C 为#0002,表示结果通道 DM0010 从第 2 位开始接收编码结果,共编 1 个通道。被编码的通道 LR00 中为"1"的最高位是第 12 位,DM0010 中第 2 个数据保存编码结果,其余位为 0。

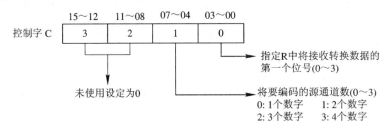

(a)

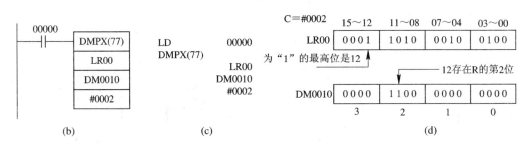

(b) (c) (d)

图 7-43 DMPX 指令控制字 C 格式及指令应用示例

(a) 控制字 C 格式; (b) 指令编程; (c) 指令表; (d) 指令执行情况

图 7-44 所示为 MLPX 指令具有不同控制字时的执行情况。

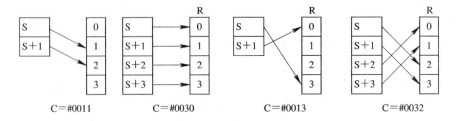

图 7-44 DMPX 指令具有不同控制字时的执行情况

4. 七段译码指令——SDEC/@SDEC

当执行条件为 ON 时，七段译码指令 SDEC/@SDEC 把源通道 S 中指定的数字转换成对应的 8 位 7 段显示码，并把它存入由 D 开始的目的字中。表 7-35 列出了指令格式、操作数区域、梯形图符号及执行指令对标志位的影响。

表 7-35 SDEC/@SDEC 指令

指令名称	指令格式	操作数区域	梯形图符号	标志位情况
七段译码	SDEC(78) S C R @SDEC(78) S C R	S 是源通道,范围是 IR、SR、HR、AR、LR、TC、DM 和*DM R 是结果开始通道,范围是 IR、SR、HR、AR、LR、DM 和*DM C 是控制字,范围是 IR、SR、HR、AR、LR、TC、DM、*DM 和#	SDEC(78) S C R @SDEC(78) S C R	下列情况之一, ER(25503) 为 ON: (1) 结果通道超出数据区; (2) 间接寻址 DM 不存在; (3) 控制字 C 出错

控制字 C 用于指定源通道中的哪一位或哪几位数字进行译码，控制字 C 的格式见图 7-45。

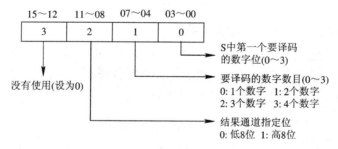

图 7-45 控制字 C 的格式

图 7-46 是 SDEC 指令操作示例。源通道中数据为 DE82H，控制字 C 为#0001，指定了将源通道的第 1 位数字"8"译为七段显示代码，并输出至结果通道 IR011 中的低 8 位中。当指令执行条件为 ON 时，指令执行结果如图 7-46(c)所示。

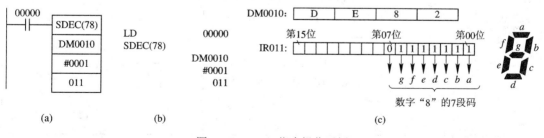

图 7-46 SDEC 指令操作示例

(a) 指令编程；(b) 指令表；(c) 指令执行情况

若要对源通道中的多位数字进行译码，则可将输出区扩展到 3 个通道，即 R、R+1 和 R+2。根据数字标志的指示分别将译码值顺序写入从 R 高 8 位或低 8 位开始的通道中，若第 1 个数字的译码写入 R 的低 8 位，则第 2 个数字的译码写入 R 的高 8 位，第 3 个数字的译码写入 R+1 的低 8 位，第 4 个数字的译码写入 R+1 的高 8 位；若第 1 个数字的译码写入 R 的高 8 位，则第 2 个数字的译码写入 R+1 的低 8 位，第 3 个数字的译码写入 R+1 的高 8 位，第 4 个数字写入 R+2 的低 8 位。

图 7-47 所示为 SDEC 指令的多位译码示意。源通道 S 中的数据为 8765H，控制字 C 为 #0032，表示从 S 中第 2 位数字开始译码，共译 4 位数字，译码顺序为 7→8→5→6。C 还指示从 R 的低 8 位开始存放译码值，R 中为 7F27H，R+1 中为 7D6DH。若把 C 改为 #0132，则表示从 S 中第 2 位数字开始译码，共译 4 位数字，但指示从 R 的高 8 位开始存放译码值，则 R 中为 2700H，R+1 中为 6D7FH，R+2 中为 007DH。

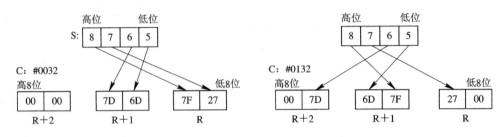

图 7-47　SDEC 指令的多位译码示意

5. ASCII 码转换指令——ASC/@ASC

当执行条件为 ON 时，ASC/@ASC 把源通道 S 指定的 4 位十六进制数转换成对应的 8 位 ASCII 码，并把它放入从 R 起始的结果通道的低 8 位或高 8 位。表 7-36 列出了指令格式、操作数区域、梯形图符号及执行指令对标志位的影响。

表 7-36　ASC/@ASC 指令

指令名称	指令格式	操作数区域	梯形图符号	标志位情况
ASCII 码转换	ASC(86) S C R @ASC(86) S C R	S 是源通道，范围是 IR、SR、HR、AR、LR、TC、DM 和 *DM C 是控制字，范围是 IR、SR、HR、AR、LR、TC、DM、*DM 和 # R 是结果开始通道，范围是 IR、SR、HR、AR、LR、DM 和 *DM	ASC(86) / S / C / R @ASC(86) / S / C / R	下列情况之一，ER(25503) 为 ON： (1) 结果通道超出数据区； (2) 间接寻址 DM 不存在时； (3) 控制字 C 出错

指令中 C 为控制字，用于指定对源通道 S 中的哪个数字进行转换以及转换结果在结果通道中的位置。图 7-48 是控制字格式。

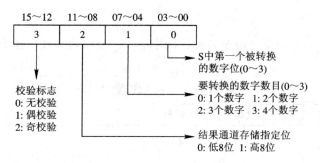

图 7-48　控制字 C 格式

在进行奇偶校验时，每个 ASCII 字符(2 个数字)的最左位能被自动调整。如果指定为无校验，则最左位将始终为 0。当指定为偶校验时，则最左位将被自动调整，使 ON 的总数为偶数。例如，当设定为偶校验时，ASCII "31"(00110001)将是 "B1"(10110001：校验标志位置 ON，以创造偶数个 ON 位)；ASCII "36"(00110110)将是 "36"(00110110：校验标志位置 OFF，因为 ON 位的数目已经是偶数了)。校验标志位的状态不影响 ASCII 码的意义。当指定为奇校验时，最左位将被自动调整，使 ON 位的总数目为奇数。

图 7-49 是 ASC 指令应用示例。示例中源通道 S 为 DM0010，其中数据为 1928H；结果通道为 IR200；控制字为#0000，表示对源通道 S 中第 0 位数字 "8" 进行转换，转换后的 ASCII 码放在 R 中的低 8 位，无校验。

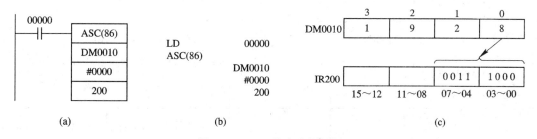

图 7-49　ASC 指令应用示例

(a) 指令编程；(b) 指令表；(c) 指令执行情况

当输入 00000 为 ON 时，DM0010 通道的第 0 位数字 "8" 被转换成 ASCII 代码(38)并输出至结果通道 IR200 的位置 0 处(即低 8 位)。因为奇偶校验标志为 0，所以 IR200 通道第 7 位输出 0。

ASC 进行多位数字编码时，输出区可扩展到 3 个通道。结束通道为 R+2，编码从控制字指定的 R 通道的低 8 位或高 8 位开始顺序写入后续通道。其工作情况与 SDEC 指令基本相同，这里不再赘述。

7.4.9　数据运算指令

CPM1A 系列 PLC 提供了多种数据运算指令，包括十进制和二进制数的加、减、乘、除运算及数据的逻辑运算等。由于进行加、减运算时进位位也参与运算，因此对进位位置 1 和置 0 的指令 STC 和 CLC 也在本节介绍。

1. 十进制运算指令

表 7-37 列出了十进制运算指令名称、指令格式、操作数区域、梯形图符号及执行指令对标志位的影响。

表 7-37　十进制运算指令

指令名称	指令格式	操作数区域	梯形图符号	指令功能及标志位情况
置进位位	STC(40) @STC(40)	无操作数	STC(40) @STC(40)	当执行条件为 ON 时，CY(25504)置 1
清进位位	CLC(41) @CLC(41)		CLC(41) @CLC(41)	当执行条件为 ON 时，CY(25504)置 0
BCD 递增（加 1）	INC(38) Ch @INC(38) Ch	Ch 是进行递增运算的通道号。其范围是 IR、SR、HR、AR、LR、DM 和*DM	INC(38) Ch @INC(38) Ch	当执行条件为 ON 时，每执行一次该指令，通道 Ch 中的数据(BCD)按十进制递增 1 对标志位的影响： (1) 执行结果不影响进位位 CY(25504)； (2) 通道内容为 0000 时，EQ(25506)为 ON；
BCD 递减（减 1）	DEC(39) Ch @DEC(39) Ch		DEC(39) Ch @DEC(39) Ch	(3) 当通道内容不是 BCD 数时，或间接寻址 DM 不存在时，ER(25503)为 ON
单字 BCD 加	ADD(30) Au Ad R @ADD(30) Au Ad R	Au 为被加数，Ad 为加数。它们的范围是 IR、SR、HR、AR、LR、TC、DM、*DM 和# R 是结果通道，其范围是 IR、SR、HR、AR、LR、DM 和*DM	ADD(30) Au Ad R @ADD(30) Au Ad R	当执行条件为 ON 时，将被加数、加数以及 CY 中的内容相加，把结果存在 R 中。若结果大于 9999，则 CY 位置 1 加法运算的过程为 $$\boxed{Au} + \boxed{Ad} + \boxed{CY} \longrightarrow \boxed{CY}\ \boxed{R}$$ 对标志位的影响： (1) 当 Au 和 Ad 的内容有非 BCD 数时，ER(25503)为 ON； (2) 当间接寻址 DM 不存在时，ER(25503)为 ON； (3) 当加运算结果超出 4 位 BCD 数时，CY(25504)为 ON； (4) 当和为 0000 时，EQ(25506)为 ON

指令名称	指令格式	操作数区域	梯形图符号	指令功能及标志位情况
单字 BCD 减	SUB(31) Mi Su R @SUB(31) Mi Su R	Mi 是被减数，Su 是减数。它们的范围是 IR、SR、HR、AR、LR、TC、DM、*DM 和# R 是结果通道，其范围是 IR、SR、HR、AR、LR、DM 和*DM	SUB(31) Mi Su R @SUB(31) Mi Su R	当执行条件为 ON 时，将被减数减去减数、再减去 CY 的内容，把结果存入 R 中。若被减数小于减数，则 CY 位置 1，此时 R 中的内容为结果的十进制补码。欲得到正确的结果，应先清 CY 位，再用 0 减去 R 及 CY 的内容，并将结果存在 R 中 减法运算的过程为 $\boxed{Mi} - \boxed{Su} - \boxed{CY} \rightarrow \boxed{CY}\ \boxed{R}$ 对标志位的影响： (1) 当 Mi 和 Su 的内容有非 BCD 数时，ER(25503)为 ON； (2) 当间接寻址 DM 不存在时，ER(25503)为 ON； (3) 当被减数小于减数时，CY(25504)为 ON； (4) 当差为 0000 时，EQ(25506)为 ON
双字 BCD 加	ADDL(54) Au Ad R @ADDL(54) Au Ad R	Au 为被加数开始通道，Ad 为加数开始通道。它们的范围是 IR、SR、HR、AR、LR、TC、DM 和*DM R 是结果开始通道，其范围是 IR、SR、HR、AR、LR、DM 和*DM	ADDL(54) Au Ad R @ADDL(54) Au Ad R	当执行条件为 ON 时，将被加数、加数以及 CY 中的内容相加，把结果存入从 R(存放低 4 位)开始的结果通道中。若结果大于 99 999 999 时，CY 位置为 1 双字加法运算的过程如下： $\boxed{Au+1}\ \boxed{Au}$ $\boxed{Ad+1}\ \boxed{Ad}$ $+\quad\boxed{CY}$ $\boxed{CY}\ \boxed{R+1}\ \boxed{R}$ 对标志位的影响： (1) 当被加数和加数有非 BCD 数时，ER(25503)为 ON； (2) 当间接寻址 DM 不存在时，ER(25503)为 ON； (3) 当加运算结果超出 8 位 BCD 数时，CY(25504)为 ON； (4) 当结果通道的内容均为 0000 时，EQ(25506)为 ON

指令名称	指令格式	操作数区域	梯形图符号	指令功能及标志位情况
双字 BCD 减	SUBL(55) Mi Su R @SUBL(55) Mi Su R	Mi 是被减数开始通道，Su 是减数开始通道。它们的范围是 IR、SR、HR、AR、LR、TC、DM 和*DM R是结果开始通道，其范围是 IR、SR、HR、AR、LR、DM 和*DM	SUBL(55) Mi Su R @SUBL(55) Mi Su R	当执行条件为ON时,用被减数减去减数,再减去 CY 的内容,结果存入从 R(存放低 4 位)开始的结果通道中。若被减数小于减数,则 CY 位置 1,此时结果通道中的内容为结果的十进制补码。要得到正确结果,需进行第二次减法运算,应先清 CY,再用 0 减去结果通道的内容,将结果存入 R+1 和 R 中 双字减法运算的过程如下: $$\begin{array}{\|c\|c\|} \hline Mi+1 & Mi \\ \hline Su+1 & Su \\ \hline \end{array}$$ $$- \boxed{CY}$$ $$\boxed{CY} \boxed{R+1} \boxed{R}$$ 对标志位的影响: (1) 当被减数和减数有非 BCD 数时,ER(25503)为 ON; (2) 当间接寻址 DM 不存在时,ER(25503)为 ON; (3) 当运算有借位时,CY(25504)为 ON; (4) 当结果通道的内容均为 0000 时,EQ(25506)为 ON
单字 BCD 乘	MUL(32) Md Mr R @MUL(32) Md Mr R	Md 是被乘数, Mr 是乘数。它们的范围是 IR、SR、HR、AR、LR、TC 、 DM 、 *DM 和# R是结果开始通道,其范围是 IR、SR、HR、AR、LR、DM 和*DM	MUL(32) Md Mr R @MUL(32) Md Mr R	当执行条件为 ON 时,将 Md 和 Mr 的内容相乘,结果存入从 R(存放低 4 位)开始的结果通道中 单字乘法运算的过程如下: $$\boxed{Md}$$ $$\times \boxed{Mr}$$ $$\boxed{R+1} \boxed{R}$$ 对标志位的影响: (1) 当被乘数和乘数有非 BCD 数时,25503 为 ON; (2) 当间接寻址 DM 不存在时, 25503 为 ON; (3) 当结果通道的内容均为 0000 时, 25506 为 ON

指令名称	指令格式	操作数区域	梯形图符号	指令功能及标志位情况
单字 BCD 除	DIV(33) Dd Dr R @DIV(33) Dd Dr R	Dd 是被除数，Dr 是除数。它们的范围是 IR、SR、HR、AR、LR、TC 、 DM 、 *DM 和# R 是结果开始通道，其范围是 IR、SR、HR、AR、LR、DM 和*DM	DIV(33) Dd Dr R @DIV(33) Dd Dr R	当执行条件为 ON 时，被除数除以除数，结果存入 R(存商)和 R+1(存余数)通道中 单字除法运算的过程如下： 余数 R+1 商 R Dr Dd 对标志位的影响： (1) 当被除数和除数有非 BCD 数时，ER(25503)为 ON； (2) 当间接寻址 DM 不存在时，ER(25503)为 ON； (3) 当除数是 0 时，ER(25503)为 ON； (4) 当结果通道的内容均为 0000 时，EQ(25506)为 ON
双字 BCD 乘	MULL(56) Md Mr R @MULL(56) Md Mr R	Md 是被乘数的开始通道，Mr 是乘数的开始通道。它们的范围是 IR、SR、HR、AR、LR、TC、DM 和 *DM R 是结果的开始通道，其范围是 IR、SR、HR、AR、LR、DM 和 *DM	MULL(56) Md Mr R @MULL(56) Md Mr R	当执行条件为 ON 时，两个百位的 BCD 数相乘，结果存入从 R(存放低 4 位)开始的结果通道中 双字乘法运算的过程如下： Md+1 Md × Mr+1 Mdr R+3 R+2 R+1 R 对标志位的影响： (1) 当被乘数和乘数有非 BCD 数时，ER(25503)为 ON； (2) 当间接寻址 DM 不存在时，ER(25503)为 ON； (3) 当结果通道的内容均为 0000 时，EQ(25506)为 ON

指令名称	指令格式	操作数区域	梯形图符号	指令功能及标志位情况
双字 BCD 除	DIVL(57) Dd Dr R @DIVL(57) Dd Dr R	Dd 是被除数的开始通道，Dr 是除数的开始通道。它们的范围是 IR、SR、HR、AR、LR、TC、DM 和 *DM R 是结果的开始通道，其范围是 IR、SR、HR、AR、LR、DM 和 *DM	DIV(57) Dd Dr R @DIV(57) Dd Dr R	当执行条件为 ON 时，两个 8 位的 BCD 数相除，商存入 R(低 4 位)和 R+1(高 1 位)中，余数存入 R+2(低 4 位)和 R+3(高 4 位)中 双字除法运算的过程如下： 对标志位的影响： (1) 当被除数和除数有非 BCD 数时，ER(25503)为 ON； (2) 当间接寻址 DM 不存在时，ER(25503)为 ON； (3) 当除数是 0 时，ER(25503)为 ON； (4) 当结果通道的内容均为 0000 时，EQ(25506)为 ON

1) 十进制加法运算指令——ADD/@ADD 和 ADDL/@ADDL

图 7-50 是十进制加法运算指令 ADD/@ADD 和 ADDL/@ADDL 的应用示例。当 00001 为 ON 时，执行单字 BCD 加。首先将进位位清零，然后执行@ADD 指令，将 IR200 通道内的数据与#6103 相加，结果送入 DM0100。如果有进位位，则将#0001 送入 DM0101；如果无进位位，则将#0000 送入 DM0101。当 00002 为 ON 时，执行双字 BCD 加。在执行清零操作后，在@ADDL 指令中，将双字 HR02(#9876)HR01(#5432)与 LR02(#1234)LR01(#5678)相加。图 7-50(c)为双字 BCD 加指令的执行情况。

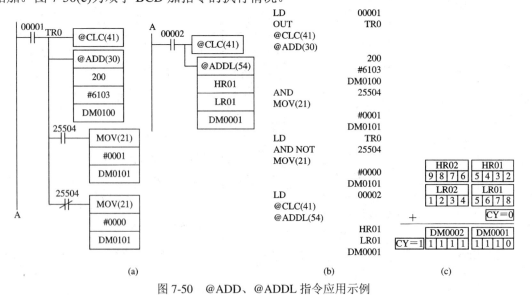

(a)　　　　　　　　　　　　(b)　　　　　　　　(c)

图 7-50 @ADD、@ADDL 指令应用示例

(a) 指令编程；(b) 指令表；(c) @ADDL 指令执行情况

2) 十进制减法运算指令——SUB/@SUB 和 SUBL/@SUBL

在执行十进制减法运算指令之前要清进位位标志 CY，指令执行完后应检查进位位标志 CY。如果减法的结果使 CY 置 ON，则输出的数据是正确答案的十进制补码。要将输出的数据转换为正确值，需先清 CY，再用 0 减去结果通道中的数值。

图 7-51 所示是@SUB 指令的应用示例。IR200 中保存被减数，DM0100 中保存减数，结果存储在 IR201 中。当继电器 20001 为 ON 时，表示结果为负数。

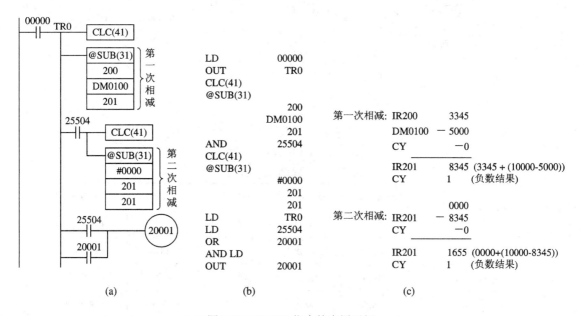

图 7-51　@SUB 指令的应用示例

(a) 指令编程；(b) 指令表；(c) 负数计算过程

双字 BCD 减法指令执行过程与单字 BCD 减法指令相似，此处不再赘述。

3) 十进制递增、乘法和除法运算指令——INC/@INC、MUL/@MUL 和 DIV/@DIV

当两个最大的单字 BCD 数相乘，即 9999×9999=99 980 001 时，运算结果不发生进位；同样，当两个最大的双字 BCD 数相乘时，结果也不发生进位。所以乘、除运算都不涉及进位位 CY。

图 7-52 中使用了递增指令@INC、乘法运算指令@MUL 和除法运算指令@DIV。当程序运行时，先令 0000 置 ON 一次，将 DM0000～DM0004 清零，为进行各种运算作好准备。

每当 00001 为 ON 时，执行@INC 指令，将 DM0000 中当前的内容加 1；执行 CMP 指令，将 DM0000 中的内容与#0004 比较，若 DM0000 的内容比#0004 大，则将 21000 置为 ON；执行@MUL 指令，将 DM0000 中的内容与#0004 相乘，结果存入 DM0001 和 DM0002 中；执行@DIV 指令，将 DM0001 和 DM0002 中的内容与#0002 相除，商存入 DM0003 中，余数存入 DM0004 中。00001 共 4 次为 ON，DM0000～DM0004 的内容见表 7-38。从 00001 第 5 次 ON 开始，后面将重复上面的过程。

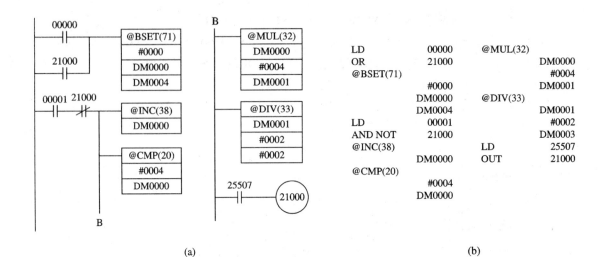

图 7-52 @INC、@MUL 和@DIV 的应用示例

(a) 指令编程；(b) 指令表

表 7-38   程序执行结果

0001 ON 的次数	DM0000	DM0001	DM0002	DM0003	DM0004
第 1 次	0001	0004	0000	0002	0000
第 2 次	0002	0008	0000	0004	0000
第 3 次	0003	0012	0000	0006	0000
第 4 次	0004	0016	0000	0008	0000

2. 二进制运算指令

CPM1A 系列 PLC 的二进制运算指令共有 4 条，均为单字运算指令。表 7-39 列出了二进制运算指令名称、指令格式、操作数区域、梯形图符号及执行指令对标志位的影响。

表 7-39   二进制运算指令

指令名称	指令格式	操作数区域	梯形图符号	指令功能及标志位情况
二进制加	ADB(50) Au Ad R @ADB(50) Au Ad R	Au 为被加数，Ad 为加数。它们的范围是 IR、SR、HR、AR、LR、TC、DM、*DM 和# R 是结果通道，其范围是 IR、SR、HR、AR、LR、TC、DM 和*DM	ADB(50) Au Ad R @ADB(50) Au Ad R	当执行条件为 ON 时，将被加数、加数以及 CY 相加，把结果存在 R 中。若结果大于 FFFF，则将 CY 置位为 1 对标志位的影响： (1) 当间接寻址 DM 不存在时，ER(25503)为 ON； (2) 当加运算结果超出 FFFF 时，CY(25504)为 ON； (3) 当和为 0000 时，EQ(25506)为 ON

指令名称	指令格式	操作数区域	梯形图符号	指令功能及标志位情况
二进制减	SBB(51) Mi Su R @SBB(51) Mi Su R	Mi 是被减数，Su 是减数。它们的范围是 IR、SR、HR、AR、LR、TC、DM、*DM 和# R 是结果通道，其范围是 IR、SR、HR、AR、LR、DM 和*DM	SBB(51) Mi Su R @SBB(51) Mi Su R	当执行条件为 ON 时，将被减数减去减数，再减去 CY 的内容，结果存入 R 中。若被减数小于减数，则 CY 位置 1，此时 R 中的内容为结果的二进制补码，要清 CY 后再用 0 减去 R 及 CY 的内容，结果存入 R 中 对标志位的影响： (1) 间接寻址 DM 不存在时，ER(25503)为 ON； (2) 有借位时，CY(25504)为 ON； (3) 差为 0000 时，EQ(25506)为 ON
二进制乘	MLB(52) Md Mr R @MLB(52) Md Mr R	Md 是被乘数，Mr 是乘数。它们的范围是 IR、SR、HR、AR、LR、TC、DM、*DM 和# R 是结果开始通道，其范围是 IR、SR、HR、AR、LR、DM 和*DM	MLB(52) Md Mr R @MLB(52) Md Mr R	当执行条件为 ON 时，将 Md 和 Mr 的内容相乘，结果存入从 R(低 4 位)开始的结果通道中 对标志位的影响： (1) 当间接寻址 DM 不存在时，ER(25503)为 ON； (2) 当结果通道的内容均为 0000 时，EQ(25506)为 ON
二进制除	DVB(53) Dd Dr R @DVB(53) Dd Dr R	Dd 是被除数，Dr 是除数。它们的范围是 IR、SR、HR、AR、LR、TC、DM、*DM 和# R 是结果开始通道，其范围是 IR、SR、HR、AR、LR、DM 和*DM	DVB(53) Dd Dr R @DVB(53) Dd Dr R	当执行条件为 ON 时，两个二进制数相除，结果存入 R(存商)和 R+1(存余数)通道中 对标志位的影响： (1) 当间接寻址 DM 不存在，或除数为 0 时，ER(25503)为 ON； (2) 当结果通道的内容为 0000 时，EQ(25506)为 ON

　　图 7-53 所示是二进制加法@ADB 的应用示例。当 00000 为 ON 时，首先清除进位位以便执行加法。图 7-53(c)所示是执行指令时被加数、加数及结果通道内的数据情况。

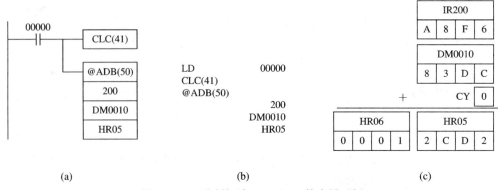

图 7-53 二进制加法@ADB(50)的应用示例

(a) 指令编程；(b) 指令表；(c) 指令执行情况

图 7-54 所示是二进制减法@SBB 的应用示例。当 00001 为 ON 时，首先清除进位位以便执行减法。图 7-54(c)所示是执行指令时被减数、减数及结果通道内的数据情况。若本例中差为正数，则指令执行后 CY 为 OFF；若减法执行结果为负数，则 CY 为 ON，此时结果通道 R 中的内容为结果的二进制补码。同 BCD 减法相同，应清 CY 后再用 0 减去结果通道 R 及 CY 的内容，将最终正确结果存入 R 中。

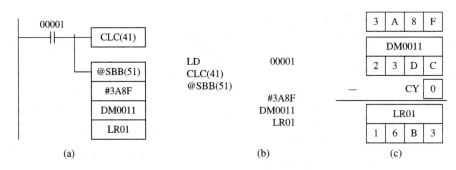

图 7-54 二进制减法@SBB 的应用示例

(a) 指令编程；(b) 指令表；(c) 指令执行情况

7.4.10 逻辑运算指令

CPM1A 系列 PLC 所提供的逻辑运算指令除了在梯形图指令中介绍的位逻辑运算指令外，还提供了用于指定通道的字逻辑运算指令。表 7-40 列出了字逻辑运算的指令名称、指令格式、操作数范围、梯形图符号、指令功能及对标志位的影响。

表 7-40 字逻辑运算指令

指令名称	指令格式	操作数范围	梯形图符号	指令功能及对标志位的影响
字逻辑非	COM(29) Ch @COM(29) Ch	Ch 为被求非的通道号，其范围是 IR、SR、HR、AR、LR、DM 和 *DM	COM(29) Ch @COM(29) Ch	当执行条件为 ON 时，将通道中的数据按位求反，并存放在原通道中 对标志位的影响： (1) 当间接寻址 DM 不存在时，ER(25503)为 ON； (2) 当结果为 0000 时，EQ(25506)为 ON

指令名称	指令格式	操作数范围	梯形图符号	指令功能及对标志位的影响
字逻辑与	ANDW(34) I1 I2 R @ANDW(34) I1 I2 R		ANDW(34) I1 I2 R @ANDW(34) I1 I2 R	当执行条件为 ON 时，将输入数据 I1 和输入数据 I2 按位进行逻辑与运算，并把结果存入通道 R 中 对标志位的影响同上
字逻辑或	ORW(35) I1 I2 R @ORW(35) I1 I2 R	I1 是输入数据 1，I2 是输入数据 2。它们的范围是 IR、SR、HR、AR、LR、TC、DM、*DM 和# R 是结果通道，其范围是 IR、SR、HR、AR、LR、DM 和*DM	ORW(35) I1 I2 R @ORW(35) I1 I2 R	当执行条件为 ON 时，将输入数据 I1 和输入数据 I2 按位进行逻辑或运算，并把结果存入通道 R 中 对标志位的影响同上
字逻辑异或	XORW(36) I1 I2 R @XORW(36) I1 I2 R		XORW(36) I1 I2 R @XORW(36) I1 I2 R	当执行条件为 ON 时，将输入数据 I1 和输入数据 I2 按位进行逻辑异或运算，并把结果存入通道 R 中 对标志位的影响同上
字逻辑同或	XNRW(37) I1 I2 R @XNRW(37) I1 I2 R		XNRW(37) I1 I2 R @XNRW(37) I1 I2 R	当执行条件为 ON 时，将输入数据 I1 和输入数据 I2 按位进行逻辑同或运算，并把结果存入通道 R 中 对标志位的影响同上

图 7-55 是字逻辑运算指令的应用示例。当例中 0000 为 ON 时，@BSET 指令将 DM0000～DM0002 的内容清为 0，以便其他指令作为结果通道使用。当 00001 为 ON 时，分别执行字逻辑非、字逻辑与、字逻辑或和字逻辑异或运算，运算结果分别放在 DM0000～DM0002 通道中。指令执行情况如图 7-55(b) 所示。

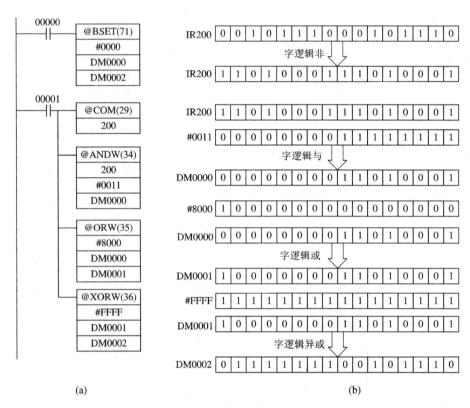

(a)　　　　　　　　　　　　　　　　(b)

图 7-55　字逻辑运算指令应用示例

(a) 指令编程；(b) 指令执行情况

7.4.11　子程序指令

编制的程序可分为主程序和子程序。对于一些控制中重复使用的指令组，可以将它们单独提出来构成子程序。在需要使用时，控制主程序调用子程序，子程序执行结束后再返回到主程序原调用点下一位置处继续执行，这样可极大地简化编程，优化程序结构，缩短程序扫描时间。

对于编制的所有子程序，必须将其放在主程序之后和 END 指令之前。若子程序之后安排了主程序，则该段主程序无法执行，在编写程序时一定要注意这一点。PLC 中的子程序是通过子程序定义指令和子程序返回指令来说明的。

1. 子程序调用和子程序定义/子程序返回指令——SBS/@SBS 和 SBN/RET

表 7-41 列出了子程序调用、子程序定义/子程序返回指令的格式、操作数区域、梯形图符号及指令对标志位的影响。

表 7-41 子程序调用、子程序定义/子程序返回指令

指令名称	指令格式	操作数区域	梯形图符号	对标志位的影响
子程序调用	SBS(91) N @SBS(91)N	N 是子程序编号，其范围是 000～049	—[SBS(91) N] —[@SBS(91) N]	有下列情况之一，ER(25503)为 ON： (1) 被调用的子程序不存在； (2) 子程序自调用； (3) 子程序嵌套超过 16 级
子程序定义/ 子程序返回	SBN(92) N RET(93)		—[SBS(92) N] —[RET(93)]	无

　　SBS是子程序调用指令，SBN和RET是子程序定义和子程序返回指令。所编写的子程序应该在指令SBN和RET之间。程序中，在需要调用子程序的地方安排SBS指令，它可以放在主程序中，也可以放在子程序中。也就是说，子程序可以嵌套。假设存在两层嵌套，则当第二层子程序完成后(执行到RET)，程序执行返回到第一层子程序，即返回主程序前要完成的子程序。子程序嵌套最多可以到16级，但子程序不能调用自身。

　　当使用非微分指令 SBS 时，只要它的执行条件满足，则每个扫描周期都调用一次子程序；当使用微分指令@SBS 时，只在执行条件由 OFF 变 ON 时调用子程序。

　　图 7-56 所示是子程序调用的示意图。图 7-56(a)所示为子程序调用结构示意图；图 7-56(b)所示为指令编程示例。当 00000 为 ON 时，调用子程序 001；当 00001 为 ON 时，调用子程序 002。图 7-56 (c)所示为程序指令表。

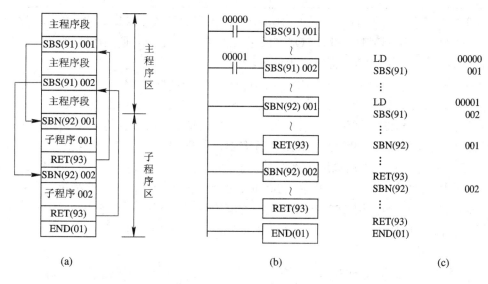

图 7-56 子程序调用示意图

(a) 子程序调用结构图；(b) 指令编程；(c) 指令表

　　图 7-57 所示为子程序嵌套结构示意图。在子程序 010 中嵌套了子程序 011，子程序 011中又嵌套了子程序 012，图中显示了程序的执行过程。

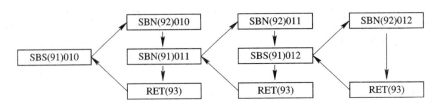

图 7-57　子程序嵌套结构示意图

2. 宏指令

宏指令也是调用子程序的指令，但与前述子程序调用有所不同。宏指令的子程序的操作数只是形式上的操作数，在调用子程序时才赋予它们确定的数据。表 7-42 列出了宏指令的指令名称、指令格式、操作数范围、梯形图符号及指令对标志位的影响。

表 7-42　宏　指　令

指令名称	指令格式	操作数范围	梯形图符号	对标志位的影响
宏指令	MCRO(99) N I1 O1 @MCRO(99) N I1 O1	N 是子程序编号，其范围为 000～049 I1 是第一个输入字，其范围是 IR、SR、HR、AR、LR、TC、DM 和*DM O1 是第一个输出字，其范围是 IR、SR、HR、AR、LR、DM 和*DM	MCRO(99) N I1 O1 @MCRO(99) N I1 O1	有下列情况之一，ER(25503)为 ON： (1) 被调用的子程序不存在； (2) 子程序自调用； (3) 操作数超出数据区； (4) 间接寻址 DM 不存在

MCRO 指令的操作数 I1 是子程序中第一个输入字的参数，操作数 O1 是子程序中第一个输出字参数。每次调用时，I1 和 O1 的数据可以不同。由于宏调用的子程序中输入/输出的数据可以变换，因此提高了程序应用的灵活性。

执行宏指令时，可用一个具有相同结构但操作数不同的子程序代替宏指令操作，而这个子程序则以 SR232～SR239 通道内的节点编制，输入数据利用 SR232～SR235 通道，输出数据利用 SR236～SR239 通道。在程序运行时，当宏指令执行条件为 ON 时，将输入数据 I1～I1+3 的内容复制到 SR232～SR235 通道中，将输出数据 O1～O1+3 的内容复制到 SR236～SR239 通道中，然后调用子程序 N。子程序执行完毕后，再将 SR236～SR239 通道中的内容传送到 O1～O1+3 中，并返回到 MCRO 指令的下一条语句，继续执行主程序。

宏调用的子程序也是用 SBN/RET 来定义的。与上述子程序的安排相同，子程序必须放在主程序之后和 END 指令之前。在执行 MCRO 指令时，通道 SR232～SR239 被系统占用，用户不得再使用这几个通道。

图 7-58 是使用宏指令的例子。图 7-58 (a)的梯形图中有两次宏调用，被调用的子程序号是 020。执行两次宏调用与执行图 7-58 (b)程序的功能完全相同。

在图 7-58 中，当 HR1100 由 OFF 变为 ON 时执行一次宏调用。第一个输入字是 IR200，第一个输出字是 HR00。当 HR1101 由 OFF 变为 ON 时又执行一次宏调用。第一个输入字是 IR000，第一个输出字是 HR01。总之，每次宏调用时，子程序的结构不变，只是输入/输出的参数在变化。

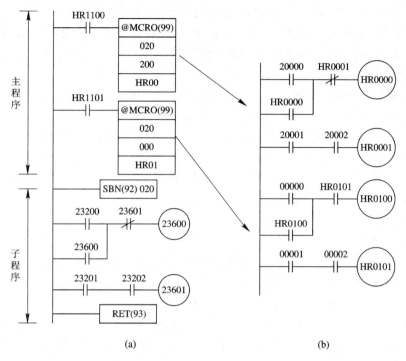

(a)　　　　　　　　　　　　　　(b)

图 7-58　宏指令使用示例

(a) 使用宏指令；(b) 与宏指令功能相同的梯形图

7.4.12　高速计数器

在利用 PLC 进行控制的工作中,经常需要对高频脉冲信号进行计数。而普通计数器 CNT 的计数脉冲频率受扫描周期及输入滤波器时间常数的限制,不能对高频脉冲信号进行计数。所以在小型 PLC(例如 CPM1A)系列中,专门设置了高频脉冲信号的输入方式,利用输入通道中的特定节点,配合相关的指令及必要的设定即可处理高频脉冲信号的计数问题。

1. 高速计数器的计数模式

高速计数器有递增计数和增/减计数两种计数方式,这两种计数方式与常见的旋转编码器的输出信号波形相适应。图 7-59 所示为常见旋转编码器输出的单相脉冲波形及两相脉冲波形。

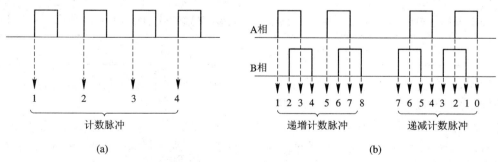

(a)　　　　　　　　　　　　　　(b)

图 7-59　旋转编码器输出的信号波形

(a) 单相脉冲；(b) 两相脉冲

1) 递增计数

递增计数时，外部提供的被计数的高频脉冲信号由 PLC 的 00000 点输入。在输入计数脉冲信号的前沿，高速计数器的当前值加 1。递增计数的最高计数频率是 5 kHz，递增计数的计数范围是 0～65 535(0000 0000H～0000 FFFFH)。

2) 增/减计数

增/减计数可对 A、B 两相输入计数脉冲进行计数。使用输入通道的 00000、00001 和 00002 节点，A 相脉冲接在 PLC 的 00000 输入点，B 相脉冲接在 00001 输入点，复位信号 Z 接在 00002 输入点。计数器根据输入脉冲的不同相位，可进行递增计数或递减计数。

● 递增计数：当 A 相超前 B 相 90° 时，在 A、B 相脉冲的前沿，计数器的当前值加 1。

● 递减计数：当 B 相超前 A 相 90° 时，在 A、B 相脉冲的前沿，计数器的当前值减 1。

增/减计数的最高计数频率是 2.5 kHz，计数范围是 –32 767～+32 767(F000 7FFFH～0000 7FFFH，第一位的 F 表示负数)。

3) 高速计数器复位

特殊辅助继电器 25200 是高速计数器复位的标志位，高速计数器根据 25200 的状态及系统事先的设定进行复位。当高速计数器复位时，其当前值 PV=0。

CPM1A 系列 PLC 的高速计数器有两种复位方式：

(1) 硬件复位 Z 信号+软件复位。这种复位分两种情况：其一，若高速计数器的复位标志位 25200 先为 ON，则在复位 Z 信号为 ON 的前沿时刻，高速计数器复位；其二，若复位 Z 信号先为 ON，则在 25200 为 ON 后一个扫描周期，高速计数器复位。

(2) 软件复位。当 25200 为 ON 时，一个扫描周期后高速计数器复位。另外，当 PLC 断电再上电时，高速计数器自动复位。

2. 高速计数器的设定及计数值的存放

使用高速计数器必须首先进行设定，不经过设定的高速计数器是不工作的。CPM1A 系列 PLC 的设定值放在 DM6642 中(可用编程器写入设定值)。DM6642 的内容和含义如表 7-43 所示。

表 7-43 高速计数器的设定

通道号	位号	各位数字含义
DM6642	00～03	高速计数器的计数模式设定(4：递增计数；0：增/减计数)
	04～07	高速计数器的复位方式设定(0：Z 信号+软件复位；1：软件复位)
	08～15	高速计数器使用/不使用设定(00：不使用；01：使用)

CPM1A 系列 PLC 高速计数器的当前计数值放在 SR248 和 SR249 中。SR248 存放当前值的低 4 位，SR249 存放当前值的高 4 位。

当高速计数器计数时，若计数超过计数区间的上限，则发生上溢，其当前值为 0FFF FFFFH；若计数小于计数区间的下限，则会产生下溢，其当前值为 FFFF FFFFH。发生溢出时计数器停止计数。重新复位高速计数器时，将清除溢出状态。

3. 高速计数器的中断功能

高速计数器可以和输入中断结合,进行不受 PC 循环周期影响的目标值比较控制或区间比较控制。

1) 目标值比较中断

在采取目标值比较中断时,要建立一个目标值比较表,如图 7-60(a)所示。目标值比较表占用一个区域的若干个通道,其中首通道存放目标值的个数(BCD 数)。比较表中最多放 16 个目标值,每个目标值占 2 个通道(各存放目标值的低 4 位和高 4 位)。每个目标值对应一个中断子程序号,存放 16 个子程序号需 16 个通道,所以目标值比较表最多占用 48 个通道。目标值比较表中的数据可用编程器预先写入。

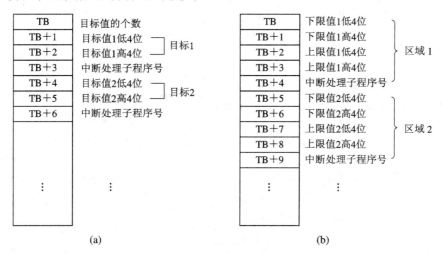

图 7-60 两种比较表结构

(a) 目标值比较表; (b) 区域比较表

目标值比较中断的执行过程是:在高速计数器计数过程中,若当前值与比较表中某个目标值相同,则停止执行主程序而转去执行与该目标值对应的子程序。子程序执行完毕,返回到断点处继续执行主程序。

2) 区域比较中断

在采取区域比较中断时,要建立一个区域比较表,如图 7-60(b)所示。区域比较表分为 8 个区域,每个区域占 5 个通道,其中两个通道用来存放下限值的低 4 位和高 4 位,两个通道用来存放上限值的低 4 位和高 4 位,一个通道存放与该区域对应的中断子程序号。8 个区域要占 40 个通道。当实际使用的比较区域不满 8 个时,要把其余区域存放上、下限值的通道都置为 0,将存放子程序号的通道都置为 FFFFH。区域比较表中的数据可用编程器预先写入。

区域比较中断的执行过程是:在高速计数器计数过程中,若当前值落在区域比较表中某个区域,即下限值≤高速计数器 PV 值≤上限值,则停止执行主程序而转去执行与该区域对应的中断处理子程序。子程序执行完毕,返回到断点处继续执行主程序。

执行区域比较中断时,比较结果存放在辅助记忆继电器 AR1100～AR1107 中。例如,当高速计数器的当前值落在区域比较表的区域 1 中时,AR1100 置为 ON;当高速计数器的当前值落在比较表的区域 2 中时,AR1101 置为 ON,以此类推。

4. 高速计数器控制指令

高速计数器的中断功能必须利用控制指令进行各种相关设置。表 7-44 列出了高速计数器控制指令的名称、指令格式、操作数区域、梯形图符号、指令的功能及执行指令对标志位的影响。

表 7-44　高速计数器控制指令

指令名称	指令格式	操作数区域	梯形图符号	指令功能及对标志位的影响
注册 比较表	CTBL(63) P C TB @CTBL(63) P C TB	P 是端口定义，固定为000 C 是控制数据，其含义如下： 000：登录一个目标值比较表，并启动比较； 001：登录一个区域比较表，并启动比较； 002：登录一个目标值比较表，用 INI 启动比较 003：登录一个区域比较表，用 INI 启动比较 TB 是比较表开始通道，其范围是 IR、SR、HR、AR、LR、DM 和*DM	┤├ CTBL(63) P C TB ┤├ @CTBL(63) P C TB	当执行条件为 ON 时，根据 C 的内容登录一个目标值比较表或区域比较表，以决定启动比较的方式 下列情况之一，ER(25503) 为 ON： (1) 高速计数器的设置有错误； (2) 间接寻址 DM 通道不存在； (3) 比较表超出数据区或比较表的设置有错误； (4) 当主程序执行脉冲 I/O，或高速计数器指令时，中断子程序中执行了 INI 指令
模式控制	INI(61) P C P1 @INI(61) P C P1	P 是端口定义，固定为000 P1 是设定值开始通道，其范围是 IR、SR、HR、AR、LR、DM 和*DM C 是控制数据，其含义如下： 000：启动 CTBL 比较表；001：停止 CTBL 比较表(取这两个值时，P1固定为 000) 002：改变高速计数器的当前值，将 P1+1(高 4位)、P1(低 4 位)的内容传送到 IR248、IR249 中，作为高速计数器新的当前值； 003：停止脉冲输出(此时 P1 固定为 000)	┤├ INI(61) P C P1 ┤├ @INI(61) P C P1	当执行条件为 ON 时，根据 C 的内容作如下操作： 启动或停止比较表的比较；更新高速计数器的当前值；停止由 01000 和 01001 的脉冲输出(关于脉冲输出请看 7.4.13 节) 有下列情况之一，ER(25503) 为 ON： (1) 操作数设置错误； (2) 间接寻址 DM 通道不存在； (3) C=002 时，P1+1 超出取值区； (4) 当主程序执行脉冲 I/O 或高速计数器指令时，中断子程序中执行了 INI 指令

指令名称	指令格式	操作数区域	梯形图符号	指令功能及对标志位的影响
当前值读出	PRV(62) P C D @PRV(62) P C D	P 是端口定义,固定为 000 C 是控制数据,固定为 000 D 是目的开始通道,其范围是 IR、SR、HR、AR、LR、DM 和*DM	PRV(62) P C D @PRV(62) P C D	当执行条件为 ON 时,将高速计数器的当前值读出并传送到目的通道D(放低4位)和D+1(放高4位)中 有下列情况之一,ER(25503)为 ON: (1) 操作数设置错误; (2) 间接寻址 DM 通道不存在; (3) D+1 超出取值区; (4) 当主程序执行脉冲 I/O 或高速计数器指令时,中断子程序中执行了 INI 指令

在高速计数器的中断功能中,利用控制指令进行各种相关设置及计数的过程如图 7-61 所示。

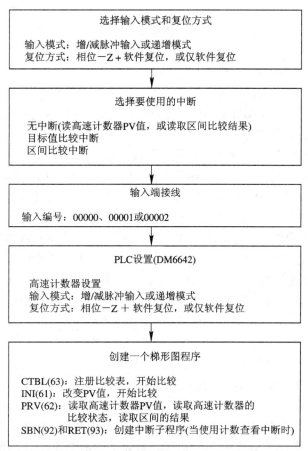

图 7-61　利用控制指令进行各种相关设置及计数的过程

图 7-62 是采用高速计数器目标值比较中断的示例。其中，图 7-62(b)是目标值比较表的内容。

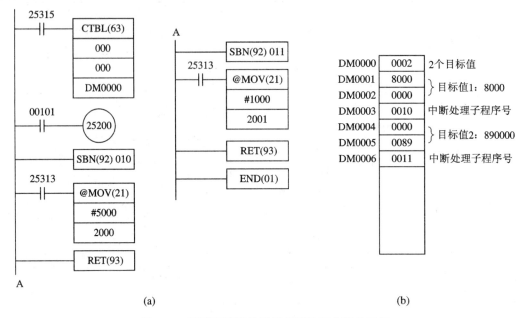

图 7-62　采用高速计数器目标值比较中断的示例

(a) 示例程序；(b) 目标值比较表

编写高速计数器中断处理子程序时，也要把子程序放在主程序之后和 END 之前。程序运行前要向 DM6642 中写入设定值，以确定高速计数器的计数方式、复位方式以及是否使用高速计数器等。本例中，DM6642 的内容为 0104，表示使用高速计数器和递增计数方式，复位方式采用 Z 信号+软件复位。

图 7-62(a)中，CTBL 指令的操作数 P 固定为 000，C 为 000 表示登录一个目标值比较表并开始进行比较，DM0000 是比较表的开始通道。图 7-62(b)的目标值比较表中设定了两个目标值。

本例中，若高速计数器的当前值等于目标值 1，则中断主程序执行 010 号中断子程序，把#5000 传送到 IR200 中，子程序执行完毕返回断点处继续执行主程序；若高速计数器的当前值等于目标值 2，则中断主程序而执行 011 号中断子程序，将#1000 传送到 IR201 中，子程序执行完毕返回断点处继续执行主程序；若 00101 为 ON 且有 Z 信号时，高速计数器复位。

图 7-63 所示是高速计数器区域比较中断的例子。其中，图 7-63(b)是区域比较表的内容。

程序运行前要设置 DM6642 的内容。本例 DM6642 的内容为 0100，表示使用高速计数器、增/减计数方式，复位方式采用 Z 信号+软件复位。

该例中，CTBL 指令的操作数 P 固定为 000，C 为 003，表示登录一个区域比较表，并用 INI 指令启动比较。DM0000 是区域比较表的开始通道。

例中用了两个 INI 指令，其中的非微分 INI 指令由于控制数据 C 设定为 002，同时它的执行条件是特殊辅助继电器 25315(25315 仅在 PLC 上电后的第一个扫描周期内为 ON)，因此，执行的操作是在 PLC 上电的第一个扫描周期中，将 HR00 和 HR01 两个通道的内容(PLC 断电前瞬时的高速计数器当前值)传送到高速计数器的当前值寄存器 248、249 中，作为高速计数器的新当前值。这样做的目的是使 PLC 上电前后高速计数器的当前值连续，这种作法在控制中有一定的实际意义。微分 INI 指令用来启动比较。在 00005 由 OFF 变为 ON 时执行一次 INI 指令，使高速计数器的当前值开始与 CTBL 指令所登录的区域比较表进行比较，即 CTBL 指令所登录的区域比较表在 00005 为 ON 时才开始启动比较。

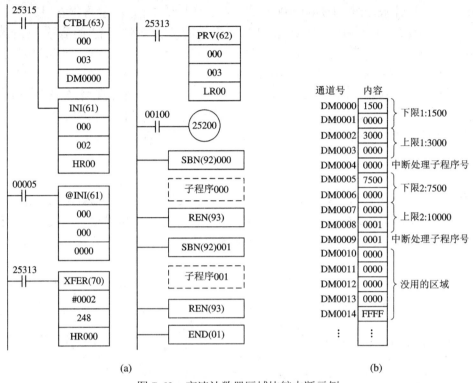

图 7-63　高速计数器区域比较中断示例

(a) 示例程序；(b) 区域比较表

图 7-63 (b) 的区域比较表设在 DM0000～DM0039 这 40 个通道中，表中只设定了两个比较区域，其余 6 个区域中存放上、下限值的通道都置为 0000H，存放子程序号的通道都置为 FFFFH。

本例的中断执行过程是：若高速计数器的当前值落在区域 1 中，则中断主程序转去执行 000 号中断子程序，执行完毕后返回断点处继续执行主程序；若高速计数器的当前值落在区域 2 中，则中断执行主程序，转去执行 001 号中断子程序，执行完毕后返回断点继续执行主程序。

本例中还使用了块传送指令 XFER，执行该指令是将高速计数器的当前值寄存器 SR248 和 SR249 两个通道的内容传送到 HR00 和 HR01 中。这样，一旦 PLC 掉电，高速计数器的当前值就能被保存在 HR00 和 HR01 中。再上电时，通过执行第一个 INI 指令，就可以把掉电前的当前值传送到高速计数器的当前值通道 SR248、SR249 中，作为高速计数器的新当前值，使 PLC 上电前后高速计数器的当前值连续。图中还使用了当前值读出指令 PRV，目的是随时将 SR248、SR249 通道中的当前值读到 LR00 中。

若 00100 为 ON 且有 Z 信号，则高速计数器复位。

综上所述，高速计数器具有高速计数和中断功能。使用高速计数器时的注意事项和高速计数器的具体功能归纳如下：

(1) 使用高速计数器前必须进行设定，设定数据存放在 DM6642 中，以确定高速计数器的使用/不使用、复位方式、计数模式等。

(2) 使用高速计数器时，SR248 和 SR249 通道被占用，不能再作它用。

(3) 使用高速计数器时，00000～00002 三个输入点被占用，不能再作它用。

(4) 高速计数器有计数功能。递增计数时，计数脉冲可以是外部输入的信号或旋转编码器输出的单相脉冲。增/减计数时可用旋转编码器的输出脉冲作为计数脉冲，当旋转编码器 A 相输出脉冲超前 B 相 90° 时，为递增计数；当 B 相输出脉冲超前 A 相 90° 时，为递减计数。

(5) 高速计数器具有中断功能。在使用其中断功能时，要用 CTBL 指令登录一个目标值比较表或区域比较表。所登录的比较表可以立即启动比较，也可以用 INI 启动比较。

(6) 高速计数器的中断处理子程序与普通子程序的编写规则相同。

7.4.13 脉冲输出指令

晶体管输出型的 CPM1A 系列 PLC 具有输出频率范围为 20 Hz～2 kHz 的单相脉冲输出功能。主机的 01000 或 01001 均可选择作脉冲输出，脉冲输出可设置为连续模式或独立模式。在连续模式下，可通过指令来控制脉冲的输出和停止；在独立模式下，当输出的脉冲个数达到指定的脉冲数目时，脉冲输出将自动停止。脉冲数目可在 1～16 777 215 内设定。

表 7-45 列出了脉冲输出指令的指令名称、指令格式、操作数区域、梯形图符号、指令的功能及执行指令对标志位的影响。

表 7-45 脉冲输出指令

指令名称	指令格式	操作数区域	梯形图符号	指令功能及对标志位的影响
设置脉冲	PULS(65) 000 000 N @ PULS(65) 000 000 N	N 是存放设置脉冲个数(8 位 BCD)的首通道。N 存放设置脉冲个数的低 4 位，N+1 存放设置脉冲个数的高 4 位。其范围是 IR、SR、HR、AR、LR、DM 和*DM	PULS(65) 000 000 N @PULS(65) 000 000 N	当执行条件为 ON 时，设定独立模式脉冲输出的脉冲个数 有下列情况之一，ER(25503)为 ON： (1) 指令的设置有错误； (2) 操作数超出数据区范围； (3) 间接寻址 DM 通道不存在； (4) 当全程序中执行脉冲 I/O 或高速计数器指令时，中断子程序中执行了 PULS 指令
速度输出	SPED(64) P M F @SPED(64) P M F	P 是脉冲输出点区分符 000：由 01000 输出 010：由 01001 输出 M 是脉冲输出模式 000：独立模式 001：连续模式 F 是脉冲输出频率设定 0002～0200，对应频率为 20～2000 Hz	SPED(64) P M F @SPED(64) P M F	当执行条件为 ON 时，设定脉冲的输出点、输出模式以及脉冲频率。在脉冲输出过程中，改变操作数 F 的数值，即可改变脉冲输出的频率 有下列情况之一，ER(25503)为 ON： (1) 指令的设置有错误； (2) 间接寻址 DM 通道不存在； (3) 当间隔定时器运行时，执行了 SPED 指令； (4) 当主程序中执行脉冲 I/O 或高速计数器指令时，中断子程序中执行了 SPED 指令

图 7-64 是连续模式脉冲输出与独立模式脉冲输出示例。其中，图 7-64(a)、(b)是连续模式脉冲输出的示例。

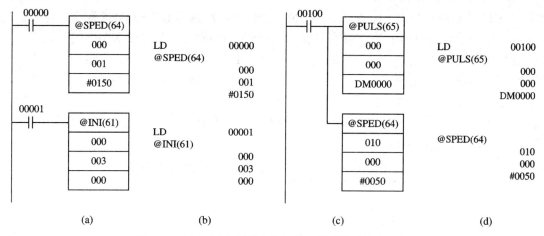

图 7-64　连续模式脉冲输出与独立模式脉冲输出示例
(a) 连续模式脉冲输出指令编程；(b) 连续模式脉冲输出指令表；
(c) 独立模式脉冲输出指令编程；(d) 独立模式脉冲输出指令表

图 7-64 中 SPED 指令的操作数 P 为 000，表示脉冲从 01000 输出；M 为 001，表示为连续模式；F 为#0150，表示输出脉冲的频率是 1500 Hz。INI 指令的操作数 P、P1 固定为 000。C 为 003，表示当执行条件为 ON 时停止脉冲输出。该图的控制功能是：

当执行条件 00000 由 OFF 变为 ON 时，执行@SPED 指令启动脉冲输出，从 01000 输出 1500 Hz 的连续脉冲信号。当执行条件 00001 由 OFF 变为 ON 时，执行@INI 指令停止脉冲输出。

图 7-64(c)、7-64(d)是独立模式脉冲输出的示例。图中指令 PULS 的操作数表示设置的脉冲个数存放在 DM0000 中。指令 SPED 的操作数表示脉冲从 01001 输出，独立模式，输出脉冲的频率是 500 Hz。

当脉冲输出指令的执行条件 00100 由 OFF 变为 ON 时，执行@PULS 指令，设置输出脉冲的个数(DM0000 的内容)；执行@SPED 指令，启动脉冲输出，从 01001 输出 500 Hz 的脉冲信号。当输出脉冲达到设定的脉冲个数时，自动停止脉冲输出。

在使用脉冲输出指令时，要注意以下几点：

(1) 同一时刻只能从一个输出点输出脉冲。

(2) 正在输出脉冲时，不能用 PULS 指令改变输出脉冲的个数。

(3) 在独立输出模式时，当达到指定脉冲数时停止脉冲输出；在连续输出模式时，将 SPED 指令的 F 设为 0000，或将 INI 指令的 C 设为 003，都可以使脉冲输出停止。

7.4.14　中断控制

CPM1A 具有 3 种中断处理，分别为外部输入中断、间隔定时器中断和高速计数器中断。高速计数器中断功能已做过介绍，本节介绍外部输入中断和间隔定时器中断的控制指令及程序的编写方法。

1. 外部输入中断功能

1) 外部输入中断的输入点

在 CPM1A 系列 PLC 中，20、30 和 40 点 I/O 的主机的 00003～00006 四个点是外部输入中断的输入点。对于 10 点 I/O 的主机，其 00003 和 00004 是外部输入中断的输入点，外部发生的事件所产生的信号通过中断输入点送入 PLC。当某个中断输入点接到中断输入信号(OFF→ON)时，或接到一定次数的信号时，产生中断请求信号。当不使用中断功能时，这些点可以作为普通输入点使用。中断处理子程序也是用 SBN 定义开始，用 RET 定义结束，而且中断处理子程序也必须放在主程序之后和 END 之前。各中断输入点与中断号、中断处理子程序的关系见表 7-46。

表 7-46　中断输入点与中断号、子程序号的关系

输入点	中断号	子程序号
00003	0	000
00004	1	001
00005	2	002
00006	3	003

当不使用中断功能时，这些中断处理子程序号可作为普通子程序编号使用。

2) 外部输入中断模式

外部输入中断有输入中断和计数中断两种模式。

(1) 输入中断。在中断开放的情况下，只要中断输入点接通，就产生中断响应。若在中断屏蔽的情况下，则即使中断输入点接通也不能产生中断响应，但该中断信号被记忆下来，待中断屏蔽解除后立即产生中断。若中断屏蔽解除后不希望响应所记忆的中断，则可用指令清除该记忆。

(2) 计数器中断模式。这种模式的中断是对中断输入点接通的次数进行高速计数(减计数)。当达到设定的次数时产生中断，且计数器停止计数，中断被屏蔽。若想再产生中断，则需使用指令进行设定。计数器的计数范围为 0～65 535，计数频率最高为 1 kHz。

当使用计数模式中断时，必须对通道 SR240～SR243 进行设定，以存放计数器设定值，而通道 SR244～SR247 存放计数器当前值-1。各输入点与上述通道的对应关系如表 7-47 所示。

表 7-47　计数器中断模式输入点与通道对应关系

中断输入点	计数器设定值存放通道	计数器当前值-1 的存放通道
输入点 00003	SR240	SR244
输入点 00004	SR241	SR245
输入点 00005	SR242	SR246
输入点 00006	SR243	SR247

3) 外部输入中断的设定

在外部输入中断使用之前，要用编程器对 DM6628 进行设定，若不进行设定，中断功能就不能工作。DM6628 设定的内容和含义如图 7-65 所示。

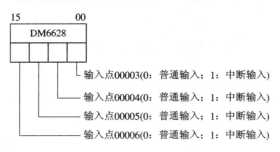

图 7-65　DM6628 设定的内容和含义

2. 间隔定时器的中断功能

CPM1A 系列 PLC 的间隔定时器是递减计数器(从设定值开始按一定的时间间隔进行减计数)。当其定时时间到时，可以不受扫描周期的影响，停止执行主程序并立即转去执行中断处理子程序，从而实现高精度的定时中断处理。

间隔定时器有两种工作模式，即单次模式和重复模式，因此由间隔定时器产生的中断也有两种模式，即单次中断模式和重复中断模式。

1) 单次中断模式

当间隔定时器的定时时间到时，停止定时并产生中断信号，但只执行一次中断。至于是否启动单次中断，其设定值是多少，中断子程序的编号等，都要由 STIM 指令来确定。

2) 重复中断模式

重复中断模式是每隔一定的时间产生一次中断，因此是循环地执行中断，直到定时器停止计数为止。与单次中断不同的是，在执行中断子程序的同时，定时器的当前值又恢复为设定值并重新开始定时。至于是否启动重复中断，其设定值是多少，中断处理子程序的编号等，也都要由 STIM 指令来确定。

单次中断模式和重复中断模式的子程序号都由 STIM 指令来确定，其范围为 000~049。

3) 间隔定时器的中断处理子程序

编写中断处理子程序应注意以下几点：

(1) 在中断处理子程序内部可以定义新的中断，也可以解除中断。

(2) 在中断处理子程序内部不可以调用别的中断处理子程序。

(3) 在中断处理子程序内部不可以调用普通子程序。

(4) 在普通子程序中不可以调用中断处理子程序。

3. 中断的优先级

CPM1A 系列 PLC 有高速计数器中断、外部输入中断、间隔定时器中断等几种中断功能。在执行中断程序过程中，如果接收到优先级别更高的中断，当前执行的中断程序会停止运行，然后先处理新收到的级别更高的中断。优先级别高的中断执行完后，恢复原来的中断处理。

在执行中断程序过程中，如果接收到优先级别更低或相同的中断，那么待当前处理的程序执行完毕，再根据优先级处理新接收到的中断。执行各种中断的优先级顺序如下：

外部输入中断 0→外部输入中断 1→外部输入中断 2→外部输入中断 3→间隔定时器中断→高速计数器中断。

4.中断控制指令

表 7-48 列出了中断控制指令格式、操作数区域、梯形图符号及执行指令对标志位的影响。

表 7-48　中断控制指令

指令名称	指令格式	操作数区域	梯形图符号	对标志位的影响
中断控制	INT(89) CC 000 D @INT(89) CC 000 D	当执行条件为 ON 时，根据控制码 CC 的数据及对 00003～00006 输入点完成以下六种功能中的一种： (1) CC=000：由 D 确定是否屏蔽 00003～00006 输入点(屏蔽与否由 D 对应的 00～03 位来决定)； （图）03 02 01 00 —— 输入点00003(0：不屏蔽　1：屏蔽) —— 输入点00004(0：不屏蔽　1：屏蔽) —— 输入点00005(0：不屏蔽　1：屏蔽) —— 输入点00006(0：不屏蔽　1：屏蔽) (2) CC=001：由 D 确定是否清除 00003～00006 输入中断记忆(清除与否由 D 的 00～03 位来决定)，点位同上图(0：不清除；1：清除)； (3) CC=002：读出输入点的当前屏蔽状态。读出 00003～00006 输入点的当前屏蔽状态并写入 D 中。由 D 的 00～03 位来存放。点位同上(0：不屏蔽；1：屏蔽)； (4) CC=003：由 D 确定是否更新计数器设定值。是否更新设定值由 D 的 00～03 位来决定。点位同上(0：更新；1：不更新)； (5) CC=100 D=0000：屏蔽所有中断。屏蔽期间若有中断请求将不响应，但可记忆各种中断信号，待屏蔽解除时立即响应中断； (6) CC=200 D=0000：开放所有中断。恢复到执行 INT "屏蔽所有中断" 之前的状态，但不解除单独中断类型的中断	INT(89) CC 000 D @INT(89) CC 000 D	当指定的操作数不正确时，ER(25503)为 ON

指令名称	指令格式	操作数区域	梯形图符号	对标志位的影响
间隔定时器中断	STIM(69) C1 C2 C3 @STIM(69) C1 C2 C3	C1 为控制码，C2、C3 为设定值 C2、C3 的取值根据 C1 的状态来决定 当执行条件为 ON 时，根据 C1 的数据完成以下四种功能中的一种： (1) C1=000：启动单次中断模式。C2 若为常数(BCD 0000～9999)，则为定时器的设定值。时间间隔固定为 1 ms，实际定时时间即为该常数值，单位为毫秒(ms)。C3 为子程序号。C2 若为通道号，则其内容(BCD 0000～9999)为定时器的设定值。时间间隔由 C2+1 的内容(BCD 0005～0320，对应 0.5～32 ms)确定，实际定时时间为：[C2 的内容×(C2+1)的内容]×0.1 ms，故实际定时时间的范围 0.5～319 968 ms。C3 为子程序号； (2) C1=003：启动重复中断模式。C2、C2+1 和 C3 的意义及定时时间的计算同上； (3) C1=006：读出定时器的当前值。可读出计数器减 1 的次数、时间间隔、从上一次减 1 到当前时刻的时间，读出的数据分别放在 C2、C2+1 和 C3 中，由此计算出定时开始到当前时刻的时间为：[C2 的内容×(C2+1)的内容+C3 的内容]×0.1 ms； (4) C1=010：停止间隔定时器工作。此时 C2、C3 固定为 000	STIM(69) C1 C2 C3 @STIM(69) C1 C2 C3	当指定的操作数不正确时，ER(25503)为 ON

注：在执行 INT/@INT 时，屏蔽所有中断与解除所有中断屏蔽应成对使用，若不是十分必要，一般不使用屏蔽所有中断。

图 7-66 是外部输入中断模式和计数模式的示例。

图 7-66(a)是外部输入中断模式的示例。设置 DM6628 为 0011，即设定 00003 和 00004 为中断输入端子。当 00003 接通时产生中断，停止执行主程序，转去执行中断处理子程序 000，则 20000 为 ON，返回主程序使 01000 为 ON；若 00004 接通产生中断，则转去执行中断处理子程序 001，20001 为 ON，返回主程序使 01000 为 OFF；若 00003 和 00004 两个输入点同时接通，则 00003 产生的中断优先执行。

图 7-66(b)是外部输入计数中断模式的示例。设置 DM6628 为 0010，即设定 00004 为中断输入点。在 PLC 上电后的第一个扫描周期，执行一次 MOV 指令，将#00FAH(十进制的 250)传送到存放 00004 中断输入点计数设定值的 241 通道；执行一次 INT 指令，设置输入中断 1 为计数中断模式，设定 00004 输入点为可更新。所以，当 00004 输入点接通 250 次时将产生中断，停止执行主程序并转去执行中断处理子程序 001。执行子程序 001 使 20000 为 ON，返回主程序使 TIM000 开始定时。经过 5 s 后 TIM000 为 ON，使 01000 为 ON。

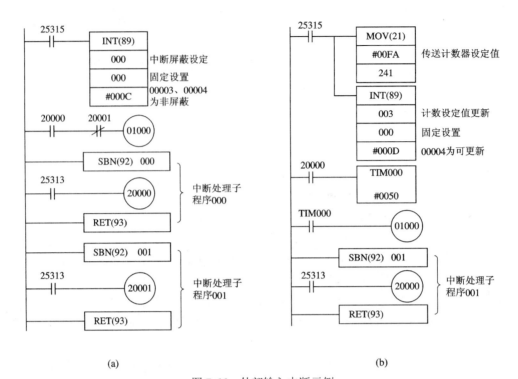

(a)　　　　　　　　　　　　　　　　(b)

图 7-66　外部输入中断示例

(a) 外部输入中断模式；(b) 外部输入计数中断模式

图 7-67 是应用 INT 指令进行各种设定的示例。

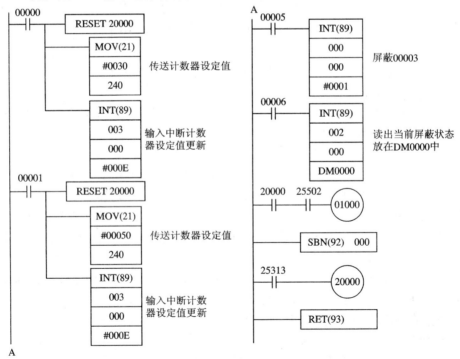

图 7-67　应用 INT 指令进行各种设定的示例

将 DM6628 设为 0001，指定 00003 为中断输入点。图 7-67 的工作过程简介如下：

PLC 上电后只要 00005 先接通，00003 输入点就被屏蔽。中断输入点 00003 产生的中断不能被响应，只有断开 00005 才能响应中断。

PLC 上电后，若 00005 和 00001 断开，当 00000 接通一次时，确定 00003 为中断输入点，且为计数中断模式，计数设定值是 #0030。当 00003 接通 30 次时产生中断，转去执行中断处理子程序 000，使 20000 为 ON，于是 01000 开始输出秒脉冲。

PLC 上电后，若 00005 和 00000 断开，当 00001 接通一次时，00003 输入点的计数设定值更新为 #0050。所以当 00003 接通 50 次时，产生中断。

在程序运行过程中，若欲查看各中断输入点的屏蔽情况，可接通 00006，并用编程器的通道监视功能观察 DM0000 的内容。此时编程器的显示屏上就显示出 4 位十六进制数，其最低位数字表示各中断输入点的屏蔽状态。例如 DM0000 的内容是 000CH，表示输入点00003 和 00004 为非屏蔽，而 00005 和 00006 为屏蔽。

5. 普通子程序与中断处理子程序

前面的几节中介绍了关于子程序的概念及子程序的编程方法。下面把普通子程序与中断处理子程序进行简单对比。

1) 两种子程序的相同点

(1) 子程序都必须由 SBN 和 RET 指令来定义其开始和结束。

(2) 子程序都要放在主程序之后和 END 之前，即子程序之后不能再写主程序。

(3) 当 SBS 指令的执行条件不满足或没产生中断时，CPU 都不扫描子程序。

2) 两种子程序调用的不同之处

(1) 子程序调用的控制方式的区别。普通子程序的调用是受程序控制的，即必须在主程序中安排 SBS 指令，当 CPU 扫描到 SBS 指令且其执行条件满足时调用子程序。中断处理子程序的调用不是由程序直接控制的。在中断控制指令设定之后，是否调用子程序取决于有无中断请求信号。而且，对于外部输入中断，若中断被屏蔽，即使有中断请求信号也不能立即执行中断处理子程序。

(2) 两种子程序执行完毕返回地址的区别。用 SBS 指令调用子程序时，其返回地址只能是与 SBS 指令相邻的下一条指令。中断处理子程序执行完毕也要返回断点处，但其断点地址是随机的。

(3) 用 SBS 调用的各子程序之间没有优先级的问题，而由于各种中断存在优先级，因此与各种中断对应的中断处理子程序在执行时有优先顺序。

3) 注意的问题

(1) 在中断处理子程序内部不可使用 SBS 指令，即中断处理子程序不可调用普通子程序。

(2) 不可用 SBS 指令去调用中断处理子程序，即普通子程序不可调用中断处理子程序。

(3) 中断处理子程序内部不可以调用别的中断处理子程序。

7.4.15 步进指令

在实际控制中，通常把整个系统的控制程序划分为一系列的程序段，每个程序段对应于工艺过程中的一部分。用步进指令可以按指定的顺序分别执行各个程序段，但必须在前一段程序执行完以后才能执行下一段，并且在下一段程序执行之前，CPU 要清数据区并复位定时器。步进指令 STEP 和 SNXT 用于在大型程序中为各个程序段建立连接点，特别适用于顺序控制方面的应用。

一个程序段通常按照实际应用中的一个过程来定义。程序段内部编程同普通程序编程一样，但是有些指令不能用在步进程序段中(例如 IL/ILC 和 JMP/JME 指令)。

表 7-49 列同了步进指令的格式、操作数区域、梯形图符号及指令功能。

表 7-49 步 进 指 令

指令名称	指令格式	操作数区域	梯形图符号	指令的功能
步定义/步开始	SNXT(09) B STEP(08) B	B 是步的控制位号，其范围是 IR、HR、AR 和 LR	─┤ SNXT(09) B ├─ ─┤ STEP(08) B ├─	当 SNXT 指令的执行条件为 ON 时，结束上一步的执行，并复位上一步用过的定时器和数据区,同时启动以 B 为控制位的且以 STEP B 定义的下一个步
步结束	STEP(08)	无操作数	─┤ STEP(08) ├─	当所有步都执行完毕时，要安排 SNXT B(B 是虚控制位)和 STEP 指令，以结束步程序

步进控制程序是由多个步组成的，每一步都由有执行条件的指令 SNXT B 开始，其后是无执行条件的且用来定义步开始的指令 STEP B，两者的 B 相同。执行到每个步进段开头的 SNXT B 指令时，先为该程序段复位前面程序使用过的定时器，并对前面程序使用过的数据区清零。STEP B 标志着以 B 为使能信号的程序段开始。STEP B 指令之后是步的内容。各步编写完毕，要安排一个有执行条件的 SNXT B 指令。指令中的 B 无任何意义，它可以是程序中没有使用过的某一个位号。紧随其后再写一条无执行条件且无操作数的 STEP 指令，用以表示全部步的结束。在无操作数的 STEP 指令之后还可以安排普通程序。图 7-68 所示为步进指令的应用示例。

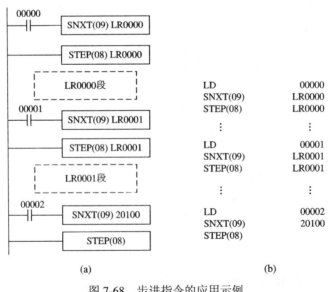

(a)   (b)

图 7-68 步进指令的应用示例

(a) 指令编程；(b) 指令表

在图 7-68 中，当输入 00000 为 ON 时，开始执行 LR0000 程序段；当输入 00001 为 ON 时，开始执行 LR0001 程序段，而被 LR0000 程序段所使用的数据区状态为：输出、IR、HR、AR 和 LR 位均为 OFF 状态；定时器均被复位；计数器、移位寄存器和 KEEP 指令所用的位均保持原状。

编写步进程序时应注意的问题：

(1) 各步的控制位必须在同一个区，并且前后步的控制位要连续。

(2) 步程序段内不能使用以下几个指令：END、IL/ILC、JMP/JME 和 SBN。

(3) 当 SNXT B 执行时，将结束前一步的执行，并复位前一步使用的定时器和数据区。此时前一步使用的定时器和数据区的状态为：IR、HR、AR 和 LR 为 OFF；定时器复位；移位寄存器、计数器及 KEEP、SET、RESET 等指令的输出位保持。

(4) 若步的控制位使用 HR、AR，则具有掉电保护功能。

(5) 各步必须以前一步的结束及清除为启动条件，即不能先启动中间的步。而在下一步开始执行后，若前一步的执行条件再次满足，则前一步可再启动。如果不希望前一步再启动，应采取措施。

(6) 因为各步的执行条件是脉冲信号，所以 PLC 上电即 ON 的执行条件无效。

另外，当执行 STEP B 指令时，继电器 25407 ON 一个扫描周期，编程时可以利用。CPU 对被启动的步进行扫描，而对未启动的步则不扫描。步进程序的前后都可以安排普通程序。

7.4.16　特殊指令

特殊指令包括故障报警、I/O 刷新、信息显示等。表 7-50 列出了这些指令的格式、操作数区域、梯形图符号、指令的功能及执行指令对标志位的影响。

表 7-50　特　殊　指　令

指令名称	指令格式	操作数区域	梯形图符号	指令的功能及对标志位的影响
继续运行故障报警	FAL(06) N1 @FAL(06)N1	N1 为故障代码，其取值为 00～99	──FAL(06) N1 ──@FAL(06)N1	当执行条件为 ON 时，将故障代码 N1 传送到 FAL 的输出区 SR25300～SR25307 中，同时使主机面板上的 ALM 指示灯闪烁，程序继续执行　当 N1 为 00 时，执行 FAL 00 可以将前一个故障代码清除，将下一个故障代码存入 FAL 的输出区
停止运行故障报警	FALS(07) N2	N2 为故障代码，其取值为 00～99	──FALS(07) N2	当执行条件为 ON 时，将故障代码 N2 传送到 FAL 的输出区 SR25300～SR25307 中，同时主机面板上的 ERR 指示灯常亮，RUN 指示灯灭，停止执行程序，所有输出均复位　能使程序再启动的方法是：(1) 清除故障后，将 PLC 的工作方式转换到 PROGRAM，再转换回 RUN 或 MONITOR 方式；(2) 清除故障后，将 PLC 关机后再开机

指令名称	指令格式	操作数区域	梯形图符号	指令的功能及对标志位的影响
信息显示	MSG(46) FM @MSG(46) FM	FM 是存放信息的开始通道，其范围是 IR、SR、HR、AR、LR、TC、DM 和 *DM	MSG(46) FM @MSG(46) FM	当执行条件为 ON 时，从 FM 开始的 8 个通道中读取 ASCII 码，并把对应的字符显示在显示屏上。若出现非 ASCII 码，则该码以后的信息将不被显示 执行 FAL 00 指令可清除当前显示的信息 对标志位的影响： 当间接寻址 DM 不存在时，ER(25503) 为 ON
I/O 刷新	IORF(97) St E @IORF(97) St E	St 为开始通道，E 为结束通道。它们的范围是 IR000～IR019	IORF(97) St E @IORF(97) St E	当执行条件为 ON 时，刷新从 St 开始到 E 之间的全部通道 对标志位的影响： 当开始通道 St 大于结束通道 E 时，ER(25503) 为 ON
位计数	BCNT(67) N S D @BCNT(67) N S D	N 是通道数(BCD)，其范围是 IR、SR、HR、AR、LR、TC、DM、*DM 和# S 是源开始通道，D 是目的通道。它们的范围是 IR、SR、HR、AR、LR、TC、DM 和*DM	BCNT(67) N S D @BCNT(67) N S D	当执行条件为 ON 时，计算 S～S+(N-1) 之间的所有通道中为 1 的位数有多少，并将结果以 BCD 码的形式存在 D 中 有下列情况之一，ER(25503) 为 ON： (1) N 不是 BCD 数； (2) N 是 0000； (3) S+(N-1) 超出数据区； (4) S～S+(N-1) 之间的所有通道中为 1 的位数超过 9999； (5) 间接寻址 DM 通道不存在。 当 D 的内容为 0000 时，EQ(25506) 为 ON

1. 故障报警指令

故障报警指令有两种，一种是可继续运行的故障报警指令 FAL，另一种是停止程序运行的故障报警指令 FALS。

图 7-69 是故障报警指令的应用示例。当输入 00000(或 00001)为 ON 时，执行 FAL 01(或 FAL 02)指令进行报警；当 00000(或 00001)为 OFF 时，执行 FAL 00 指令，报警自动解除。但当外部输入 00002 为 ON 时，执行 FALS 03 指令，系统将停止运行，必须人为消除故障后利用编程器来启动系统运行。

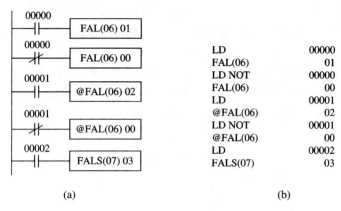

(a)　　　　　　　　　　　　(b)

图 7-69　故障报警指令的应用示例

(a) 指令编程；(b) 指令表

2. 信息显示指令

信息显示指令 MSG 的操作数 FM 是存放 ASCII 码的开始通道。每个 ASCII 码的字符是两个数字。从 FM 开始的 8 个通道中最多存放 16 个 ASCII 码(即一个 MSG 信息)。FM 中的内容是根据需要预先写入的。在执行了 MSG 指令后，编程器的显示屏上将显示出相应的 ASCII 码字符。

在存放时，ASCII 码按顺序存放在以 FM 为首地址的连续通道中。例如，以 DM0010 为首地址，存放 ABCDEFGHIJKLMNOP 时的顺序如表 7-51 所示。

表 7-51　ASCII 码存放顺序

DM 内容				相应的 ASCII 码	
DM 0010	4	1	4	2	A	B
DM 0011	4	3	4	4	C	D
DM 0012	4	5	4	6	E	F
DM 0013	4	7	4	8	G	H
DM 0014	4	9	4	A	I	J
DM 0015	4	B	4	C	K	L
DM 0016	4	D	4	E	M	N
DM 0017	4	F	5	0	O	P

在存放 ASCII 码的连续通道中，若其中有一个通道不是 ASCII 码，则该通道之后的信息将不被显示。

当显示信息时，被显示信息是按优先级的高低存入信息显示缓冲区的，优先级高的先存入，所以按照先进先出的顺序显示各信息。信息显示缓冲区最多能存放 3 个 MSG 信息(24 个通道，存放 48 个 ASCII 码字符)，而编程器的显示屏上每次只能显示 1 个 MSG 信息，因此就有了优先显示哪个信息的问题。被显示信息的优先级取决于存放该信息的存储区的优先级，其顺序为

(1) LR→I/O→IR(除 I/O 外)→HR→AR→TC→DM/*DM；

(2) 同一区域内地址小的优先；间接寻址时，DM 地址小的优先。

当欲清除当前显示的 MSG 信息而显示下一个 MSG 信息时，可在程序中安排 FAL(06) 00 指令与显示指令配合使用。

图 7-70 所示为 MSG 指令的应用示例。当 00000 为 ON 时，表示发生了非严重故障，执行 FAL(06) 01 指令后，主机面板上的 ALM 指示灯闪烁。执行 MSG 指令后，显示以 DM0100 为首地址的内容。当清除故障后，00000 为 OFF，此时执行 FAL(06) 00 指令，显示立即被清除。当 00001 为 ON 时，表示发生了严重故障，执行 FALS(06) 02 指令后，主机面板上的 ERR 指示灯常亮，RUN 指示灯灭并停止执行程序。执行 MSG 指令后，显示以 IR200 为首地址中的内容。排除故障后重新启动程序运行，显示的故障信息也被清除。

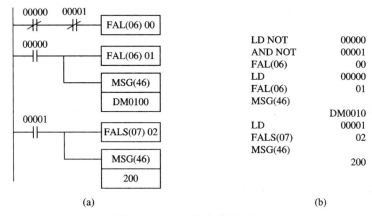

图 7-70　MSG 指令应用示例

(a) 指令编程；(b) 指令表

3. I/O 刷新指令

PLC 在一个扫描周期内只对 I/O 端口进行一次刷新，这种集中输入、集中输出的工作方式是造成输出滞后于输入的原因之一。为了弥补这个不足，CPM1A 系列设置了 I/O 刷新指令。在程序运行过程中，执行该指令可以随时对指定的通道进行 I/O 刷新，从而提高了 I/O 响应速度。

图 7-71 是 @IORF 指令的应用示例。当 00000 为 ON 时，执行一次 IORF 指令，将 000～001 通道进行刷新。这样，20000 和 20001 的状态则取决于该次刷新后的 00002 和 00100 的状态。

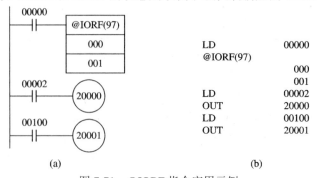

图 7-71　@IORF 指令应用示例

(a) 指令编程；(b) 指令表

4. 位计数指令

利用位计数指令可以随时统计出指定通道中为 ON 的位数。图 7-72 是使用 BCNT 指令的例子。

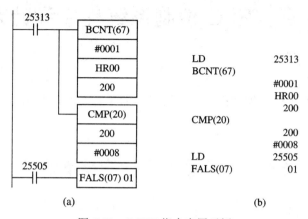

图 7-72　BCNT 指令应用示例

(a) 指令编程；(b) 指令表

图 7-72 中，PLC 上电后每个扫描周期都执行 BCNT 指令，随时统计 HR00 通道中为 ON 的位数，并把统计结果存入 200 通道中。每个扫描周期都执行比较指令，当 200 中 ON 的位数超过 8 位时，25505 为 ON 并执行指令 FALS(07) 01，ERR 指示灯亮，停止执行程序。

第8章 PLC 控制系统程序设计方法

在对 PLC 的基本工作原理和指令系统有一定的了解之后，就可进一步学习 PLC 控制系统的设计方法了。

8.1 PLC 程序设计的基本要求

编制一个较好的 PLC 控制程序一般应注意以下几个方面。

1) 正确性

一个程序必须经过实际检验，以证明其运行的正确性，这是对 PLC 程序最基本的要求。而正确、规范地使用各种指令，正确、合理地使用各类内部器件，则是程序正确的重要因素。一些程序出错大多与这两个方面有关。

2) 可靠性

PLC 程序不仅要正确，而且要可靠。可靠性反映了 PLC 在不同工作状态下的稳定性，这也是对程序设计的基本要求。有的用户程序在正常的工作条件下，或合乎逻辑要求的操作情况下能正常工作，但当出现非正常工作情况(如临时停电，又很快再通电)，或进行非法操作(操作人员不按规程操作)后，程序就不一定能正常工作了。所以，为保证 PLC 的正常工作，使 PLC 能应付各种非正常的突发事件，提高在实际应用中的可靠性是非常重要的。

3) 合理性

PLC 程序的合理性主要表现在两个方面：一是应尽可能使用户程序简短；二是应尽可能缩短扫描周期，提高输入/输出响应速度。

简短的程序可节省用户存储区，在大多数情况下可缩短扫描周期，提高程序的可读性。因此，优化程序结构，用流程控制指令简化程序等是在程序编制中应注意的内容。例如合理、正确地使用各类指令，用功能强的一条指令取代由功能单一的多条指令组成的相同功能的程序，注意指令前后次序的安排等。总之，在确保程序正确性、可靠性的同时，应尽可能使程序趋于合理是编程者追求的目标。

4) 可读性

程序的可读性好，是指程序要层次清晰，结构合理，指令使用得当，并按模块化、功能化和标准化设计；在输入/输出点及内部器件的分配和使用上要有规律性；还应在一些功能段及一些特殊指令后作一些注释，以方便记忆和理解。一个可读性好的程序不仅便于设计者加深对程序的理解，便于修改和调试，而且还便于使用者读懂程序，便于调整功能和日常维护。

5) 可塑性

所谓程序的可塑性，是指当控制方案稍作改动时，只需对已设计好的程序略作修改即可。程序容易修改或控制方案容易改变是 PLC 的一大特点。因此，PLC 可广泛地应用于各种控制场合，特别适合在灵活多变的控制系统中应用。

程序的可塑性应体现在程序是否具有弹性和留有余地上。程序应尽可能循序渐进，采用步进控制的方法。一个动作到另一个动作的转换靠转换控制步实现。更改时，只需更改步的内容，而不必改变整个逻辑。参数的设定应尽可能用间接的方法，例如对于实现时间控制的定时器，其时间常数不直接设定，而是用指定某内存单元的内容来设定。这个内存单元的内容靠程序初始化时赋值，或由编程器临时设定。这样，要作更改时只需改变有关内存单元的内容就可以了。

通常来讲，一个结构布局合理，线条层次清晰，指令应用正确，器件分配得当的 PLC 控制程序，其正确性、可靠性、合理性、可读性及可塑性等方面均较好。

8.2 程序设计方法

要想顺利地完成控制系统的设计，不仅要熟练掌握各种指令的功能及使用规则，还要学习如何编程。下面将介绍常用的几种编程方法。

8.2.1 逻辑设计法

和继电—接触器控制线路一样，在 PLC 控制系统的设计中也常使用逻辑设计法。逻辑设计法的基础是逻辑代数。当 PLC 控制系统主要对开关量进行控制时，使用逻辑设计法比较方便。在程序设计时，利用系统输入与输出之间的信号状态表或系统工作时序图作为分析工具，对控制任务进行逻辑分析和综合。将控制电路中元件的通、断电状态视为以触点通、断状态为逻辑变量的逻辑函数，对经过化简的逻辑函数，利用 PLC 的逻辑指令可以顺利地设计出满足要求的且较为简练的控制程序。这种方法的设计思路清晰，所编写的程序易于优化，是一种较为实用可靠的程序设计方法。

1. 三相异步电动机可逆控制线路

图 8-1(a)所示是三相异步电动机可逆控制线路。该线路在继电—接触器控制线路中已做过介绍。根据电路的控制要求，可画出如图 8-1(b)所示的线路工作时序图，由时序图可看出线路中各器件动作的相互次序和因果关系。

对线路的控制系统来说，输入信号共有 4 个，分别为 SB_1、SB_2、SB_3 和 FR，而输出信号则是 KM_1 和 KM_2。考虑到系统中的自锁和互锁，得 KM_1、KM_2 的逻辑函数为

$$KM_1 = (SB_2 + KM_1) \cdot \overline{SB_1} \cdot \overline{FR} \cdot \overline{KM_2}$$

$$KM_2 = (SB_3 + KM_2) \cdot \overline{SB_1} \cdot \overline{FR} \cdot \overline{KM_1}$$

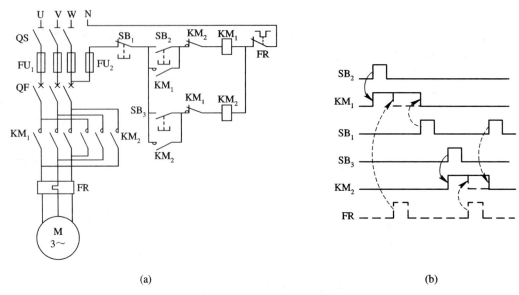

(a)   (b)

图 8-1　三相异步电动机可逆控制线路及工作时序图

(a) 三相异步电动机可逆控制线路；(b) 工作时序图

作出的系统 I/O 分配表如表 8-1 所示。

表 8-1　I/O 分配表

输　　入				输　　出	
SB_1	SB_2	SB_3	FR	KM_1	KM_2
00000	00001	00002	00003	01000	01001

根据逻辑函数表达式及 I/O 分配表得出其梯形图如图 8-2 所示。

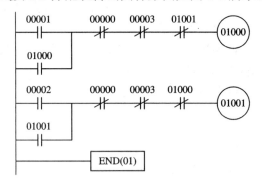

图 8-2　三相异步电动机可逆控制线路梯形图

由梯形图可得程序指令表如下：

1.	LD	00001	6.	OUT	01000	11.	AND NOT	01000
2.	OR	01000	7.	LD	00002	12.	OUT	01001
3.	AND NOT	00000	8.	OR	01001	13.	END(01)	
4.	AND NOT	00003	9.	AND NOT	00000			
5.	AND NOT	01001	10.	AND NOT	00003			

2. 通风机工作情况显示控制

某系统中有 4 台通风机，要求在以下几种运行状态下发出不同的显示信号：3 台及 3 台以上开机时，绿灯常亮；两台开机时，绿灯以 5 Hz 的频率闪烁；一台开机时，红灯以 5 Hz 的频率闪烁；全部停机时，红灯常亮。

为了讨论问题方便，设 4 台通风机分别为 A、B、C、D，红灯为 F_1，绿灯为 F_2。由于各种运行情况所对应的显示状态是唯一的，故可将几种运行情况分开进行程序设计。

1) 红灯常亮的程序设计

当 4 台通风机都不开机时红灯常亮。其状态表为

A	B	C	D	F_1
0	0	0	0	1

（设灯常亮为 1、灭为 0，通风机开机为 1、停为 0，以下同。）

由状态表可得 F_1 的逻辑函数：

$$F_1 = \overline{A} \cdot \overline{B} \cdot \overline{C} \cdot \overline{D} \tag{8-1}$$

根据式(8-1)可得出如图 8-3 所示的梯形图。

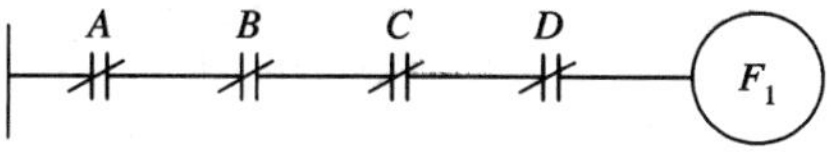

图 8-3 红灯常亮的梯形图

2) 绿灯常亮的程序设计

能引起绿灯常亮的情况有 5 种，其状态表如下：

A	B	C	D	F_2
0	1	1	1	1
1	0	1	1	1
1	1	0	1	1
1	1	1	0	1
1	1	1	1	1

由状态表可得 F_2 的逻辑函数为

$$F_2 = \overline{A}BCD + A\overline{B}CD + AB\overline{C}D + ABC\overline{D} + ABCD \tag{8-2}$$

由于根据式(8-2)直接画梯形图时，梯形图会很烦琐，因此应先对式(8-2)进行化简。

将式(8-2)化简得

$$F_2 = AB(D+C) + CD(A+B) \tag{8-3}$$

根据式(8-3)画出的梯形图如图 8-4 所示。

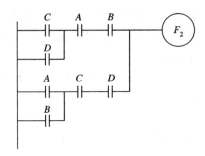

图 8-4　绿灯常亮梯形图

3) 红灯闪烁的程序设计

当红灯闪烁时，其状态表如下：

A	B	C	D	F_1
0	0	0	1	1
0	0	1	0	1
0	1	0	0	1
1	0	0	0	1

由状态表可得 F_1 的逻辑函数为

$$F_1 = \overline{A}\,\overline{B}\,\overline{C}D + \overline{A}\,\overline{B}C\overline{D} + \overline{A}B\overline{C}\,\overline{D} + A\overline{B}\,\overline{C}\,\overline{D} \tag{8-4}$$

将式(8-4)化简得

$$F_1 = \overline{A}\,\overline{B}(\overline{C}D + C\overline{D}) + \overline{C}\,\overline{D}(\overline{A}B + A\overline{B}) \tag{8-5}$$

根据公式(8-5)画出的梯形图如图 8-5 所示。图 8-5 中 25501 能产生 0.2 s 即 5 Hz 的脉冲信号。

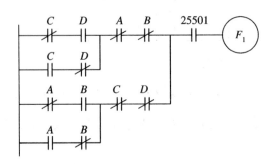

图 8-5　红灯闪烁的梯形图

4) 绿灯闪烁的程序设计

当绿灯闪烁时，其状态表为

A	B	C	D	F_2
0	0	1	1	1
0	1	0	1	1
0	1	1	0	1
1	0	0	1	1
1	0	1	0	1
1	1	0	0	1

由状态表可得 F_2 的逻辑函数为

$$F_2 = \overline{A}\,\overline{B}CD + \overline{A}BC\overline{D} + \overline{A}BC\overline{D} + A\overline{B}\,\overline{C}D + A\overline{B}C\overline{D} + AB\overline{C}\,\overline{D} \tag{8-6}$$

将式(8-6)化简得

$$F_2 = (\overline{A}B + A\overline{B})(\overline{C}D + C\overline{D}) + \overline{A}\,\overline{B}CD + AB\overline{C}\,\overline{D} \tag{8-7}$$

根据式(8-7)画出的梯形图如图 8-6 所示。

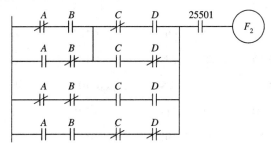

图 8-6　绿灯闪烁的梯形图

5) 做 I/O 点分配表

本例有 A、B、C、D 共 4 个输入信号，F_1、F_2 两个输出，选择 CPM1A 机型，作出 I/O 分配表如表 8-2 所示。

表 8-2　I/O 分配表

输　　　入				输　　　出	
A	B	C	D	F_1	F_2
00101	00102	00103	00104	01101	01102

将表 8-2 及图 8-3、图 8-4、图 8-5、图 8-6 综合在一起，便可得到总梯形图，如图 8-7 所示。

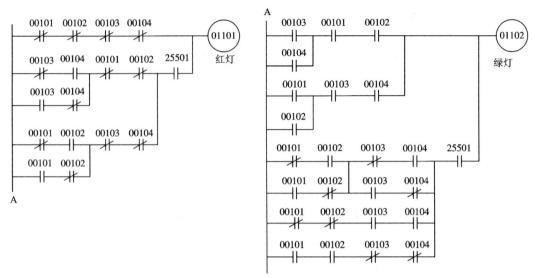

图 8-7　通风机工作情况显示控制梯形图

由梯形图可得程序指令表如下：

1.	LD NOT	00101	20.	AND	25501	39.	LD	00103
2.	AND NOT	00102	21.	OR LD		40.	AND NOT	00104
3.	AND NOT	00103	22.	OUT	01101	41.	OR LD	
4.	AND NOT	00104	23.	LD	00103	42.	AND LD	
5.	LD NOT	00103	24.	OR	00104	43.	LD NOT	00101
6.	AND	00104	25.	AND	00101	44.	AND NOT	00102
7.	LD	00103	26.	AND	00102	45.	AND	00103
8.	AND NOT	00104	27.	LD	00101	46.	AND	00104
9.	OR LD		28.	OR	00102	47.	OR LD	
10.	AND NOT	00101	29.	AND	00103	48.	LD	00101
11.	AND NOT	00102	30.	AND	00104	49.	AND	00102
12.	LD NOT	00101	31.	OR LD		50.	AND NOT	00103
13.	AND	00102	32.	LD NOT	00101	51.	AND NOT	00104
14.	LD	00101	33.	AND	00102	52.	OR LD	
15.	AND NOT	00102	34.	LD	00101	53.	AND	25501
16.	OR LD		35.	AND NOT	00102	54.	OR LD	
17.	AND NOT	00103	36.	OR LD		55.	OUT	01102
18.	AND NOT	00104	37.	LD NOT	00103			
19.	OR LD		38.	AND	00104			

3．感应式交通信号灯自动控制

当 PLC 各输出信号按照一定的时间顺序发生变化时，可采用时序图设计程序。通过绘制各输出信号和输入信号之间的关系和顺序，理顺各状态转换的时刻和转换条件，清理出输出和输入的逻辑关系，从而完成控制系统梯形图的编制。以下是十字路口感应式交通信号灯自动控制系统的设计示例。

假设有一个车流量大的主干线与一个车流量小的支线相交叉的十字路口，为了较有效地提高该路口的车辆通行能力，避免因支线绿灯放行期间造成主干线车辆积压过多，计划采用感应式控制方式，以缓解上述矛盾。主干线及支线的来往车辆通过埋设在停车线附近的四个方向的车辆检测器 A_1、A_2、B_1、B_2 检测，如图 8-8 所示。

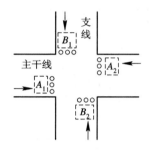

图 8-8　十字路口信号灯示意图

1）控制要求

(1) 启动该系统后(开机)，主干线方向为绿灯亮，支线方向为红灯亮。若支线无车辆通过，则该状态一直保持。一旦支线有车到达路口，则检测器 B_1 或 B_2 检测到车辆到达 6 s 后，使主干线绿灯灭，黄灯亮，延迟 4 s 后变为红灯亮。同时，支线由红灯亮变为绿灯亮。

(2) 当支线绿灯亮后，若主干线无车辆通过路口，则支线绿灯延时 25 s 后自动变为黄灯亮，延时 4 s 后转为红灯亮。同时，主干线由红灯变为绿灯。

(3) 在支线绿灯延时期间，如主干线已积压三辆车，则当检测器 A_1 或 A_2 检测到第三辆车到达时，停止支线绿灯延时，立刻变为黄灯亮，维持 4 s 后又变为红灯亮。此时，主干线由红灯亮变为绿灯亮。重复上述循环。

2）系统设计分析

(1) 确定 I/O 点数。根据控制要求可知，输入信号有 5 个，即启动信号和 4 个方向的车辆检测信号。输出信号有 6 个，即主干线(东西方向)红、黄、绿灯及支线(南北方向)红、黄、绿灯。

从定时角度来看，南北方向(支线)绿灯需要一个最大定时值为 25 s 的定时器，南北、东西两个方向的黄灯各需一个 4 s 的定时器，一个检测到南北方向来车后延时 6 s 的定时器，一个记录东西方向积压车辆数的计数器。由于最大定时值皆未超过定时器的预置值范围，故总共需 4 个定时器、2 个计数器。

可见，该被控系统 I/O 点数不多，选用一般小型机即可满足要求。这里选用 CPM1A 系列 PLC。I/O 分配表如表 8-3 所示。

表 8-3　I/O 分配表

类　别	名　称		点　号
输入	开机		00000
	支线检测器 B_1		00001
	支线检测器 B_2		00002
	主干线检测器 A_1		00003
	主干线检测器 A_2		00004
输出	支线	红灯	01000
		绿灯	01001
		黄灯	01002
	主干线	绿灯	01008
		黄灯	01009
		红灯	01010
	定时器	支线车辆到定时器	TIM000
		主干线黄灯定时器	TIM001
		支线绿灯定时器	TIM002
		支线黄灯定时器	TIM003
	计数器	主干线计数器	CNT046
		支线计数器	CNT047

(2) 灯色状态及定时时序图。按照控制要求，可绘出该时序图如图 8-9 所示。因为当支线车辆检测器 B_1 或 B_2 检测到来车后延时 6 s，所以使主干线由绿灯转变为黄灯亮。该 6 s 的延时应由 B_1 或 B_2 输入的信号启动定时器 TIM000 来实现，但在 TIM000 定时期间，检测信号消失后，TIM000 会复位。为了防止复位，图 8-9 中采用了锁存指令(KEEP 2000)形成锁存继电器。

支线绿灯最长延续 25 s，在此期间若主干线积压车辆不够 3 辆，则当延迟时间到后，才由绿灯转为黄灯亮。假若积压车辆已够 3 辆，则不管绿灯延迟 25 s 是否到，在第三辆车到时，立即强迫将绿灯转变为黄灯亮。处理这一问题的关键，是当支线绿灯亮时应为启动车辆计数器作好准备。一旦主干线方向的传感器 A_1 或 A_2 发出有车信号，就能立即启动车辆计数器开始计数。因此，主干线来车计数器的启动条件应为支线绿灯亮和主干线车辆传感器 A_1 或 A_2 的输出信号。只要车辆计数器计到第 3 辆来车，就有信号输出，不管绿灯是否延时够 25 s，就迫使其关闭而转为黄灯亮。图 8-9 中虚线所示即为这种情况。

整个系统的灯色转换条件及定时时序如图 8-9 中箭头所示。由图 8-9 可得出各定时器控制条件及灯色转换控制条件。

由图 8-9 可看出，支路红灯的启动条件是开机信号的存在以及计时器 TIM001 信号的非信号，也就是说，在开机信号存在的条件下，计时器 TIM001 的信号为 0 时，支路红灯信号为 1，一旦 TIM001 信号出现，支路红灯信号则变为 0。其他输出信号的产生与消失和支路红灯信号相似，由图 8-9 中信号之间的关系可分析出对应的逻辑函数表达式。

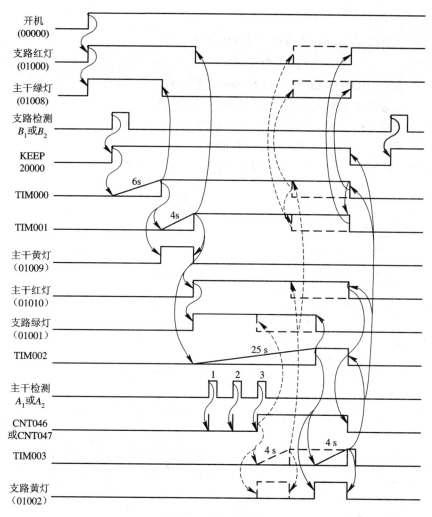

图 8-9　系统时序图

(3) 定时器、计数器控制条件及灯色转换控制条件。具体描述如下：

● 定时器、计数器控制条件：

将 B_1、B_2 检测器产生的检测信号通过上升沿微分指令 DIFU 产生锁存信号，放在锁存器 20000 中。

$$DIFU(20010) = B_1(00001) + B_2(00002)$$

$$KEEP(20000) = 20010 \cdot \overline{TIM003}$$

$$TIM000 = 20000 \cdot \overline{TIM003}$$

$$TIM001 = TIM000$$

$$TIM002 = TIM001 \cdot \overline{TIM003}$$

$$TIM003 = TIM002 + CNT046 + CNT047$$

$$CNT046计数 = 支线绿灯(01001) \cdot A_1(00003)$$

$$CNT047计数 = 支线绿灯(01001) \cdot A_2(00004)$$

$$CNT046、CNT047复位 = \overline{主干线红灯（01010）}$$

● 灯色转换条件：

支线红灯(01000)=开机(00000) · $\overline{TIM001}$

支线绿灯(01001)=主干线红灯(01010) · $\overline{TIM002}$ · $\overline{CNT046}$ · $\overline{CNT047}$

支线黄灯(01002)=(TIM002+CNT046+CNT047) · $\overline{TIM003}$

主干线绿灯(01008)=支线红灯(01000) · $\overline{TIM000}$

主干线黄灯(01009)=TIM000 · $\overline{TIM001}$

主干线红灯(01010)=TIM001 · $\overline{TIM003}$

(4) 绘制梯形图。由上述各逻辑函数设计出梯形图，如图8-10所示。

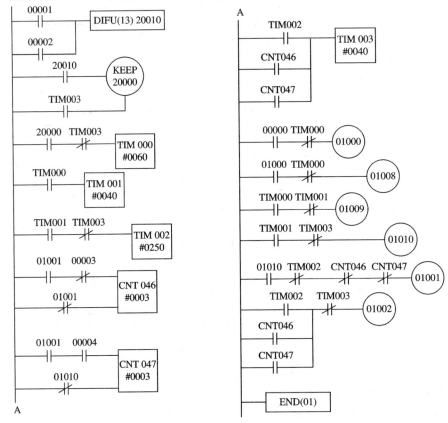

图 8-10　感应式交通信号灯自动控制梯形图

(5) 编写程序表。程序表如下：

1.	LD	00001	10.		#0060	19.	AND	00003
2.	OR	00002	11.	LD	TIM000	20.	LD NOT	01001
3.	DIFU(13)	20010	12.	TIM	001	21.	CNT	046
4.	LD	20010	13.		#0040	22.		#0003
5.	LD	TIM003	14.	LD	TIM001	23.	LD	01001
6.	KEEP(11)	20000	15.	AND NOT	TIM03	24.	AND	00004
7.	LD	20000	16.	TIM	002	25.	LD NOT	01010
8.	AND NOT	TIM003	17.		#0250	26.	CNT	047
9.	TIM	000	18.	LD	01001	27.		#0003

28.	LD	TIM002	38.	OUT	01008	48.	AND NOT	CNT047
29.	OR	CNT046	39.	LD	TIM000	49.	OUT	01001
30.	OR	CNT047	40.	AND NOT	TIM001	50.	LD	TIM002
31.	TIM	003	41.	OUT	01009	51.	OR	CNT046
32.		#0040	42.	LD	TIM001	52.	OR	CNT047
33.	LD	00000	43.	AND NOT	TIM03	53.	AND NOT	TIM003
34.	AND NOT	TIM000	44.	OUT	01010	54.	OUT	01002
35.	OUT	01000	45.	LD	01010	55.	END(01)	
36.	LD	01000	46.	AND NOT	TIM002			
37.	AND NOT	TIM000	47.	AND NOT	CNT046			

逻辑设计法归纳如下：

● 用不同的逻辑变量来表示各输入/输出信号，并设定对应输入/输出信号各种状态时的逻辑值；

● 详细分析控制要求，明确各输入/输出信号个数，合理选择机型；

● 根据控制要求，列出状态表或画出时序图；

● 由状态表或时序图写出相应的逻辑函数，并进行化简；

● 根据化简后的逻辑函数画出梯形图，列出指令表；

● 上机调试，使程序满足要求。

8.2.2 顺序控制设计法

所谓顺序控制，就是根据生产工艺，按预先规定的顺序，在各个输入信号的作用下，使生产过程的各个执行机构自动地按顺序动作。顺序控制不仅广泛应用于中、小企业的加工、装配、检验、包装等工作的自动化中，而且在大型计算机控制的高度自动化工矿企业中，也是不可或缺的控制方式。

1. 顺序控制设计法的功能表图与梯形图

对那些按动作的先后顺序进行工作的系统，非常适宜使用顺序控制设计法编程。顺序控制设计法规律性很强，虽然编出的程序偏长，但程序结构清晰，可读性好。

在用顺序控制设计法编程时，可根据系统的工作顺序绘制出功能表图。通过功能表图来表现系统各工作步的功能、步与步之间的转换顺序及其转换条件。

现以简单的控制为例来说明功能表图的组成。

某动力头的运动状态有三种，即快进→工进→快退。各状态的转换条件为：快进到一定位置，压限位开关 SQ_1 则转为工进；工进到一定位置，压限位开关 SQ_2 则转为快退；退回原位压限位开关 SQ_3，动力头自动停止运行。对这样的控制过程画出的功能表图如图 8-11 所示。

功能表图是由步、有向连线、转换条件和动作内容说明等组成的。用矩形框表示各步，框内的数字是步的编号。

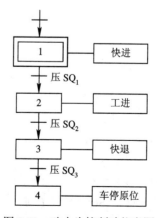

图 8-11 动力头控制功能表图

初始步使用双线框，如图 8-11 中步 1 就是初始步。每个功能表图都有一个初始步。每步的动作内容放在该步旁边的框中，如步 1 的动作是快进等。步与步之间用有向线段相连，箭头表示步的转换方向(简单的功能表图可不画箭头)。步与步之间的短横线旁标注转换条件。正在执行的步叫活动步，当前一步为活动步且转换条件满足时，将启动下一步并终止前一步的执行。

功能表图从结构上来分，可分为单序列结构、选择序列结构和并行序列结构。

1) 单序列结构

单序列结构的功能表图没有分支，每个步后只有一个步，步与步之间只有一个转换条件。

2) 选择序列结构

图 8-12(a)是选择序列结构的功能表图。选择序列的开始称为分支，如图 8-12(a)的步 1 之后有三个分支(或更多)，各选择分支不能同时执行。例如，当步 1 为活动步且条件 a 满足时，转向步 2；当步 1 为活动步且条件 b 满足时，转向步 3；当步 1 为活动步且条件 c 满足时，转向步 4。无论步 1 转向哪个分支，当其后续步成为活动步时，步 1 自动变为不活动步。

若已选择了转向某一个分支，则不允许另外几个分支的首步成为活动步，所以应该使各选择分支之间连锁。

选择序列的结束称为合并。在图 8-12(a)中，不论哪个分支的最后一步成为活动步，当转换条件满足时，都要转向步 5。

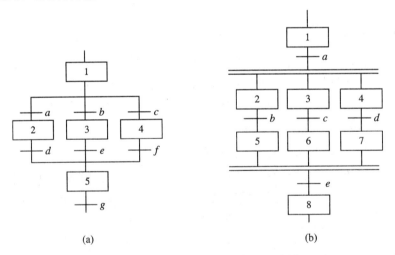

(a)   (b)

图 8-12 选择序列与并行序列功能表图

(a) 选择序列结构；(b) 并行序列结构

3) 并行序列结构

图 8-12(b)是并行序列结构的功能表图。并行序列的开始也称为分支。为了区别于选择序列结构的功能表图，用双线来表示并行序列分支的开始，转换条件放在双线之上。如图 8-12(b)中的步 1 之后有三个并行分支(或更多)，当步 1 为活动步且条件 a 满足时，则步 2、3、4 同时被激活变为活动步，而步 1 则变为不活动步。图中步 2 和步 5、步 3 和步 6、步 4 和步 7 是三个并行的单序列。

并行序列的结束称为合并，用双线表示并行序列的合并。转换条件放在双线之下。对于图 8-12(b)，当各并行序列的最后一步，即步 5、6、7 都为活动步且条件 e 满足时，将同时转换到步 8，且步 5、6、7 同时都变为不活动步。

由步进控制指令的使用方法可以联想到，在进行控制程序设计时，每个步可设置一个控制位。当某步的控制位为 ON 时，该步成为活动步(激活下一步的条件之一)，同时与该步对应的程序开始执行；当转换条件满足时(激活下一步的条件之二)，下一步的控制位为 ON，而上一步的控制位变为 OFF，且上一步对应的程序停止执行。显然，只要在顺序上相邻的控制位之间进行联锁，就可以实现这种步进控制。

图 8-13 是步程序的结构。线圈 S_i、S_{i+1}、S_{i+2} 等是各步的控制位，C_i、C_{i+1}、C_{i+2} 是各步的转换条件。由上述分析可知，某一步成为活动步的条件是：前一步是活动步且转换条件满足。所以图中将常开触点 S_{i-1} 和 C_i 以及 S_i 和 C_{i+1} 相串联作为步启动的条件。由于转换条件是短信号，因此每步要加自锁。当后续步成为活动步时，前一步要变为不活动步，所以图 8-13 中将常闭触点 S_{i+1} 和 S_{i+2} 与前一步的控制位线圈相串联。

当某一步成为活动步时，其控制位为 ON，这个 ON 信号可以控制输出继电器以实现相应的控制，例如图 8-13 中的 B_1 和 B_2。

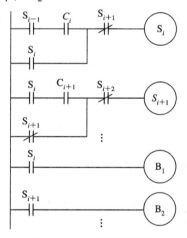

图 8-13   步程序的结构

2．用顺序控制设计法编写程序

用顺序控制设计法编程的基本步骤如下：

(1) 分析控制要求，将控制过程分成若干个工作步，明确每个工作步的功能，弄清步的转换是单向进行还是多向进行，确定步的转换条件(可能是多个信号的"与"、"或"等逻辑组合)。必要时可画一个工作流程图，它对理顺整个控制过程的进程以及分析各步的相互联系有很大作用。

(2) 为每个步设定控制位。控制位最好使用同一个通道的若干连续位。若用定时器/计数器的输出作为转换条件，则应确定各定时器/计数器的编号和设定值。

(3) 确定所需输入和输出点的个数，选择 PLC 机型，作出 I/O 分配。

(4) 在前两步的基础上，画出功能表图。

(5) 根据功能表图画梯形图。

(6) 添加某些特殊要求的程序。

3．用顺序控制设计法编程实例

下面以对电液控制系统动力头的控制为例来说明用顺序控制设计法编程的过程。设某电液控制系统中有两个动力头，其工作流程图如图 8-14 所示。

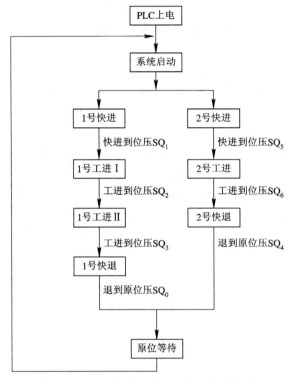

图 8-14　电液控制系统动力头工作流程图

控制要求如下：

(1) 系统启动后，两个动力头便同时开始按流程图中的工作步顺序运行。从它们都退回原位开始延时 10 s 后，又同时开始进入下一个循环的运行。

(2) 若断开控制开关，各动力头必须将当前的运行过程结束(即退回原位)后才能自动停止运行。

(3) 各动力头的运动状态取决于电磁阀线圈的通、断电，它们的对应关系如表 8-4 和表 8-5 所示。表中的"+"表示该电磁阀的线圈通电，"−"表示该电磁阀的线圈不通电。

<table>
<tr><td colspan="5">表 8-4　1 号动力头</td></tr>
<tr><td>动作</td><td>YV_1</td><td>YV_2</td><td>YV_3</td><td>YV_4</td></tr>
<tr><td>快进</td><td>−</td><td>+</td><td>+</td><td>−</td></tr>
<tr><td>工进 I</td><td>+</td><td>+</td><td>−</td><td>−</td></tr>
<tr><td>工进 II</td><td>−</td><td>+</td><td>+</td><td>−</td></tr>
<tr><td>快退</td><td>+</td><td>−</td><td>+</td><td>−</td></tr>
</table>

<table>
<tr><td colspan="4">表 8-5　2 号动力头</td></tr>
<tr><td>动作</td><td>YV_5</td><td>YV_6</td><td>YV_7</td></tr>
<tr><td>快进</td><td>+</td><td>+</td><td></td></tr>
<tr><td>工进</td><td>+</td><td>−</td><td>+</td></tr>
<tr><td>快退</td><td>−</td><td>+</td><td>+</td></tr>
</table>

由图 8-14 可知各动力头的工作步数和转换条件。每个动力头的步与步之间的转换是单向进行的，最后将转换到同一个步上。由于两个动力头退回原位的时间存在差异，因此要

设置原位等待步。这样，只有当两个动力头都退回原位时，定时器才开始计时，以确保两个动力头同时进入下一个循环的运行。因此画两个动力头的控制过程功能表图时，应是并行序列结构。

由图 8-14 可以看出，本例需要一个启/停控制开关、7 个限位开关，它们是 PLC 的输入元件。由表 8-4 和表 8-5 可知，本例需要 7 个电磁阀，它们是 PLC 的输出执行元件。

如果选择机型为 CPM1A，则 I/O 分配如表 8-6 所示。

表 8-6 I/O 分配表

输　　入		输　　出	
系统启动控制开关	00000	电磁阀 YV_1 线圈	01001
1 号动力头原位限位 SQ_0	00100	电磁阀 YV_2 线圈	01002
1 号动力头快进限位 SQ_1	00101	电磁阀 YV_3 线圈	01003
1 号动力头工进 I 限位 SQ_2	00102	电磁阀 YV_4 线圈	01004
1 号动力头工进 II 限位 SQ_3	00103	电磁阀 YV_5 线圈	01005
2 号动力头原位限位 SQ_4	00104	电磁阀 YV_6 线圈	01006
2 号动力头快进限位 SQ_5	00105	电磁阀 YV_7 线圈	01007
2 号动力头工进限位 SQ_6	00106		

利用 200 通道中的位做各工作步的控制位，画出的功能表图如图 8-15 所示。

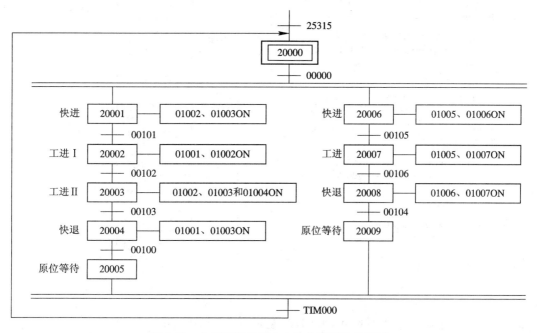

图 8-15 电液控制系统动力头的控制功能表图

根据功能表图,按照前面介绍的方法很容易画出各步的梯形图,再根据各步应该接通的电磁阀线圈号,确定对应各步的电磁阀线圈的置位或复位状态,可画出如图 8-16 所示的梯形图。

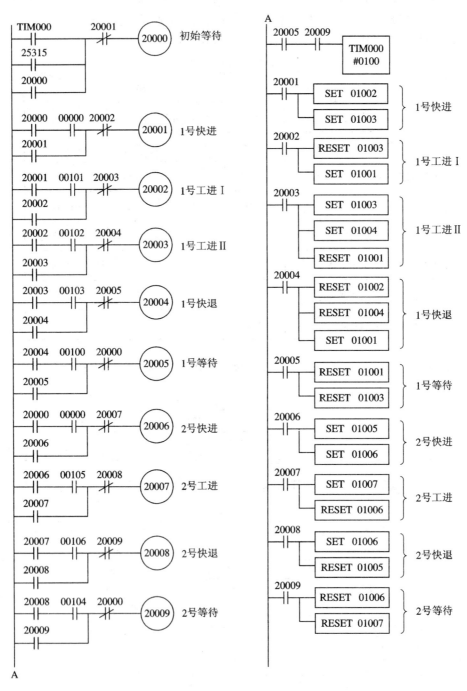

图 8-16　电液控制系统动力头控制梯形图

根据梯形图可得程序表如下：

1.	LD	TIM000	29.	AND NOT	20000	57.	SET	01003
2.	OR	25315	30.	OUT	20005	58.	LD	20002
3.	OR	20000	31.	LD	20000	59.	RESET	01003
4.	AND NOT	20001	32.	AND	00000	60.	SET	01001
5.	OUT	20000	33.	OR	20006	61.	LD	20003
6.	LD	20000	34.	AND NOT	20007	62.	SET	01003
7.	AND	00000	35.	OUT	20006	63.	SET	01004
8.	OR	20001	36.	LD	20006	64.	RESET	01001
9.	AND NOT	20002	37.	AND	00105	65.	LD	20004
10.	OUT	20001	38.	OR	20007	66.	RESET	01002
11.	LD	20001	39.	AND NOT	20008	67.	RESET	01004
12.	AND	00101	40.	OUT	20007	68.	SET	01001
13.	OR	20002	41.	LD	20007	69.	LD	20005
14.	AND NOT	20003	42.	AND	00106	70.	RESET	01001
15.	OUT	20002	43.	OR	20008	71.	RESET	01003
16.	LD	20002	44.	AND NOT	20009	72.	LD	20006
17.	AND	00102	45.	OUT	20008	73.	SET	01005
18.	OR	20003	46.	LD	20008	74.	SET	01006
19.	AND NOT	20004	47.	AND	00104	75.	LD	20007
20.	OUT	20003	48.	OR	20009	76.	SET	01007
21.	LD	20003	49.	AND NOT	20000	77.	RESET	01006
22.	AND	00103	50.	OUT	20009	78.	LD	20008
23.	OR	20004	51.	LD	20005	79.	SET	01006
24.	AND NOT	20005	52.	AND	20009	80.	RESET	01005
25.	OUT	20004	53.	TIM	000	81.	LD	20009
26.	LD	20004	54.		#0100	82.	RESET	01006
27.	AND	00100	55.	LD	20001	83.	RESET	01007
28.	OR	20005	56.	SET	01002			

对梯形图的工作过程说明如下：

(1) 在 PLC 上电后的第一个扫描周期，25315 为 ON，使初始步 20000 为 ON，为系统启动作好准备。

(2) 在一个循环过程结束时，两个动力头一起在原位停留 10 s 后，步 20000 自动成为活动步，以使系统进入下一个循环的过程，所以将 TIM000(原位等待定时器)的常开触点与 25315 并联。

(3) 因为步 20001 和步 20006 是两个并行序列的首步，所以这两个步的活动条件都是 20000 和 00000 的"与"。在一个循环的过程结束且 20000 成为活动步时，由于 00000 始终为 ON，从而使步 20001 和步 20006 自动成为活动步，并开始重复前一个循环的过程。

(4) 当两个动力头都回到原位且等待步 20005 和 20009 都成为活动步时，TIM000 才开始计时。在定时时间到且步 20000 成为活动步时，等待步 20005 和 20009 才变为不活动步；

(5) 对应每一个工作步，要对控制相关电磁阀的输出位进行置位或复位。例如，在 20001 成为活动步时，要将 01002 和 01003 置位(电磁阀 YV$_2$、YV$_3$线圈通电)，使 1 号动力头快进；在等待步 20005 和 20009 为活动步时，将相关电磁阀线圈的输出位进行复位，以保证下一个循环时动力头不会发生错误的动作。例如，在 20005 成为活动步时，将 01006 和 01003 复位，使 1 号动力头进入等待状态；在 20009 成为活动步时，将 01006 和 01007 复位，使 2 号动力头进入等待状态。

顺序控制设计法有一定的规律可循，所编写的程序易读，易检查，易修改，是常用的设计方法之一。使用顺序控制设计法的关键有三条：一是理顺动作顺序，明确各步的转换条件；二是准确地画出功能表图；三是根据功能表图正确地画出相应的梯形图，最后再根据某些特殊功能要求，添加部分控制程序。要想用好顺序控制设计法，重要的是熟练掌握功能表图的画法，以及根据功能表图画出相应梯形图的方法。

8.2.3 继电器控制电路图转换设计法

有些继电器控制的系统或设备经过多年的运行实践证明其设计是成功的。若欲改用 PLC 控制，可以在原继电器控制电路的基础上，经过合理转换，设计出具有相同功能的 PLC 控制系统。把继电器控制转换成 PLC 控制时，要注意转换方法，以确保转换后系统的功能不变。

1. 对各种继电器和电磁阀等的处理

在继电器控制系统中，大量使用了各种控制电器，例如交直流接触器、电磁阀、电磁铁、中间继电器等。交直流接触器、电磁阀、电磁铁的线圈是执行元件，要为它们分配相应的 PLC 输出继电器号。中间继电器可以用 PLC 内部的辅助继电器来代替。

2. 对常开按钮和常闭按钮的处理

在继电器控制电路中，一般启动用常开按钮，停车用常闭按钮。用 PLC 控制时，启动和停车一般都用常开按钮。尽管使用哪种按钮都可以，但是画出的 PLC 梯形图却不同。

图 8-17(a)和(b)中，SB$_1$ 是启动按钮，SB$_2$ 是停车按钮，K 是交流接触器。图 8-17(a)中的停车用常开按钮，对应梯形图中的 00001 是常闭触点；图 8-17(b)中的停车用常闭按钮，对应梯形图中的 00001 是常开触点。在转换时这一点要务必注意。

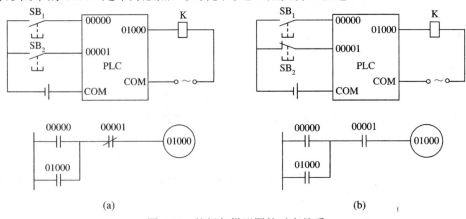

图 8-17 按钮与梯形图的对应关系

(a) 常开按钮对应的梯形图； (b) 常闭按钮对应的梯形图

3．对热继电器触点的处理

若 PLC 的输入点较多，则热继电器的常闭触点可占用 PLC 的输入点；若输入点较少，则热继电器的信号可不输入 PLC 中，而是接在 PLC 外部的控制电路中。

4．对时间继电器的处理

物理的时间继电器可分为通电延时型和断电延时型两种。通电延时型时间继电器，其延时动作的触点有通电延时闭合和通电延时断开两种；断电延时型时间继电器延时动作的触点有断电延时闭合和断电延时断开两种。用 PLC 控制时，时间继电器可以用 PLC 的定时器/计数器来代替。PLC 定时器的触点只有接通延时闭合和接通延时断开两种，但通过编程，可以设计出满足要求的时间控制程序。

对于图 8-18(a)的控制电路，时间继电器是通电延时型的。当中间继电器 KA 的常开触点接通时，时间继电器开始定时，延时后 KM 线圈得电。该图对 KM 实现了延时接通的控制。对图 8-18(a)中的各电器作 I/O 分配：KA 对应的 PLC 输入点为 00000，KM 对应的输出点为 01000，KT 用 TIM000 代替，画出 PLC 的梯形图如图 8-18(b)所示。

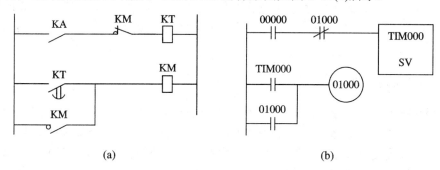

(a)   (b)

图 8-18　通电延时接通的控制

(a) 继电—接触器控制线路；(b) 控制梯形图

5．处理电路的连接顺序

在转换成 PLC 的梯形图时，为了能方便转换，一般要把继电器控制电路图做一点调整。

例如将图 8-19(a)转换成 PLC 梯形图时，要先对图 8-19(a)中电路图的部分接线进行调整。线圈 KM_2 和 KM_3 之间连接着常开触点 KM_2，由于 PLC 的梯形图不允许有这种结构，因此应对这种接线图进行调整。由于 KM_3 接通的条件有两个，其一是 KM_2 接通，其二是时间继电器的常开触点 KT 闭合，两者具一即可，因此，应将 KM_2 的常开触点与 KT 的延时闭合的常开触点并联作为 KM_3 的接通条件。根据这个原则，画出调整后的控制电路如图 8-19(b)所示。对图 8-19(b)的电路做 I/O 分配，如表 8-7 所示，KM_3 用 20000 来代替，时间继电器用 TIM000 来代替。由 I/O 分配画出 PLC 的梯形图如图 8-19(c)所示。

表 8-7　I/O 分配表

输　　入		输　　出	
SB_1	00000	KM_1	01000
SB_2	00001	KM_2	01001
ST	00002		

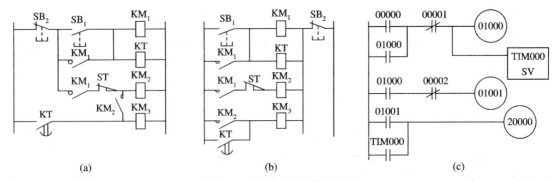

图 8-19 控制电路接线的调整

(a) 调整前的继电器控制电路；(b) 调整后的继电器控制电路；(c) PLC 控制梯形图

由继电器控制电路转换成 PLC 梯形图后，一定要仔细校对，认真调试，以保证其控制功能与原图相符。

本节所举的例子只是控制电路的局部。对于复杂的控制电路可以化整为零，先进行局部的转换，最后再综合起来。当控制电路很复杂时，大量的中间继电器、时间继电器、计数器等都可以用 PLC 的内部器件来取代，复杂的控制逻辑可用程序来实现，这时，用 PLC 取代继电器控制的优越性就显而易见了。

8.2.4 PLC 经验控制与基本环节

在透彻理解了 PLC 各种指令的含义及功能的基础上，应尽可能多地参考和学习 PLC 的应用实例，增加 PLC 程序设计的经验。在实际 PLC 程序设计中，经验设计法也是一种常用的方式。这种方式没有固定的模式，主要与编程者的经验有关。下面将列出一些 PLC 设计中的基本环节和程序示例。

1. 定时器/计数器扩展

例 1：定时器的扩展。

一个定时器的最大定时时间是 999.9 s，但通过几个定时器串联或定时器与计数器串联的方式则可获得更长的定时时间。图 8-20 以 TIM000 的常开触点作为定时器 TIM001 的执行时间，就可实现定时器容量的扩展。

例 2：定时器与计数器的串联。

在图 8-21 中，当 00000 接通时，定时器 TIM000 启动，经 SV_1 秒后产生输出信号，使内部辅助继电器 20000 线圈带电；继而其常开触点接通，使计数器 CNT001 对定时输出信号进行计数，其常闭触点断开，将 TIM000 复位。此后，又重新启动，延

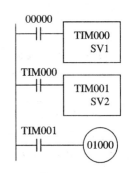

图 8-20 定时器的扩展

时 SV_1 秒后，又产生一输出信号，计数器 CNT001 再对它计数；同时 TIM000 又自动复位后再启动，直到计数器 CNT001 达到计数值 SV_2 时，使 01000 接通带电。这样，从 00000 接通到 01000 产生输出为止，延迟的时间为定时器与计数器二者预置值的乘积。

计数器的复位脉冲采用特殊辅助继电器 25315，它在程序运行开始后，仅在第一个扫描周期接通，用作计数器的初始复位。

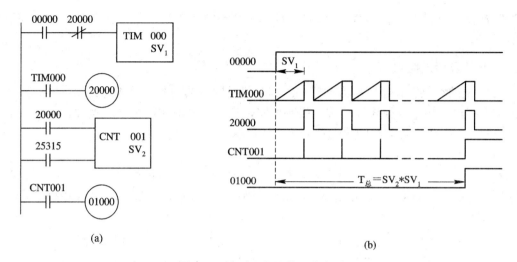

图 8-21　定时器与计数器的串联

(a) 梯形图；(b) 工作波形

例 3：循环计数器容量的扩展。

在图 8-22 中，CNTR000 的常开触点连到 CNT001 的计数脉冲输入端，可以构成大容量的循环计数器。例如，CNTR000 指令的 HR00 中若为 #9999，CNT001 的 SV 为 #1000，则每经过 10000×1000 s，CNT001 的输出就会 ON 一次。请注意 CNT 和 CNTR 的编号方法。

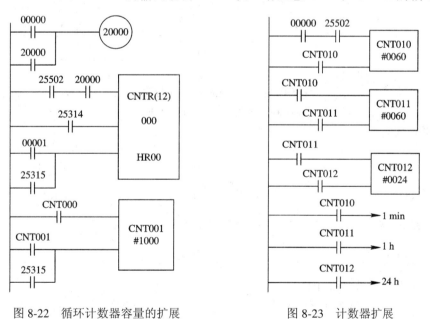

图 8-22　循环计数器容量的扩展　　　　图 8-23　计数器扩展

例 4：试设计一控制电路，使其从启动开始，每经 1 min、1 h 和 24 h 后各输出一控制信号。

分析：为了实现这一要求，可以采用计数器对内部产生 1 s 脉冲的特殊辅助继电器 25502 进行预值计数来实现。

其梯形图如图 8-23 所示，图中利用 CNT010 产生 1 min 的信号，由 CNT011 和 CNT012

串联形成 1 h 的信号，把 CNT010、CNT011 和 CNT012 三者串联起来就可得到 24 h 的信号输出。

2. 移位及传送控制

PLC 中的移位寄存器可单方向移动，移动量是固定的，且具有先进先出的特点，故利用移位寄存器可构成各种移位与传送控制电路，满足生产的实际需要。例如，节日的彩灯移位控制、工业生产装配线的自动控制等，皆属这种类型的控制。

例 5：灯光移位控制电路。

若有 12 个灯，要求启动程序后，从第一个灯开始亮，然后每秒向前移一个灯，至第 12 个灯亮后，又重复从第一个灯开始亮，如此不断循环。其梯形图及工作波形图如图 8-24 所示。

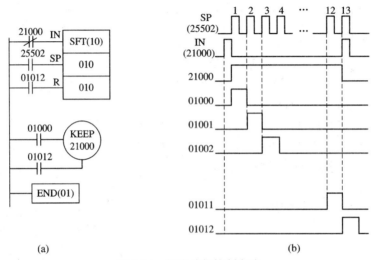

图 8-24　灯光移位控制电路

(a) 梯形图程序；(b) 工作波形图

系统程序表如下：

1.	LD NOT	21000	5.		010	9.	KEEP(11)	21000
2.	LD	25502	6.		010	10.	END(01)	
3.	LD	01012	7.	LD	01000			
4.	SFT(10)		8.	LD	01012			

例 6：装配生产线控制电路。

假设有一装配生产线共有 16 个工作位置，可完成对某零件的装配、焊接、夹紧、上螺母、油漆、贴商标等工作，该生产线的示意图如图 8-25 所示。为了避免无零件装入时机械空操作，在第一个位置上装有传感器，用来检查是否有零件装入。该生产线每 5 秒钟移动一个工位，在 2、4、6、8、10、12、14 和 16 号位置上分别完成 8 个不同的操作，而 3、5、7、9、11、13、15、17 号位置仅用于传送零件。当允许工作信号产生时，该生产线投入工作；当无零件装入或发出停止信号时，各种操作均不执行。其 I/O 分配表如表 8-8 所示。

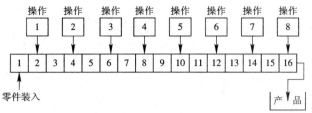

图 8-25　装配生产线示意图

表 8-8　I/O 分配表

输　　入		输　　出			
允许工作	00000	操作 1	01001	操作 5	01005
零件装入	00001	操作 2	01002	操作 6	01006
停止	00002	操作 3	01003	操作 7	01007
		操作 4	01004	操作 8	01008

　　将生产线的 16 个工位看作移位寄存器的 16 位，要求零件在生产线上从一个工位移到另一个工位需 5 s，故移位寄存器每移一位也需 5 s。因此，移位寄存器的 SP 脉冲应是一个 5 s 的脉冲发生器。装配生产线控制梯形图如图 8-26 所示。

　　当允许工作信号产生时，00000 接通，启动定时器 TIM 000，每 5 s 使其常开触点接通一次，从而使 20000 继电器每 5 s 输入一个信号作为移位寄存器的时钟脉冲。在正常情况下，零件连续不断地在位置 1 装入，由传感器检测的零件装入信号作为移位寄存器的输入信号，在时钟脉冲的作用下在 IR 210 中被逐位移动，每移动一位需 5 s，正好与零件每移一个工位经过的时间一样。因此，当第一个零件装入信号产生时，使 21000 置 1，5 s 后移至 21001 位，使 01001 接通，执行操作 1，此时零件也正好移到第二工位，从而完成操作 1。以后每经 10 s 移动两位，恰好执行一种操作。当信号移到通道的最后一位时，执行最后一种操作。

　　如果没有零件装入，则传感器无信号输入移位寄存器，故通道 IR 210 各位皆为零，则各种操作均不执行。同理，当发出停止信号后，移位寄存器被复位，各种操作也不执行。

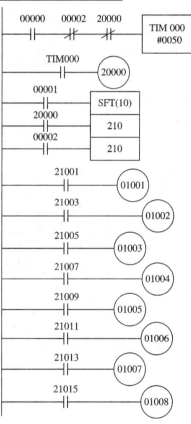

图 8-26　装配生产线控制梯形图

　　由这一控制电路的基本思路出发，可以设计出检测产品、剔除次品、统计班产量、统计日产量等控制电路。

3. 液体混合自动控制系统设计及调试

　　假设有两种液体，需将其混合在一起，混合装置如图 8-27 所示。图中 X_1、X_2、X_3 为进液、放液电磁阀，H、I、L 为液面指示传感器，M 为搅匀电动机。

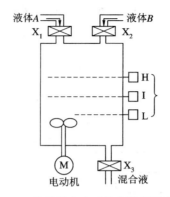

图 8-27　液体混合自动控制装置示意图

1) 控制要求

按下启动按钮，X_1 打开，液体 A 流入容器。当液面上升到 I 时，传感器 I 输出信号，将液体 A 的阀门关闭，液体 B 阀门打开。液面继续上升到 H 时，传感器 H 发出信号，将液体 B 的阀门关闭，同时启动电动机 M，开始搅拌。搅拌均匀后(设 1 分钟)，停止搅动，打开放液阀，开始放出混合液体。当液面下降到 L 时，L 从接通变为断开。经过 3 s 后，混合液放完，将放液阀 X_3 关闭，开始下一周期。在工作过程中，若按下停止按钮，则在完成当前混合操作处理后，才停止操作(停在初始状态)。

2) 系统设计

按照控制要求，输入点有 5 个，即一个启动按钮、一个停止按钮和三个液面指示传感信号。输出点共 4 个，即 3 个电磁阀 X_1、X_2 和 X_3，一台电动机 M。因该系统所需程序容量不大，故仍选用小型机控制。现以 CPM1A 机为例，实现上述控制。I/O 分配见表 8-9。

表 8-9　I/O 分配表

输	入	输	出
启动	00000	电磁阀 X_1	01000
停止	00001	电磁阀 X_2	01001
H 传感器	00002	电磁阀 X_3	01002
I 传感器	00003	电动机 M	01008
L 传感器	00004		

I/O 连接图如图 8-28 所示。

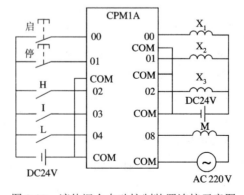

图 8-28　液体混合自动控制装置连接示意图

其控制系统梯形图如图 8-29 所示。

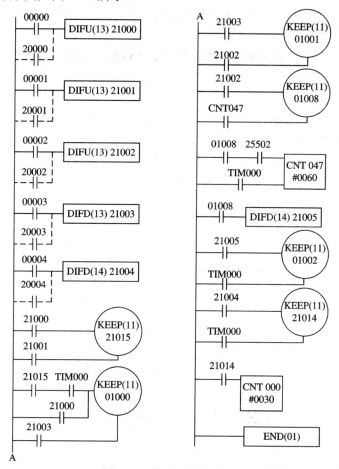

图 8-29　控制系统梯形图

系统程序表如下：

1.	LD	00000	16.	LD	21000	31.	AND	25502
2.	OR	20000	17.	LD	21001	32.	LD	TIM000
3.	DIFU(13)	21000	18.	KEEP(11)	21015	33.	CNT	047
4.	LD	00001	19.	LD	21015	34.		#0060
5.	OR	20001	20.	AND	TIM000	35.	LD	01008
6.	DIFU(13)	21001	21.	OR	21000	36.	DIFD(14)	21005
7.	LD	00002	22.	LD	21003	37.	LD	21005
8.	OR	20002	23.	KEEP(11)	01000	38.	LD	TIM000
9.	DIFU(13)	21002	24.	LD	21003	39.	KEEP(11)	01002
10.	LD	00003	25.	LD	21002	40.	LD	21004
11.	OR	20003	26.	KEEP(11)	01001	41.	LD	TIM000
12.	DIFU(13)	21003	27.	LD	21002	42.	KEEP(12)	21014
13.	LD	00004	28.	LD	CNT047	43.	LD	21014
14.	OR	20004	29.	KEEP(11)	01008	44.	TIM	000
15.	DIFD(14)	21004	30.	LD	01008	45.		#0030
						46.	END(01)	

3) 输入程序

在 PROGRAM 方式下，将程序输入 PLC 内。

4) 调试及修改程序

在 MONITOR 方式下调试程序。调试时，用 20000、20001、20002、20003、20004 的状态来模拟启动，停止，H、I、L 的信号状态，输入/输出可暂不作任何连接。调试时各状态情况如下：

(1) 初始状态。20000、20001、20002、20003、20004 均为 OFF，01000、01001、01002、01003、01008 也均为 OFF。

(2) 启动操作。强制 20000 为 ON，再为 OFF(相当于按一下启动按钮)。这时 01000 灯亮，相当于 X_1 打开，模拟液体注入容器。

(3) 液面上升到 L。强置 20004 为 ON，模拟液面上升到 L。

(4) 液面上升到 I。强置 20003 为 ON，模拟液面上升到 I。这时 01000 灯灭，01001 灯亮，相当于 X_1 关闭，X_2 打开，即表示液体 A 停止注入，液体 B 注入容器。

(5) 液面上升到 H。强置 20002 为 ON，模拟液面上升到 H。这时 01001 灭，01008 亮，相当于 X_2 关闭，M 启动工作。此时液体 B 停止注入，开始搅匀液体。经过 1 min 延迟，01008 灭，01002 亮，表示搅动停止，开始放混合液体。

(6) 液面下降。强置 20002 为 OFF，20003 为 OFF，表示液面继续下降。

(7) 液面下降到 L。强置 20004 为 OFF，表示液面下降到 L，开始放余液。经 3 s 后，01002 灭，01000 亮，相当于剩余液体放完，液体 A 又重新注入，表明下一循环开始。

8.3 PLC 控制系统实例

8.3.1 机械手的 PLC 控制

采用液压控制的搬运机械手，其任务是把左工位的工件搬运到右工位。图 8-30 是其动作示意图。机械手的工作方式分为手动、单步、单周期和连续四种。机械手各种工作方式的动作过程及控制要求如下所述。

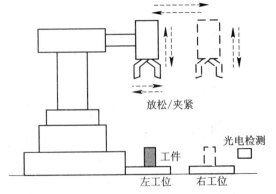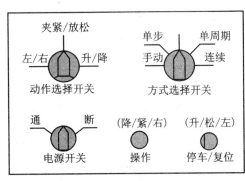

图 8-30 机械手动作示意图

(a) 机械手动作示意图；(b) 机械手操作盘示意图

1. 机械手的工作方式

(1) 单周期方式。① 机械手在原位压左限位开关和上限位开关，按一次操作按钮则机械手开始下降，下降到左工位压动下限位开关后自停；② 机械手夹紧工件后开始上升，上升到原位压动上限位开关后自停；③ 机械手开始右行直至压动右限位开关后自停；④ 机械手下降，下降到右工位压动下限位开关(两个工位用一个下限位开关)后自停；⑤ 机械手放松工件后开始上升，直至压动上限位开关后自停(两个工位用一个上限位开关)；⑥ 机械手开始左行，直至压动左限位开关后自停。至此一个周期的动作结束，再按一次操作按钮则开始下一个周期的运行。单周期方式工作过程如图 8-31 所示。

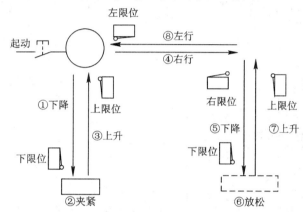

图 8-31　单周期方式工作过程示意图

(2) 连续方式。启动后机械手反复运行上述每个周期的动作过程，即周期性连续运行。

(3) 单步方式。每按一次操作按钮，机械手完成一个工作步。例如，按一次操作按钮，机械手开始下降，下降到左工位压动下限位开关自停，欲使之运行下一个工作步，必须再按一次操作按钮。

以上三种工作方式属于自动控制方式。

(4) 手动方式。按下按钮则机械手开始一个动作，松开按钮则停止该动作。

2. 做 I/O 分配表

依据控制要求，共需 14 个输入点、8 个输出点，选用 CPM1A 机型，其 I/O 分配表如表 8-10 所示。

表 8-10　I/O 分配表

输	入			输	出
操作按钮	00000	升/降选择	00100	下降电磁阀线圈	01000
停车按钮	00001	紧/松选择	00101	上升电磁阀线圈	01001
下降限位	00003	左/右选择	00102	紧/松电磁阀线圈	01002
上升限位	00004	手动方式	00103	右行电磁阀线圈	01003
右行限位	00005	单步方式	00104	左行电磁阀线圈	01004
左行限位	00006	单周方式	00105	原位指示灯	01005
光电开关	00007	连续方式	00106	夹紧指示灯	01006
				原放松指示灯	01007

3. 机械手工作图表

在进行程序设计之前，先画出机械手单周期方式工作图表，如图 8-32(a)所示。图中能清楚地看到机械手每一步的动作内容及步间的转换关系。通过工作图表可得出应用程序的总体方案。

应用程序的总体方案如图 8-32(b)所示，程序分为两大块，即手动和自动两部分。当选择开关拨到手动方式时，输入点 00103 为 ON，其常开触点接通，开始执行手动程序；当选择开关拨在单步、单周期或连续方式时，输入点 00103 断开，其常闭触点闭合，开始执行自动程序。至于执行自动方式的哪一种，则取决于方式选择开关是拨在单步、单周期还是连续的位置上。

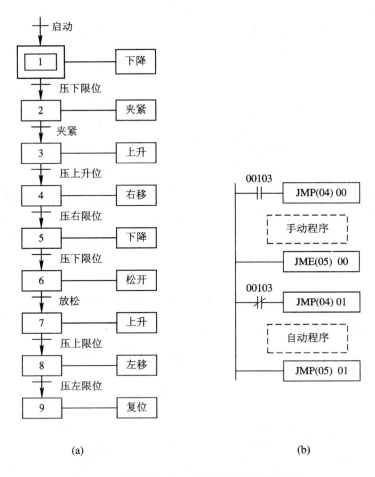

(a)   (b)

图 8-32 单周期方式工作图表及总体设计方案
(a) 单周期方式工作图表；(b) 总体设计方案

1) 手动控制程序梯形图

图 8-33 是根据要求设计的手动控制程序的梯形图。

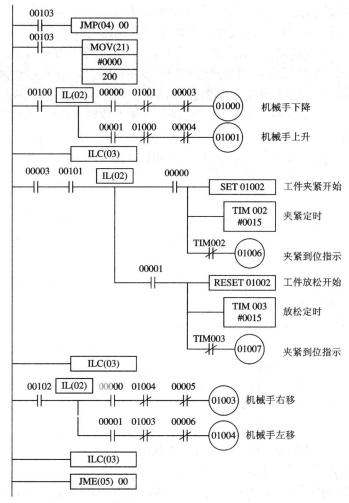

图 8-33 机械手的手动控制程序梯形图

由梯形图得程序指令表如下：

1.	LD	00103	16.	OUT	01001	31.	AND NOT	TIM003
2.	JMP(04)	00	17.	ILC(03)		32.	OUT	01007
3.	LD	00103	18.	LD	00003	33.	ILC(03)	
4.	MOV(21)		19.	AND	00101	34.	LD	00102
5.		#0000	20.	IL(02)		35.	IL(02)	
6.		200	21.	LD	00000	36.	LD	00000
7.	LD	00100	22.	SET	01002	37.	AND NOT	01004
8.	IL(02)		23.	TIM	002	38.	AND NOT	00005
9.	LD	00000	24.		#0015	39.	OUT	01003
10.	AND NOT	01001	25.	AND NOT	TIM002	40.	LD	00001
11.	AND NOT	00003	26.	OUT	01006	41.	AND NOT	01003
12.	OUT	01000	27.	LD	00001	42.	AND NOT	00006
13.	LD	00001	28.	RESET	01002	43.	OUT	01004
14.	AND NOT	01000	29.	TIM	003	44.	ILC(03)	
15.	AND NOT	00004	30.		#0015	45.	JME(05)	00

对图 8-33 所示的机械手的手动控制程序分析如下：

(1) 上升/下降控制(工作方式选择开关拨在手动位)。手动控制机械手的上升/下降、左/右行、工件的夹紧/放松操作，是通过方式开关、操作和停车按钮的配合来完成的。

若要进行机械手升/降操作，则要把选择开关拨在升/降位，使 00100 接通。

下降操作为：按下操作按钮时，输入点 00000 接通，01000(下降电磁阀线圈)接通，使机械手下降，松开按钮则机械手停。当按住操作按钮不放时，机械手下降到位压动下限位开关 00003 时自停。

上升操作为：按下停车按钮时，输入点 00001 接通，01001(上升电磁阀线圈)接通，使机械手上升，松开按钮时机械手停。当按住停车按钮不放时，机械手上升到位压动上限位开关 00004 后自停。

(2) 夹紧/放松控制(工作方式选择开关拨在手动位)。只有机械手停在左或右工位且下限位开关 00003 受压(其常开触点接通)时，夹紧/放松的操作才能进行。把动作选择开关拨在夹紧/放松位，输入点 00101 接通。

若机械手停在左工位且此时有工件，则当按住操作按钮时，开始如下动作：

● 01002 被置位，机械手开始夹紧工件；

● 01006 为 ON，夹紧动作指示灯亮，表示正在进行夹紧的动作；

● TIM002 开始夹紧定时。当定时时间到且夹紧动作指示灯灭时，方可松开按钮，此时 01002 仍保持接通状态，TIM002 被复位。

若机械手停在右工位且夹有工件，则当按住停车按钮时，开始如下动作：

● 01002 被复位，机械手开始放松工件；

● 01007 为 ON 使放松动作指示灯亮，表示正在进行放松的动作；

● TIM003 开始放松定时。当定时时间到且放松动作指示灯灭时，方可以松开按钮，此时 01002 仍保持断开状态，TIM003 复位。

(3) 左/右行控制(工作方式选择开关拨在手动位)。把动作选择开关拨在左/右位，使输入点 00102 接通。

右行的操作为：按住操作按钮 00000，01003(右行电磁阀线圈)得电使机械手右行，松开按钮则机械手停。当按住操作按钮不放时，机械手右行。右行到位压动右限位开关 00005 时自停。

左行的操作为：按住停车按钮 00001，01004(左行电磁阀线圈)得电使机械手左行，松开按钮则机械手停。当按住停车按钮不放时，机械手左行。左行到位压动左限位开关 00006 时自停。

2) 自动控制程序梯形图

图 8-34 是根据要求设计的自动控制程序的梯形图，对其功能作如下分析。

(1) 连续运行方式的控制(工作方式选择开关拨在连续位)。连续运行方式的启动必须从原位开始。如果机械手没停在原位，则要用手动操作让机械手返回原位。当机械手返回原位时，原位指示灯亮。

方式选择开关若拨在连续位，则输入点 00106 接通，这可使 21000 置位，并使 SFT 的移位脉冲输入端接通。

移位寄存器通道 200 是由 25315 或停止按钮 00001 进行复位的。

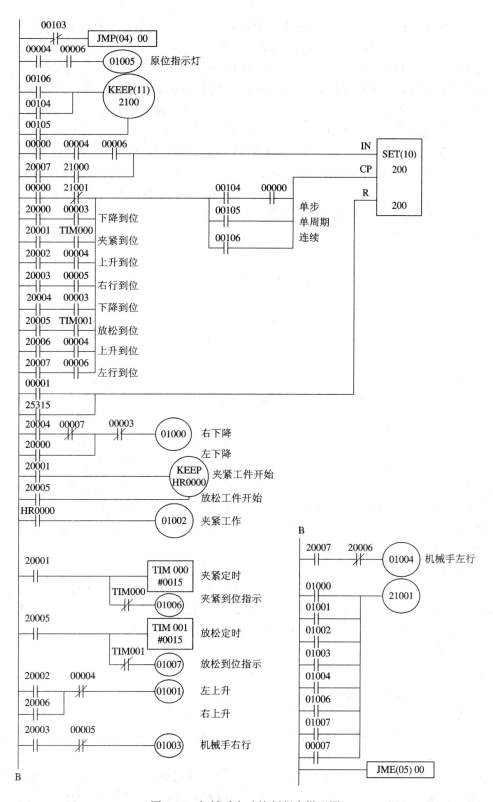

图 8-34 机械手自动控制程序梯形图

由于机械手在原位，上限位开关和左限位开关受压，常开触点00004和00006都闭合，因此按一下操作按钮，向移位寄存器发出第一个移位脉冲。第一次移位使20000为1，从而使01000为ON，自此机械手开始下降，且00004和00006均变为OFF。

当机械手下降到左工位并压动下限位开关时，00003的常开触点闭合，于是移位寄存器移位一次。由于机械手离开了原位，且串联在移位输入端的常开触点00000、00004和00006都为OFF，因此这次移位使20000变为0，而20001变为1。

20001为1的作用是：其一，使HR0000置位，01002为ON，工件夹紧动作开始；其二，使夹紧动作指示灯亮；其三，使夹紧定时器TIM000开始定时。当定时时间到(即夹紧到位)时，夹紧指示灯灭，移位寄存器又移位一次，使20001变为0，20002变为1。

20002为1，使01001为ON，自此机械手开始上升。当机械手上升到原位压上限位开关00004时，使01001断电，上升动作停止，同时移位寄存器又移位一次，使20002变为0，而20003变为1。

20003为1，使01003为ON，自此机械手开始右移。当机械手右移到位压右限位开关00005时，使01003断电，右移停止，同时移位寄存器又移位一次，使20003变为0，而20004变为1。

20004为1时，若检测到右工位没有工件，且光电开关的常闭触点00007接通，则使01000再次为ON，自此机械手开始下降。当机械手下降到右工位，压动下限位开关00003时，01000断电，下降动作停止，同时移位寄存器又移位一次，使20004变为0，而20005变为1。若检测到右工位有工件，使常闭触点00007断开，则机械手停在右上方不动。只有拿掉右工位的工件，机械手才开始下降。

20005为1的作用是：其一，使HR0000和01002复位，工件放松动作开始；其二，使放松动作指示灯亮；其三，放松定时器TIM001开始定时。当定时时间到(即放松到位)时，放松指示灯灭，移位寄存器又移位一次，使20005变为0，而20006变为1。

20006为1，使01001再次为ON，自此机械手开始上升。当机械手上升至压动上限位开关00004时，01001断电，上升动作停止，同时移位寄存器又移位一次，使20006变为0，而20007变为1。

(2) 单周期运行方式的控制(方式选择开关拨在单周期位)。由于方式选择开关拨在单周期位时，00105接通，其常开触点闭合，且21000复位，因此当机械手运行结束一个循环的最后一步，且20007和左限位00006为ON时，因21000已断开而使SFT的数据输入为0，不能使20000再置位，故只能在一个周期结束时停止运行。要想进行下一个周期的运行，必须再按一次操作按钮。

(3) 单步运行方式的控制(方式选择开关拨在单步位)。选择单步方式时，SFT的移位输入端是常开触点00104与00000的串联，所以按一次操作按钮发一个移位脉冲，机械手只完成一步的动作就停止。例如，当20000接通机械手下降到位时，00003被接通，但此时若不再按一下操作按钮，则移位信号不能送到SFT的移位输入端，因此机械手只能在一步结束时停止运行。

因此方式选择开关拨在单步位，00104接通，其常开触点闭合，使21000被置位。当机械手运行到一个循环的最后一步结束(即20007和00006为ON)时，由于移位输入端的20007和21000接通，因此若再按一次操作按钮，就能使20000再置位，即进入下一个周期的第一步。

(4) 自动方式下误操作的禁止。连续、单周期、单步都属于自动方式的运行。为了防止误操作，本例编写了相应的程序段，其原理是：在自动运行过程中，由于01000～01007(除01005)及00007中总有一个为ON，因此使21001总为ON。由于常开触点00000和常闭触点 21001 串联在移位寄存器的移位脉冲输入端，因此，在第一次按启动按钮，自动运行开始后，如果随后又误按了一下启动按钮00000，则程序不会响应。这是因为第一次按启动按钮后，01000 即为 ON，并使 21001 为 ON，其常闭触点 21001 断开。此后再按启动按钮，移位脉冲也不会送达 SFT 的 CP 端。同样，其他各步也能保证 21001 为 ON，所以启动后，误按操作按钮不会造成误动作。

在使用移位寄存器时，如果移位脉冲是通过操作按钮输入的，则要考虑误操作的问题。因为误按操作按钮是难免的，这个问题不处理好，容易发生失控现象。

(5) 手动和自动方式转换时的复位问题。由于手动和自动的切换是由 JMP/JME 指令实现的，当 JMP 的执行条件由 ON 变为 OFF 时，JMP 与 JME 之间的各输出状态保持不变，因此在手动方式与自动方式切换时，一般要进行复位操作，以避免出现错误动作。

由于自动运行方式必须是机械手停在原位时才能启动，因此经过手动复位后，使01000～01007(除01005)都被复位。若在自动运行过程中欲停机，应按下停车按钮00001对200 通道进行复位，也间接地对010 通道复了位。

在自动运行过程中，若未按停车按钮，直接将方式开关(00103)拨到手动位，则200 通道中的状态将保持。当手动操作完毕再转到自动状态时,200 通道的原状态就会导致误动作。为了防止这种现象发生，在手动控制程序中采取了复位措施。由于 200 通道被复位，因此切换时不会出现误动作。

由梯形图得程序指令表如下：

1.	LD NOT	00103	20.	OR LD		39.	LD	20007
2.	JMP(04)	00	21.	LD	20001	40.	AND	00006
3.	LD	00004	22.	AND	TIM000	41.	OR LD	
4.	AND	00006	23.	OR LD		42.	LD	00104
5.	OUT	01005	24.	LD	20002	43.	AND	00000
6.	LD	00106	25.	AND	00004	44.	OR	00105
7.	OR	00104	26.	OR LD		45.	OR	00106
8.	LD	00105	27.	LD	20003	46.	AND LD	
9.	KEEP(11)	21000	28.	AND	00005	47.	LD	00001
10.	LD	00000	29.	OR LD		48.	OR	25315
11.	AND	00004	30.	LD	20004	49.	SFT(10)	
12.	AND	00006	31.	AND	00003	50.		200
13.	LD	20007	32.	OR LD		51.		200
14.	AND	21000	33.	LD	20005	52.	LD	20004
15.	OR LD		34.	AND	TIM001	53.	AND NOT	00007
16.	LD	00000	35.	OR LD		54.	OR	20000
17.	AND NOT	21001	36.	LD	20006	55.	AND NOT	00003
18.	LD	20000	37.	AND	00004	56.	OUT	01000
19.	AND	00003	38.	OR LD		57.	LD	20001

58.	LD	20005	70.	AND NOT	TIM001	82.	LD	01000
59.	KEEP(11)	HR0000	71.	OUT	01007	83.	OR	01001
60.	LD	HR0000	72.	LD	20002	84.	OR	01002
61.	OUT	01002	73.	OR	20006	85.	OR	01003
62.	LD	20001	74.	AND NOT	00004	86.	OR	01004
63.	TIM	000	75.	OUT	01001	87.	OR	01005
64.		#0015	76.	LD	20003	88.	OR	01006
65.	AND NOT	TIM000	77.	AND NOT	00005	89.	OR	01007
66.	OUT	01006	78.	OUT	01003	90.	OR	00007
67.	LD	20005	79.	LD	20007	91.	OUT	21001
68.	TIM	001	80.	AND NOT	00006	92.	JME(05)	00
69.		#0015	81.	OUT	01004			

8.3.2 半精镗专用机床的 PLC 控制

PLC 广泛应用于对各种机床的控制中。半精镗专用机床就是使用 PLC 控制的实例。选用的 PLC 机型是 OMRON 40 点的 CPM1A，该机有 24 个输入点，16 个输出点。

1. 汽车连杆半精镗专用机床简介

汽车连杆半精镗专用机床由左滑台、右滑台、左动力头、右动力头、工件定位夹具及液压站等部分组成。机床左右滑台运动及工件的定位夹紧都由液压提供动力。

汽车连杆是发动机的重要组成部件，它直接影响着发动机乃至汽车的各项性能指标。其加工工艺要求一面两销定位，同时装卡两个工件，两个工件同时加工。

在机床原始状态下，两个工件由人工认销后夹紧，达到夹紧压力后拔销，接着右动力头在右滑台带动下快进，同时，右主轴启动，右滑台快进到一定距离后，压迫液压行程调速阀，自动转为按工作速度前进。此时，镗工件的两个大孔和两个小孔。然后，以工作速度前进到终点，4 孔同时倒角，倒完角延时等待右滑台后退回到原位，右主轴停转。同时，左滑台带动左动力头快进，左主轴启动，滑台快进到一定距离后，压迫液压调速阀转为工进状态，加工左面两孔，倒角。利用撞死铁保压，达到压力后，左滑台快退，退到原位后，左主轴停转，进行插销和松开，工件加工完成，机床又回到原始状态，准备下一次加工。

半精镗专用机床的加工工艺流程图如图 8-35 所示。

2. PLC 控制系统 I/O 分配

该设备共用 22 个输入点，分别为：自动/手动方式选择开关 S、输入信号按钮 $SB_1 \sim SB_{10}$、各压力继电器 $SP_0 \sim SP_1$、各限位开关 $ST_1 \sim ST_8$；另外，该设备还有 15 个输出点，分别为：左/右主轴接触器线圈 $K_1 \sim K_2$、各电磁阀 $YV_1 \sim YV_{12}$、位置指示灯 HL。具体 I/O 分配表如表 8-11 所示。

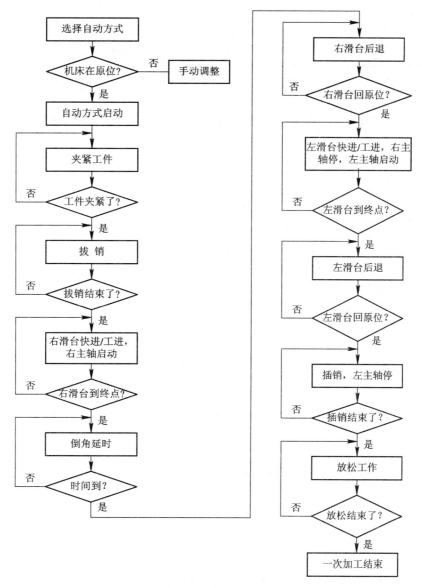

图 8-35 半精镗专用机床的加工工艺流程图

表 8-11 I/O 分配表

输 入 分 配			
自动/手动方式选择开关 S	00000	工件夹紧压力继电器 SP_0	00101
手动夹紧工件操作按钮(1)SB_1	00001	右滑台压力继电器 SP_1	00102
手动夹紧工件操作按钮(2)SB_2	00002	左滑台压力继电器 SP_2	00103
手动放松工件操作按钮 SB_3	00003	工件夹紧到位限位开关 ST_1	00104
手动插销操作按钮 SB_4	00004	拔销到位限位开关 ST_2	00105
手动拔销操作按钮 SB_5	00005	右滑台终点限位开关 ST_3	00106
启动主轴按钮 SB_6	00006	右滑台原位限位开关 ST_4	00107

输入分配				
自动方式启动按钮(1)SB$_7$	00007	左滑台终点限位开关 ST$_5$	00108
自动方式启动按钮(2)SB$_8$	00008	左滑台原位限位开关 ST$_6$	00109
左/右滑台进手动操作按钮 SB$_9$	00009	插销到位限位开关 ST$_7$	00110
左/右滑台退手动操作按钮 SB$_{10}$	00010	工件放松到位限位开关 ST$_8$	00111
输出分配				
原位指示灯 HL	01000	放松电磁阀(1)YV$_6$线圈	01100
右主轴接触器 K$_1$线圈	01001	夹紧电磁阀(2)YV$_7$线圈	01101
左主轴接触器 K$_2$线圈	01002	放松电磁阀(2)YV$_8$线圈	01102
右滑台快进/工进电磁阀 YV$_1$线圈	01003	夹紧电磁阀(3)YV$_9$线圈	01103
右滑台快退电磁阀 YV$_2$线圈	01004	放松电磁阀(3)YV$_{10}$线圈	01104
左滑台快进/工进电磁阀 YV$_3$线圈	01005	拔销电磁阀 YV$_{11}$线圈	01105
左滑台快退电磁阀 YV$_4$线圈	01006	插销电磁阀 YV$_{12}$线圈	01106
夹紧电磁阀(1)YV$_5$线圈	01007		

3. 各工步时电磁阀的状态

各工步时电磁阀的状态如表 8-12 所示。表中电磁阀的状态用"+"和"(+)"来表示,"+"表示线圈接通,"(+)"表示线圈接通后保持接通状态。

表 8-12 各工步时电磁阀的状态

	YV$_1$	YV$_2$	YV$_3$	YV$_4$	YV$_5$	YV$_6$	YV$_7$	YV$_8$	YV$_9$	YV$_{10}$	YV$_{11}$	YV$_{12}$
夹 紧					+		+		+			
拔 销					(+)		(+)		(+)		+	
右快进	+				(+)		(+)		(+)			
右工进	(+)				(+)		(+)		(+)			
右快退		+			(+)		(+)		(+)			
左快进			+		(+)		(+)		(+)			
左工进			(+)		(+)		(+)		(+)			
左快退				+	(+)		(+)		(+)			
插 销					(+)		(+)		(+)			+
松 开						+		+		+		

4. 各压力继电器的状态

SP$_0$:从工件夹紧到位开始的全部加工过程中一直保压,其触点动作。当放松工件时触点复位。

SP$_1$:右工进达到一定压力时其触点动作,右快退时触点复位。

SP$_2$:左工进达到一定压力时其触点动作,左快退时触点复位。

半精镗专用机床的控制梯形图如图 8-36 所示。

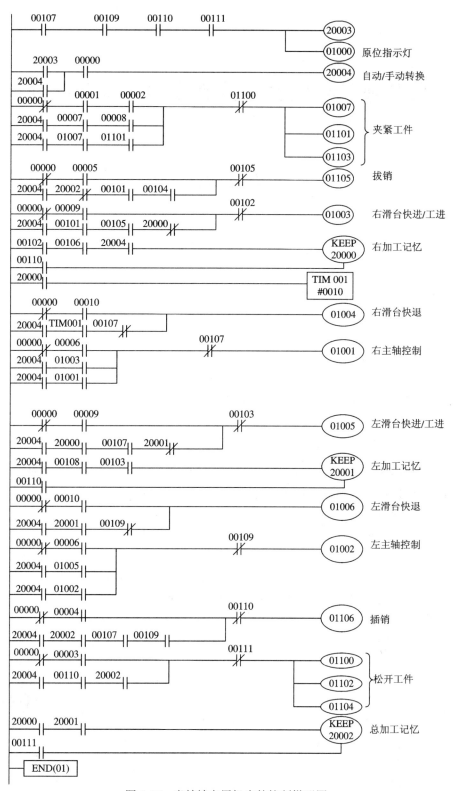

图 8-36 半精镗专用机床的控制梯形图

第9章 可编程序控制器通信系统简介

9.1 数据通信基础

可编程序控制器具有很强的联网通信能力,通过联网通信进行数据交换。它可实现 PLC 与 PLC 之间的联网通信,也可以实现与上位计算机进行的联网通信,能与智能仪表、智能执行装置(如变频器等)进行联网和通信。以下仅对常用的数据通信方式做一简介。

9.1.1 并行通信与串行通信

数据通信主要采用并行通信和串行通信两种方式。

1. 并行通信

并行通信时数据的各个位同时传送,可以字或字节为单位并行进行。并行通信速度快,但用的通信线多,成本高,故不宜进行远距离通信。计算机或 PLC 各种内部总线就是以并行方式传送数据的。

2. 串行通信

串行通信时数据是按位顺序传送的,只用很少几根通信线。串行传送的速度低,但传送的距离较长,因此串行通信适用于长距离且速度要求不高的场合。在 PLC 网络中传送数据绝大多数采用串行方式。

从通信双方信息的交互方式看,串行通信方式可以有以下三种:

(1) 单工通信。单工通信是指只有一个方向的信息传送而没有反方向的交互。

(2) 半双工通信。半双工通信是指通信双方都可以发送(接收)信息,但不能同时双向发送。半双工通信线路简单,只需两条通信线,因此得到广泛应用。

(3) 全双工通信。全双工通信是指通信双方可以同时发送和接收信息,双方的发送与接收装置同时工作。

单工通信不能实现双方信息交流,故在 PLC 网络中极少使用。因此,在 PLC 网络中主要应用半双工及全双工通信方式。

串行通信中,传输速率用每秒钟传送的数据位数(比特/秒)来表示,称之为比特率(b/s)。常用的标准传输速率有 300 b/s、600 b/s、1200 b/s、2400 b/s、4800 b/s、9600 b/s 和 19 200 b/s 等。

9.1.2 串行异步传输与同步传输

1. 串行异步传输

串行异步传输有着严格的数据格式和时序关系。进行数据传输时,把被传送的数据编码成一串脉冲。图9-1给出了串行异步通信的二进制串行位串的数据格式。在空闲状态下，线路呈现出高电平或"1"状态。传输时，首先发送起始位，接收端接收到起始位，即开始接收过程。在后边的整个二进制传送过程中，都以起始位作为同步时序的基准信号。起始位以"0"表示。紧跟其后的是数据位，根据采用的编码，数据位可能为 5～8 位。奇偶位可以有也可以没有。处在最后的是停止位，停止位以"1"表示，位数可能是 1 位、1/2 位或 2 位。一帧信息由 10 位、10.5 位或 11 位构成。

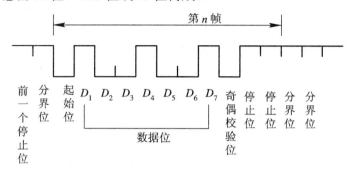

图 9-1　串行异步传输格式

传输格式中的起始位和停止位在数据传送过程中起着十分重要的作用。通信中有两点影响着数据的正确接收。一是数据发送是随机的，接收端必须随时准备接收数据；二是接收端和发送端不使用同一个时钟。在通信线路的两端各自具有时钟信号源，虽然可以设定双方的时钟频率一样，但脉冲边沿也不可能一致。脉冲周期、脉冲宽度总有误差。开始发送时，接收端必须准确地检测到起始位的下降边沿，使其内部时钟和发送端保持同步。

异步数据传输就是按照上述约定好的固定格式，一帧一帧地传送的。由于每个字符都要用起始位和停止位作为字符开始和结束的标志，因而传送效率低，主要用于中、低速通信的场合。

2．串行同步传输

同步传输时，用 1 个或 2 个同步字符表示传送过程的开始，接着是 n 个字符的数据块，字符之间不允许有空隙。发送端发送时，首先对欲发送的原始数据进行编码，形成编码数据后再向外发送。由于发送端发出的编码自带时钟，因此实现了收、发双方的自同步功能。接收端经过解码，便可以得到原始数据。

在同步传输的一帧信息中，多个要传送的字符放在同步字符后面。这样，就不需要每个字符的起始和停止位，减少了额外开销。故数据传输效率高于异步传输，常用于高速通信的场合，但同步传输的硬件比异步传输复杂。

9.1.3　奇偶校验与循环冗余校验

为了确保传输的数据准确无误，常在传输过程中进行相应的检测，避免不正确数据被误用。

1．奇偶校验

在进行奇偶校验时，发送端按照事先约定的校验方式，在所发送的每个字符最高位之后附加一个奇偶校验位。这个校验位可为"1"或"0"，以便保证整个字符为"1"的位数符合约定。发送端按照奇或偶校验的原则编码后，以字符为单位发送。接收端按照相同的原则检查收到的每个字符中"1"的位数。如果为奇校验，发送端发出的每个字符中"1"的位数为奇数；若接收端收到的字符中"1"的位数也为奇数，则传输正确，否则传输错误。偶校验方法类似，不再赘述。

2. 循环冗余校验(CRC)

循环冗余校验以二进制信息的多项式表示为基础。它的基本思想是：在发送端给信息报文加上 CRC 校验位，构成 7 个特定的待传报文，使它所对应的多项式能被一个事先指定的多项式除尽。这个指定的多项式称作生成多项式 $g(x)$。

$g(x)$ 由发送方和接收方共同约定。接收方收到报文后，用 $g(x)$ 来检查收到的报文，即用 $g(x)$ 去除收到的报文多项式，如果可以除尽，就表示传输无误，否则说明收到的报文不正确。

CRC 校验具有很强的检错能力，并可以用集成电路芯片实现，是目前计算机通信中使用最普遍的校验码之一。PLC 网络中广泛使用 CRC 校验码。

9.1.4 RS-232C、RS-422/RS-485 串行通信接口

1. RS-232C 串行通信接口

RS-232C 是 1969 年由美国电子工业协会 EIA 公布的串行通信接口。RS(Recommended Standard)是英文"推荐标准"的缩写，232 是标识号，C 表示修改的次数。它规定了终端设备(DTE)和通信设备(DCE)之间的信息交换的方式和功能。早期 RS-232C 主要用于公用电话网的通信，通信双方通过 Modem 连接到电话网进行远距离通信。现在微机系统可以直接通过 RS-232C 口进行通信。目前几乎每台计算机和终端设备都配备了 RS-232C 接口。

1) RS-232C 接口标准的电平信号

RS-232C 接口标准的电平信号(EIA 电平)不同于 TTL 电平。标准的逻辑"1"电平在 –5～–15 V 之间，逻辑"0"电平在+5～+15 V 之间。串行接口能够识别的逻辑"1"小于 –3 V，而逻辑"0"则大于+3 V，显然在–3 V 和+3 V 之间有一段不稳定的电压区间。另外，串行接口的空载输出电压可达–25 V 或+25 V。在设计与 RS-232C 接口连接的设备接口电路时，其输入端应能承受这个电压信号。

2) RS-232C 接口物理连接器

每个 RS-232C 接口有两个物理连接器(插头)。实际使用时，计算机的串口都是公插头，而 PLC 端为母插头，与它们相连的插头正好相反。

连接器规定为 25 芯，实际使用 9 芯连接器就够了，所以，近年来多用 9 芯的连接器。一般微机多配有两个 RS-232C 串口，25 芯或 9 芯的连接器。

3) PLC 上的 RS-232C 口

PLC 上的 RS-232C 口有三种形式：

(1) PLC 的 CPU 单元内置 RS-232C 口，通信由 CPU 管理。

(2) PLC 的 CPU 外设端口经通信适配器转换而形成 RS-232C 口。

(3) 在 PLC 的通信板或通信单元上，设置有 RS-232C 口。如 OMRON 的 Host Link 单元中有的就设置了 RS-232C 口。

4) 常见 RS-232C 端口信号

表 9-1、表 9-2 和表 9-3 为 IBM PC/AT 25 芯、9 芯和 OMRON PLC 机的 9 芯引脚功能分配表。

表 9-1　IBM PC/AT 25 芯 RS-232C 口

引　脚	符　号	方　向	功　能
1			保护地
2	TXD	O	发送数据
3	RXD	I	接收数据
4	RTS	O	请求发送
5	CTS	I	清除发送
6	DSR	I	数据设备就绪
7	GND		信号地
8	DCD	I	载波检测
20	DTR	O	数据终端就绪
22	CI	I	振铃指示

表 9-2　IBM PC/AT 9 芯 RS-232C 口

引　脚	符　号	方　向	功　能
1	DCD	I	载波检测
2	RXD	I	接收数据
3	TXD	O	发送数据
4	DTR	O	数据终端就绪
5	GND		信号地
6	DSR	I	数据设备就绪
7	RTS	O	请求发送
8	CTS	I	清除发送
9	CI	I	振铃指示

表 9-3　PLC 9 芯 RS-232C 口

引　脚	符　号	方　向	功　能
1	FG		保护地
2	SD	O	发送数据
3	RD	I	接收数据
4	RS	O	请求发送
5	CS	I	清除发送
6			
7			
8			
9	SG		信号地

利用 RS-232C 口，PLC 与计算机以及 PLC 与 PLC 可以联网通信。图 9-2(a)为 IBM PC 与 PLC RS232C 口的常用连接方法，图 9-2(b)为 PLC 与 PLC RS232C 口的常用连接方法。

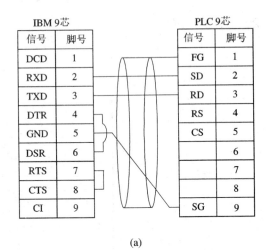
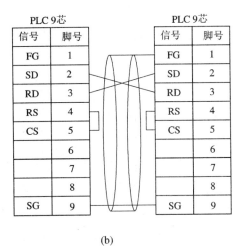

(a)   (b)

图 9-2   RS-232C 口的连接方法

(a) IBM PC 与 PLC RS-232C 口的连接；(b) PLC 与 PLC RS-232C 口的连接

5) RS-232C 的不足之处

RS-232C 的电气接口是单端、双极性电源供电电路。RS-232C 有许多不足之处，主要表现为：

(1) 数据传输速率低，最高为 20 kb/s。

(2) 传输距离短，最远为 15 m。

(3) 两个传输方向共用一根信号地线，接口使用不平衡收/发器，可能在各种信号成分间产生干扰。

为了解决这些问题，EIA 推出 RS-449 标准，对上述缺点加以改进。目前工业环境中广泛应用的 RS-422/RS-485 就是在此标准下派生出来的。

2. RS-422/RS-485 串行通信接口

RS-422 和 RS-485 电气接口电路采用的是平衡驱动差分接收电路，其收和发不共地，这样可以大大减少共地所带来的共模干扰。RS-422 和 RS-485 的区别是，前者为全双工型(即收和发可同时进行)，后者为半双工型(即收和发分时进行)。

由于 RS-232C 采用单端驱动非差分接收电路，因此在收和发两端必须有公共地线，这样当地线上有干扰信号时，会当作有用信号接收进来，故不适于在长距离或强干扰的条件下使用。而 RS-422/RS-485 驱动电路相当于两个单端驱动器，当输入同一信号时其输出是反相的，故如有共模信号干扰，接收器只接收差分输入电压，从而可大大提高了抗共模干扰能力，所以可进行长距离传输。

表 9-4 为 RS-232C、RS-422 和 RS-485 的性能参数对照表。

表 9-4 RS-232C、RS-422 和 RS-485 的性能参数对照表

项　目	RS-232C	RS-422	RS-485
接口电路	单端	差动	差动
传输距离/m	15	1200	1200
最高传输速率/Mb/s	0.02	10	10
接收器输入阻抗/kΩ	3～7	≥4	>12
驱动器输出阻抗/Ω	300	100	54
输入电压范围/V	−25～+25	−7～+7	−7～+12
输入电压阈值/V	±3	±0.2	±0.2

　　普通微机一般不配备 RS-422、RS-485 口，但工业控制微机多有配置。普通微机欲配备上述两个通信端口，可通过插入通信板予以扩展。在实际使用中，有时为了把距离较远的两个或多个带 RS-232C 接口的计算机系统连接起来进行通信，或组成分散型系统，通常用 RS-232C/RS-422 转换器把 RS-232C 转换成 RS-422，然后再进行连接。

　　PLC 的不少通信单元带有 RS-422 口或 RS485 口，如 Host Link 单元的 LK202 带 RS-422 口，PLC Link 单元 LK401 带 RS-485 口。

3. 通信介质

　　目前普遍使用的通信介质有双绞线、多股屏蔽电缆、同轴电缆和光纤电缆。

　　双绞线是把两根导线扭绞在一起，可以减少外部的电磁干扰。如果用金属织网加以屏蔽，则抗干扰能力更强。双绞线成本低、安装简单，RS-485 口多用它。

　　多股屏蔽线是把多股导线捆在一起，再加上屏蔽层，RS-232C、RS-422 口要用此电缆。

　　同轴电缆共有四层。最内层为中心导体，导体的外层为绝缘层，包着中心导体，再向外一层为屏蔽层，最外一层为表面的保护皮。同轴电缆可用于基带(50 Ω 电缆)传输，也可用于宽带(75 Ω 电缆)传输。与双绞线相比，同轴电缆传输的速率高、距离远，但成本相对要高。

　　光纤电缆有全塑光纤电缆、塑料护套光纤电缆和硬塑料护套光纤电缆。

　　光缆与电缆相比，价格较高，维修复杂，但抗干扰能力很强，传输距离也远。

9.2　OMRON PLC 的通信与扩展

　　OMRON 公司相继研制和推出了多个系列不同型号的 PLC 产品，并得到了用户的认可和广泛应用。随着应用的普及和深入，用户 PLC 系统的规模不断扩大，系统的复杂程度不断提高，不同系列和不同型号的 PLC 之间、不同公司的产品之间以及用户的各个生产系统之间产生了广泛的互联和信息共享的要求。OMRON 公司提供了 I/O 扩展、链接系统、串行通信和网络系统等四个方面的系统集成技术和产品，以满足不同规模和不同层次的用户需要，为用户现有的 PLC 系统的扩展、系统之间的互联以及与其他非 OMRON 产品系统之间的通信和信息交换提供了广泛的技术支持。

9.2.1 通信与扩展系统简介

1. I/O 扩展

OMRON PLC 提供了两种 I/O 扩展方式。一种采用扩展 I/O 总线技术，30 点、40 点的主机最多可连接 3 台 I/O 扩展单元。但对于中、大型机，如 C200H 等机型来说，则可用扩展 I/O 连接电缆将 I/O 扩展机架连接到 CPU 单元所在的安装机架上。此种连接最多可连接两个扩展机架到一个 CPU 机架上，且为串联方式，两机架之间最大距离为 10 m，但 CPU 与最远的扩展机架之间的距离不能超过 12 m。扩展机架上不需安装 CPU 单元，但需安装扩展电源单元以便给机架供电。另一种扩展方式采用远程 I/O 系统，将扩展机架用双绞线或光纤等其他通信介质与主机架或其他扩展机架相连。这种连接方式需要在每个机架中增加一个远程 I/O 单元，采用的是串行通信技术，如图 9-3 所示。每个 CPU 单元最多可配置两个远程 I/O 主单元，一个系统中最多可配置 5 个远程 I/O 从单元。

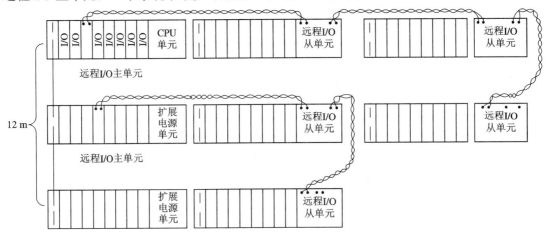

图 9-3 PLC I/O 扩展

远程 I/O 扩展方式通常采用 RS-485 通信接口，电缆总长度不应超过 200 m。在需要更长的通信距离时或在干扰比较大的场合下，可采用通信适配器或光纤通信来加以解决。

I/O 扩展方式为用户扩展系统的规模和 I/O 点数、合理布置系统、减少布线和 I/O 信号电缆的数量及长度提供了一种经济而有效的解决方案。

2. 链接系统

OMRON PLC 提供的链接系统，即 SYSMAC Link 系统是 OMRON PLC 的一种专用网络系统，由上位机链接(Host Link)系统、PLC 链接(PLC Link)和 I/O 链接(I/O Link)三级系统组成，如图 9-4 所示。

SYSMAC Link 系统为用户提供了一种方便快捷的系统互联与集成的方法。通过 Host Link 系统，PLC 系统中的 PLC 可以很方便地与上位机进行链接和信息交换。一方面可以通过上位机对与其相连的 PLC 进行编程组态，监视各 PLC 的运行状态，可以给各 PLC 发布相应的控制和操作命令；另一方面，PLC 系统中的各种 I/O 状态和实时数据可以实时地传送给上位机，可以与上位机中的控制程序协同工作。通过 Host Link 系统，上位机可作为整个 PLC 系统的工程师站和操作员站。

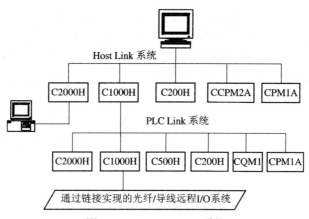

图 9-4 SYSMAC link 系统

PLC Link 系统为 OMRON PLC 之间的互联和协同提供了快捷有力的支持。PLC Link 系统是一个 N∶N 型令牌总线网，长达 2 KB 的信息能以 2 Mb/s 的速率传输，以组成 PLC 控制网络。每台 PLC 能够安装两个或多个 PLC Link 单元，构成多个 PLC Link 网络，以实现系统冗余或组成多级网络系统。每个 PLC Link 单元可连接多达 62 个 PLC。

在远程 I/O 系统中，通过连接一个 I/O Link 单元到光纤远程 I/O 主单元的方法，可为大规模分布式控制系统设计 I/O 链路，并在多个 PLC 之间实现光纤数据交换。

3. OMRON PLC 串行通信

为了方便系统之间的互联和信息交换，OMRON PLC 提供了丰富的串行通信功能。PLC CPU 单元或专用串行通信单元提供了 RS-232C 或 RS-422/RS-485 通用串行通信接口。通过串行通信接口可连接编程器、ASCII 设备、显示终端、打印机和条码输入设备等外部设备，还可以连接 PLC、上位计算机及其他具有标准通信接口的设备。在指令系统和软件方面，OMRON PLC 提供了专用通信指令，借助系统软件所提供的标准通信协议与所连接的设备进行信息交换。同时，OMRON PLC 还提供了 BASIC 语言编程和通用通信协议宏功能，使用户可以根据所连设备的要求来编制通信程序或创建专用的通信协议，实现与所连设备的通信和信息交换。

从理论上说，通过串行通信，OMRON PLC 可以与所有具有 RS-232C 或 RS-422/RS485 接口的设备实现互联和信息交换。

每台 PLC 能支持多达 16 个串行通信单元和一个串行通信板，每个单元或板提供两个端口，因此能连接多达 34 个串行通信设备，通信速率可高达 38.4 kb/s，信息长度可长达 1000 B。另外，通过调制解调器(Modem)的连接以及串行通信，还可实现 PLC 的远程编程、监控及远程维护。

4. 网络系统

OMRON PLC 提供了以下 5 个不同级别的网络系统，以满足不同规模用户的需要，同时达到控制分散、信息综合的目的。

1) 以太网(Ethernet)

OMRON PLC 通过安装 Ethernet PCMCIA 卡或 Ethernet 单元即可实现以太网连接，与以太网中的计算机或编程器实现高速率数据通信和信息交换。网络中的计算机可实现对

PLC 系统的编程组态、系统监视及系统维护功能，同时通过以太网与管理信息系统及办公自动化网络连接，可实现控制与管理系统一体化。Ethernet 单元支持多达 8 个 TCP/IP 和 UDP/IP 的 Socket 接口，也支持 OMRON 开发的工厂自动化控制网络的指令/响应系统(FINS)信息、FTP 文件传输和电子邮件，因此能将生产现场与产品管理连接起来。

2) SYSMAC NET 网

SYSMAC NET 网属于大型网，是光纤环网。它使用 C 模式或 CV 模式(FINS)指令进行信息通信，主要有大容量数据链接和节点间信息通信功能。它适用于地理范围广、控制区域大的场合，是一种大型集散控制的工业自动化网络。

3) Controller Link 网络

它是 PLC 一级的控制网络，采用双绞线或光缆连接，具有网络结构简单、连接方便可靠等特点。它主要用于具有较大容量和较高速度，并执行主要控制程序的一级 PLC 之间的互连和通信，是 OMRON PLC 网络系统的核心。另外，Controller Link 还可以与具有 Controller Link 支持板的计算机连接，构成 Fins Gateway 网关，使 PLC 能够以 FINS 指令与其他系统进行信息交换。

4) 器件网络(Device Net)

器件网络主要用于连接在现场执行控制任务的 PLC、I/O 终端、I/O 链接单元、显示终端及智能设备等现场器件。它采用现场总线技术，标准化、开放式结构，不仅允许 OMRON PLC 产品和设备连入网络，还允许符合标准的非 OMRON 产品在同一网络中共存，进行互连和信息交换。

5) CompoBus/S 网络

它是一种现场高速 I/O 网络，是 OMRON PLC 系统网络中的最低一级网络，主要用于控制系统 I/O 通道设备，如 I/O 终端、远程 I/O 模块、传感器等的连接，在 PLC 和被控对象之间传送 I/O 信息。

9.2.2 通信与扩展系统的特点及性能对照

通过 PLC 的 I/O 扩展、链接系统、串行通信及网络系统四个方面的扩展与通信技术的支持，OMRON PLC 为工厂生产自动化提供了一整套功能完善的应用方案，并具有以下几个特点：

(1) 方便、经济的 I/O 扩展功能以及系统的灵活配置，为中、小规模用户扩展系统规模和 I/O 点数提供了有力的技术支持。

(2) Host Link 系统使用户可以使用微机或其他工业控制计算机来对 PLC Link 系统中的 PLC 进行组态编程、运行监视和操作维护，实现系统信息和设备共享，可方便、迅速地组成小规模的集散控制系统。

(3) PLC Link 系统使不同系列、不同型号、不同规模的 OMRON PLC 之间可以方便地实现互连，并实现控制程序之间的信息交换和控制协同。

(4) 以太网(Ethernet)、Controller Link 控制器网络、CompoBus/D DeviceNet 器件网络和 CompoBus/S I/O 网络构成了一个完整无缝的通信网络，为工厂实现生产自动化控制和自动化管理提供了一个良好的应用环境和开发平台。

(5) 完善、多样的串行通信功能，保证了系统良好的兼容性和开放性，使系统之间可以进行灵活多样的信息通信和交换。

(6) 功能强大的通信协议宏，使用户可以控制和操作通信过程的每一细节，确保不同协议及非兼容系统之间的串行通信功能顺利实现。

(7) 通过通信和网络功能，OMRON PLC 可以实现远程操作和维护。通过 Modem 连接，编程或监控远程 PLC；通过远程网络和 Host Link 连接，实现编程或监控远程网络 PLC 及网络设备；直接从连接到 Ethernet 的 PLC 上发送出错电子邮件。

(8) 通过网络连接，可实现广泛的设备共享和系统的柔性连接和配置。

OMRON 公司提供的 I/O 扩展、链接系统、串行通信和网络系统等四个方面的结构体系大体分为三个层次：信息层、控制层和器件层。信息层处在最高层，负责系统的管理与决策。除了 Ethernet 网外，Host Link 网也可算在其中，因为 Host Link 网主要用于计算机对 PLC 的管理和监控。控制层居于中间，负责生产过程的监控、协调和优化。该层的网络有 SYSMAC NET、SYSMAC Link、Controller Link 和 PLC Link。器件层处于最低层，为现场总线网，直接面对现场器件和设备，负责现场信号的采集及执行元件的驱动，包括 CompoBus/D、CompoBus/S 和远程 I/O。

OMRON 的 Host Link、PLC Link 和 Remote I/O 推出时间较早，Controller Link 网推出时间较晚，只有新型号 PLC(如 C200Hα、CV、CS1、CQM1H 等)才能加入，其他老型号 PLC 不能入网。随着 Controller Link 的不断发展和完善，其功能已覆盖了控制层的其他三种网络。目前，在信息层、控制层和器件层这三个网络层次上，OMRON 主推以下三种网：Ethernet、Controller Link 和 CompoBus/D。这三种网络的发展势头最为强劲，新的器件、新的功能和新的技术的不断推出和充实，使它们的应用领域日渐扩大，用户越来越多。表 9-5 所示为 OMRON 公司提供的各种系统性能对照表。

表 9-5　OMRON 公司提供的各种系统性能对照表

系　　统	拓扑关系	通信介质	接口方式	最大节点数	比特率 /(b/s)	通信距离 /m	入网的 PLC
Ethernet	CSMA/CD 总线	同轴电缆	同轴电缆插座	100	10 M	500	C200Hα、CV 和 CS1
SYSMAC NET	令牌环	光缆	光缆插座	127	2 M	*	C200H/HS/Hα 、 C1000H/C2000H 和 CV
SYSMAC Link	令牌总线	同轴电缆	同轴电缆插座	64	2 M	1 K	C200H/HS/Hα 、 C500 、 C1000H/ C2000H 、 CV 和 CS1
		光缆	光缆插座			10 K	
Controller Link	令牌总线	屏蔽双绞线	Controller Link 接口	32	2 M	500	C200Hα、CV、 CS1 和 CQM1H
					1 M	250	
					500 K	1 K	
		光缆	光缆插座		2 M	20 K	

系　　统	拓扑关系	通信介质	接口方式	最大节点数	比特率/(b/s)	通信距离/m	入网的 PLC
Host Link	主从总线	电缆	RS-232C RS-422	32	0.3～19.2 K	*	P、H、CQM1/CQM1H、CPM1A/CPM2A 和 CV
		光缆	光缆插座				
PLC Link	主从总线	屏蔽双绞线	RS-485	32	128 K	500	CQM1/CQM1H、SRM、CPM1A/CPM2A、C200H/HS/Hα、C500、C1000H/C2000H 和 CS1
Remote I/O	主从总线	2 芯 VCIF 电缆	RS-485	32	187.5 K	200	C120、C500、C1000H/C2000H、C200H/HS/Hα、CV 和 CS1
		光缆	光缆插座			*	
CompoBus/S	主从总线	2 芯 VCIF 电缆	CompoBus/S 接口	32	750 K	100	C200HS/Hα、SRM1、CS1 和 CQM1/CQM1H
		4 芯 扁平电缆				30	
CompoBus/D	DeviceNet	4 芯多股屏蔽电缆	DeviceNet 接口	64	500 K	100	C200HS/Hα、CV、CS
					250 K	250	
					125 K	500	

　　PLC 组网时，通常每台 PLC 上要配置相应的通信单元。每一种网络都有自己专用的通信单元，如 Ethernet 单元、Host Link 单元、SYSMAC NET Link 单元、SYSMAC Link 单元、Controller Link 单元和 PLC Link 单元。而计算机入网时要配置的是相应的通信支持卡，如 Ethernet 支持卡、SYSMAC NET Link 支持卡、SYSMAC Link 支持卡及 Controller Link 支持卡。通信支持卡通常插在计算机的扩展槽上。

9.2.3　数据链接和信息通信

　　数据链接和信息通信是网络中 PLC 与 PLC、PLC 与计算机通信的两种主要方式。

1. 数据链接

　　SYSMAC NET、SYSMAC Link、Controller Link 和 PLC Link 网都设有数据链接的功能，一旦建立数据链接，网络节点之间的通信便可自动进行。PLC Link 网的功能远远弱于其他三种网络，数据链接仅限在 LR 区进行，模式固定，容量有限，而且通信比特率低(128 kb/s)。而其他三种网可人工设置，灵活性很强，除 LR 区外，DM 区甚至 IR 区和 AR 区都可以加入数据链接，容量很大，通信比特率也高(2 Mb/s)。

下面以 PLC Link 为例介绍数据链接通信的机理。

PLC Link 是通过 PLC Link 单元把多台 PLC 连接起来而形成的网络。图 9-5 为 PLC Link 的数据链接示意图，箭头指出数据在 PLC Link 中的流向。网络中的 PLC 在 LR 区建立公共数据区，每台 PLC 只要访问自己的 LR 区就可自动完成与其他 PLC 的数据交换。在一个 PLC Link 中，所有 PLC 的 LR 区内容保持一致，如同网络只有一个 LR 区一样。LR 区自动地均匀分配给每个 PLC Link 单元一个写入区，PLC 可以把数据写到它的写入区。每台 PLC 写入区之外的区域称为它的读出区，该读出区对应于其他 PLC 的写入区。PLC 只能从读出区读出其他 PLC 写入的数据，不能向读出区写入数据。

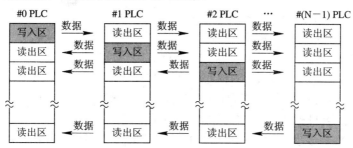

图 9-5　PLC Link 的数据链接示意图

例如，#0、#1、#2、#3 四台 C200Hα 组成 PLC Link 网。C200Hα 的 LR 区有 64 个通道，每台 PLC 的写入区有 16 个通道、读出区有 48 个通道，具体分配见表 9-6。

表 9-6　通 道 分 配 表

PLC 号	写 入 区	读 出 区
#0 PLC	LR00～LR15	LR16～LR63
#1 PLC	LR16～LR31	LR00～LR15、LR32～LR63
#2 PLC	LR32～LR47	LR00～LR31、LR48～LR63
#3 PLC	LR48～LR63	LR00～LR47

通过数据链接可以实现 PLC 之间的数据传输。例如，欲将#0 PLC 的 DM0000 内容传到 #3 PLC 的 HR00 中，就要在这两台 PLC 中编制传输程序，在#0 PLC 中用指令 MOV 将 DM0000 的内容传到 LR00 中，在#3 PLC 中用指令 MOV 将 LR00 的内容传到 HR00 中。这样，#0 PLC DM0000 的数据就传到了#3 PLC 的 HR00 中了。

Ethernet 网没有设置数据链接功能。

2. 信息通信

CompoBus/D、SYSMAC NET、SYSMAC Link、Controller Link 和 Ethernet 网拥有信息通信的功能。信息通信是在用户程序中使用通信指令 SEND/RECV/CMND 来实现 PLC 与 PLC、PLC 与计算机之间的信息交换的。信息通信比数据链接要灵活得多。数据链接和信息通信这两种通信方式可以在网络中同时使用。

另外，OMRON 公司特有的工厂接口网络服务(Factory Interface Network Service，FINS) 是 OMRON 公司自己开发的专门用于各种 OMRON FA 网络中的 PLC 之间的通信协议。FINS 为指令/响应系统，其格式如图 9-6 所示。

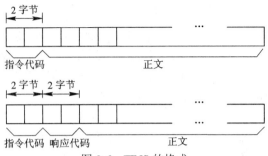

图 9-6　FINS 的格式

各种 PLC 可使用的信息通信指令如下：

● C200Hα：SEND(90)、RECV(98)。

● CV：SEND(192)、RECV(193)和 CMND(194)。

● CS1：SEND(90)、RECV(98)和 CMND(490)。

● SEND：数据发送指令。在程序执行该指令时，把本地 PLC(源节点)数据区中指定的一段数据，送到指定(目标)节点 PLC 数据区的指定位置。

● RECV：数据接收指令。在程序执行该指令时，把指定(源)节点 PLC 数据区中指定的一段数据，读到本地(目标)节点的 PLC 并写入数据区的指定位置。

● CMND：发送 FINS 指令的指令，用于 CV、CS1 系列 PLC。在程序执行该指令时，可以向指定节点发送 FINS 指令。如：读/写指定节点 PLC 的存储区，读取状态数据，改变操作模式以及执行其他功能。C200Hα 不支持 CMND 指令。

SYSMAC NET、SYSMAC Link、Controller Link 和 Ethernet 这四种网络，通过 CV、CS1 系列 PLC 可以实现两个同类型或不同类型网络的互联。例如，在一台 CV 或 CS1 系列 PLC 上安装 Ethernet 单元和 Controller Link 单元，可以把 Ethernet 网和 Controller Link 网连接起来。网络互联后，使用 SEND、RECV 和 CMND 指令可以进行不同网络节点之间的信息通信。网络间通信范围可限制在包括本地网络在内的三级网络之间，如图 9-7 所示。

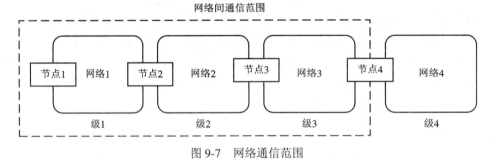

图 9-7　网络通信范围

9.3　CPM1A 通信功能

虽然 OMRON PLC 具有很强的通信功能，但本书主要以 CPM1A 系列为对象进行介绍，因此，其他机型的通信功能请参阅有关资料。

由于 CPM1A 属于小型机系列，因此一般用于小型控制系统，在 OMRON 控制网络中也仅处于器件控制层。其通信接口方式主要采用 RS-232C、RS-422/RS-485，因此，通信方式较为简单。

9.3.1 CPM1A 系列 Host Link 通信

Host Link 通信是 OMRON 公司为了通过 RS-232C 通信电缆连接 PLC 与一个或多个主计算机,控制主计算机与 PLC 的通信而发展起来的。通常,由主计算机发送一个命令给 PLC,而 PLC 自动回送一个应答信号,这样便实现了 PLC 非主动参与情况下的通信。图 9-8(a)所示为上位主计算机与 CPM1A PLC 通信时的连接示意图;图 9-8(b)为 OMRON 公司的可编程终端 PT 与 CPM1A PLC 通信时的连接示意图,此时称为 1:1 Host Link 通信方式。Host Link 通信时,上位机发出指令信息给 PLC,PLC 返回响应信息给上位机。这时,上位机可以监视 PLC 的动作状态,例如可跟踪监测、故障报警、采集 PLC 控制系统中的某些数据等,还可以在线修改 PLC 的某些设定值和当前值,改写 PLC 的用户程序等。

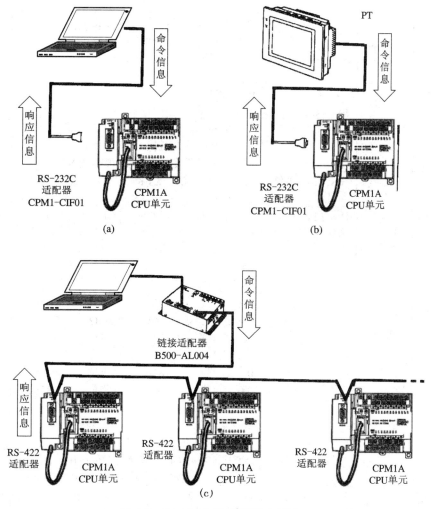

图 9-8 Host Link 通信连接示意图

(a) 主计算机与 PLC 通信连接;(b) PT 与 PLC 通信连接;(c) 1:N Host Link 通信方式

CPM1A 系列 PLC 的主机没有 RS-232C 串行通信端口,它是通过外设端口与上位机进行通信的。因此，在 1:1 Host Link 通信方式下，CPM1A 需配置 RS-232C 通信适配器 CPM1-CIF01(模式开关应设置在"HOST")才能使用。

图 9-8(c)所示的是多台 PLC 与一台上位机通信的连接方法，此时称为 1:N Host Link 通信方式。一台上位机最多可以连接 32 台 PLC。利用 1:N Host Link 通信方式，可以用一台上位机监控多台 PLC 的工作状态，实现集散控制。

在 1:N Host Link 通信方式下，上位机要通过链接适配器 B500-AL004 与 CPM1A 连接，每台 CPM1A 主机要在外设端口配一个 RS-422 适配器。

1. 端口设定

当 CPM1A PLC 通过 Host Link 进行通信时，需要对 CPM1A 的系统设定区 DM6650～DM6653 进行端口设定，如表 9-7 所示。

表 9-7　Host Link 端口设定

字	位	功　　能		设　定
DM6650	00～07	Host Link 通信条件标准形式	00：标准(1 位起始位、7 位数据位、2 位停止位，偶校验，9600 b/s) 01：在 DM6651 中设定 其他：系统设定异常(AR1302 为 ON)	00
	08～11	1:1 链接区域大小的设定	0：LR00～LR15 其他：无效	0 (任意)
	12～15	模式设定	0：Host Link　　　　2：1:1 PLC 受控链接 3：1:1 PLC 主控链接　4：1:1 NT 链接 其他：系统设定异常(AR1302 为 ON)	0
DM6651	00～07	Host Link 波特率设定/b/s	00：1.2 K　01：2.4 K　02：4.8 K 03：9.6 K　04：19.2 K	00 (任意)
	08～15	Host Link通信帧格式	起始位　数据长度　停止位　校验方式 00：　1位　　　7位　　　1位　　偶校验 01：　1位　　　7位　　　1位　　奇校验 02：　1位　　　7位　　　1位　　无 03：　1位　　　7位　　　2位　　偶校验 04：　1位　　　7位　　　2位　　奇校验 05：　1位　　　7位　　　2位　　无 06：　1位　　　8位　　　1位　　偶校验 07：　1位　　　8位　　　1位　　奇校验 08：　1位　　　8位　　　1位　　无 09：　1位　　　8位　　　2位　　偶校验 10：　1位　　　8位　　　2位　　奇校验 11：　1 位　　　8 位　　　2 位　　无 其他：系统设定异常(AR1302 为 ON)	00 (任意)
DM6652	00～15	Host Link 传输延时设定	0000～9999(BCD)的设定值单位：10 ms 其他：系统设定异常(AR1302 为 ON)	0000
DM6653	00～07	Host Link节点号	00～31(BCD) 其他：系统设定异常(AR1302 为 ON)	00～31
	08～15	不可使用		00 (任意)

2. Host Link 通信命令

在 Host Link 通信中，上位机给 CPM1A 发送命令，接到命令后，CPM1A PLC 会产生适当的返回信息。Host Link 通信命令见表 9-8。

表 9-8 Host Link 通信命令一览表

操作码	PLC 本机方式			名　　称
	RUN	MON	PRG	
RR	O	O	O	读出输入/输出/内部辅助/特殊辅助继电器领域
RL	O	O	O	读出链接继电器领域
RH	O	O	O	读出保持继电器领域(HR)
RC	O	O	O	读出定时器/计数器当前值领域
RG	O	O	O	读出定时器/计数器更新值
RD	O	O	O	读出数据存储器 DM 领域
RJ	O	O	O	读出辅助记忆继电器 AR 领域
WR	X	O	O	写入输入/输出/内部辅助/特殊辅助继电器领域
WL	X	O	O	写入链接继电器领域
WH	X	O	O	写入保持继电器领域(HR)
WC	X	O	O	写入定时器/计数器当前值领域
WG	X	O	O	写入定时器 / 计数器更新值
WD	X	O	O	写入数据存储器 DM 领域
WJ	X	O	O	写入辅助记忆继电器 AR 领域
R#	O	O	O	读出设定值 1
R$	O	O	O	读出设定值 2
W#	X	O	O	写入设定值 1
W$	X	O	O	写入设定值 2
MS	O	O	O	读出状态
SC	O	O	O	写入状态
MF	O	O	O	读出故障信息
KS	X	O	O	强制设置(置位)
KR	X	O	O	强制复位
FK	X	O	O	多点强制设置(置位)/复位
KC	X	O	O	解除强制置位/复位
MM	—	—	—	读出机种码
TS	—	—	—	检测
RP	O	O	O	读出程序
WP	X	X	O	写入程序
QQ	O	O	O	复合命令
XZ	—	—	—	失效(限命令)
**	—	—	—	首字母(限命令)
IC	—	—	—	命令中未定义出错(限响应)
注：RUN=运行；MON=监视；PRG=程序；O：有效；X：无效；—：与模式无关。				

3．通信帧格式

Host Link 通信通过在上位机和 PLC 之间交换命令和应答来实现。在一次交换中，传输的命令或应答数据称为一帧。一帧最多可包含 131 个数据字符。

当 PLC 接收到从上位机发来的 ASCII 码命令时，自动返回 ASCII 码应答。上位机必须有一个能控制命令和应答的传送和接收的程序。

1）命令帧格式

从上位机发送一个命令时，按图 9-9 所示的格式排列命令数据。(注：图 9-9 中 $\times 10^1 \sim \times 10^0$ 表示十进制数据，后续图中 $\times 16^1 \sim \times 16^0$ 表示十六进制数据)

图 9-9　命令帧格式

其中，识别码和正文取决于传输的上位机链接命令。当传送一个组合命令时，还将有第二个识别码(子识别码)；FCS(帧检查顺序)码由上位机计算，并设置在命令帧中。本节后面将叙述 FCS 的计算。

命令帧最多可以有 131 个字符，等于或大于 132 个字符的命令必须分成若干帧。命令帧使用回车定界符［CHR $(13)］进行命令分段，而不是终止符。终止符必须用在最后一帧的末尾。

对执行写操作的命令(如 WR、WL、WC 或 WD)进行分段时，应注意不要将一个通道的数据分写在不同的帧中。帧的分段应和通道之间的分段一致。表 9-9 列出了各段的功能。

表 9-9　命 令 帧 功 能

项　目	功　　能
@	@符号必须置于每个命令的开头
节点号	按该节点号辨识 PLC，它设置在 PLC 设置的 DM6653 中
识别码	设置 2 字符的命令代码
正文	设置命令参数
FCS	设置 2 字符的帧检查顺序码
终止符	设置"*"和回车(CHR $(13))两字符，表示命令结束

2）应答帧格式

来自 PC 的应答按图 9-10 所示格式返回。应准备一个程序，翻译并处理应答数据。

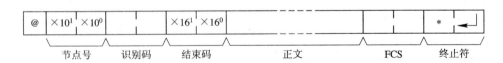

图 9-10　应答帧格式

图 9-10 中，识别码和正文取决于接收到的上位机链接命令；结束码表示命令完成的状

态(即是否有错误发生)。

当应答超过 132 字符时，它必须分成若干帧。在每个帧的末尾将自动设置一个定界符 [CHR $(13)] 代替终止符。终止符必须设置在最后一帧的末尾。表 9-10 列出了应答帧各字段的功能。

表 9-10　应答帧功能

项　目	功　能
@	@符号必须置于每个命令的开头
节点号	按该节点号辨识 PLC，它设置在 PLC 设置的 DM6653 中
识别码	返回 2 字符的命令代码
结束码	返回命令的执行状态(有无错误等)
正文	仅在有读出数据时返回
FCS	返回 2 字符的帧检查顺序码
终止符	"*"和回车(CHR $(13))两字符，表示命令结束

3) FCS(帧检查顺序)

当传送一个帧时，在定界符或终止符前面安排一个 FCS 码，以检查传送时是否存在数据错误。FCS 是一个转换成两个 ASCII 字符的 8 位数据。这 8 位数据为从帧开始到帧正文结束(即 FCS 之前)所有数据执行"异或"操作的结果。每次接收到一帧，就计算 FCS，与帧中所包含的 FCS 做比较，从而检查帧中间的数据错误，如图 9-11 所示。

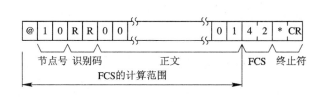

(a)　　　　　　　　　　　　　　　(b)

图 9-11　FCS 数据检查示例
(a) 计算范围；(b) 检查顺序

4．通信顺序

送出帧的权限叫做发送权。帧从持有发送权的一方送出。每送出一帧，上位机或 PLC 就将发送权交给另一方。在 Host Link 通信中，最初由上位计算机持有发送权并开始通信；响应由 PLC 自动返回。其通信过程如图 9-12 所示。

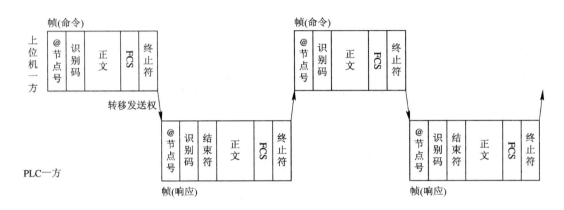

图 9-12　Host Link 通信过程

当发送/接收 132 个字符以上长度的命令/响应时，分割进行发送/接收。分割帧的结尾用 CR 码[CHR$(13)]和 1 个字符的分界符(分段字符)来代替终止符。图 9-13 为 132 个字符以上的命令发送示例。

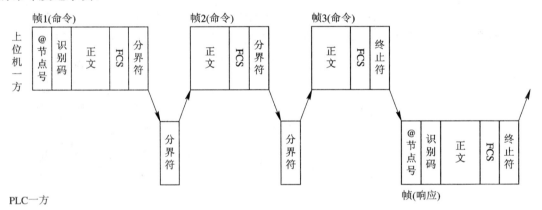

图 9-13　132 个字符以上的命令发送示例

5．Host Link 通信示例

例：下面的程序是利用 BASIC 编制的，它可读出 CPM1A 的 000 通道的状态，但程序中未执行受信响应数据的 FCS 校验。

```
1010    'CPM1A Sample Program
1020    '命令数设置
1030    S$="@00RR00000001"
1040    FCS = 0
```

1050	FOR I=1 TO LEN(S$)
1060	FCS=FCS XOR ASC(MID$(S$，I，1))
1070	NEXT I
1080	FCS$＝(FCS):IF LEN(FCS$)=1 THEN FCS$+ "0" + FCS$
1090	CLOSE
1100	CLS
1110	PRINT "命令发送校验"
1120	OPEN "COM：E73"AS #1
1130	PRINT #1，S$ + FCS$ + "*"+ CHR$(13);
1140	CLS
1150	PRINT "响应受信校验"
1160	LINE INPUT #1，A$
1170	PRINT A$
1180	END

9.3.2 CPM1A 系列 1:1 链接通信

两台 PLC 之间进行链接称为 1:1 链接通信。在两台 PLC 之间，PLC 与 CQM1、CPM1、SRM1 或 C200HX/HE/HG/HS 之间都可以进行 1:1 链接通信。在这种通信方式下，一个 PLC 作为主机，另一个作为从机。两台 PLC 通过 1:1 链接后，可利用 LR 区交换数据，实现信息共享。LR 区链接数据最多可达 256 位(LR0000～LR1515)。

CPM1A 系列的 LR 区只有 16 个通道(LR00～LR15)，当 CPM1A 与其他 PLC 进行 1:1 链接时，也只能使用这 16 个通道。图 9-14 是两台 CPM1A 的 1:1 链接，每台 PLC 都要配置 RS-232C 适配器。

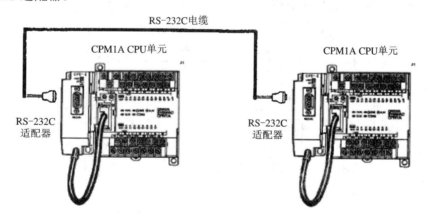

图 9-14 CPM1A 的 1:1 链接

1. CPM1A 的 1:1 链接功能设定

在 CPM1A 中使用 1:1 链接功能时，必须对系统设定区域中的 DM6650 进行设定，如表 9-11 所示。

表 9-11　1:1 链接功能设定

通 道	位	功　　能		主机设定值	从机设定值
DM6650	00~07	上位链接通信条件标准形式	00：标准设定 起始位：1位 数据位：7位 停止位：2位 奇偶校验：偶 波特率：9600 b/s 01：个别设定 在 DM6651 里设置 其他：系统设定异常 (AR1302 为 ON)	0(任意)	0(任意)
	08~11	1:1 链接区域大小设定	0：LR00~LR15 其他：无效	0	0(无效)
	12~15	外围通道使用模式设定	0：Host Link 2：1:1 链接从机 3：1:1 链接主机 4：1:1 NT 链接 其他：系统设定异常 (AR1302 为 ON)	3	2

2. 1:1 链接程序示例

图 9-15 所示为在主机 CPM1A 与从机 CPM1A 之间，将输入 IR000 的状态复制到对方的内部辅助继电器 IR200 内的示意图。

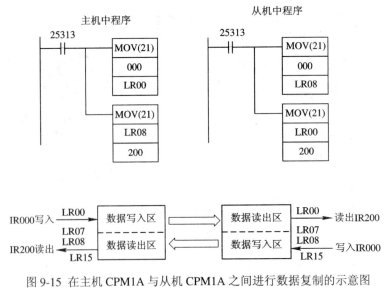

图 9-15 在主机 CPM1A 与从机 CPM1A 之间进行数据复制的示意图

9.3.3 NT Link 通信

CPM1A 系列 PLC 与 OMRON 公司的可编程终端 PT 链接称为 NT Link 通信。图 9-16 是一台 CPM1A 通过 RS-232C 通信适配器 CPM1-CIF01 与 OMRON 的可编程终端 PT 进行 NT Link 通信时的连接方法。

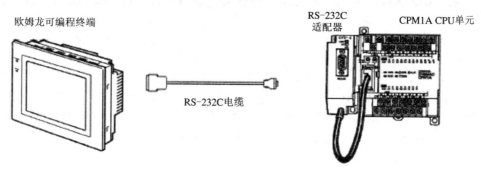

图 9-16 NT Link 通信连接

在专用软件的支持下，PT 强大的功能可以得到充分的发挥。它可以实时显示 PLC 的继电器区、数据区的内容及 PLC 的各种工作状态信息，并对 PLC 控制系统进行监控。例如，它可以棒图、灯和数据的形式显示 PLC 的各种数字信息，也可给出某些动态量随时间变化的趋势图；可进行多达几百甚至几千个画面的显示和切换，以反映 PLC 控制系统的运行状态；可通过功能键或触摸按钮向 PLC 输入数据，改变 PLC 的某些设定值、当前值等。有的 PT 还可存储历史数据，需要时可以读出或打印输出。

PT 有显示信息、输入数据的作用，它不仅为 PLC 的控制系统提供了友好的人机界面，而且还可简化控制柜仪表的设计，节省部分 PLC 的 I/O 点数。因此，PT 将会得到越来越广泛的应用。

第 10 章　PLC 控制系统设计步骤与抗干扰

前几章已介绍了可编程序控制器的硬件结构、基本原理以及软件的编制方法。由于应用 PLC 的场合是多种多样的，随着 PLC 自身功能的不断增强，它所控制的系统也越来越复杂，因此无法归纳出适合各种 PLC 控制系统设计的全面、详细的准则与步骤。本章将主要阐述在工业过程控制中设计 PLC 控制系统应注意的事项，以便使读者对 PLC 的使用和设计有一个比较全面的了解。

以下将对 PLC 控制系统设计中的具体问题及系统的可靠性、抗干扰等做进一步的阐述。

10.1　被控系统的工艺要求和基本工作流程

在进行 PLC 控制系统设计之前，必须详细了解被控对象的工艺过程和控制要求，明确输入/输出的物理量是模拟量还是开关量；弄清整个工艺过程各个环节的相互联系及特点；注意哪些量需要监控、报警和显示；是否需要故障诊断；需要哪些保护措施等。

了解被控对象的工艺要求和工作流程主要包括：

(1) 各控制对象的驱动要求，例如驱动电压(电流)、驱动时间等。

(2) 各控制对象的动作顺序、相互之间的约束关系等，此项最好采用流程图表示。

(3) 所有控制参数的确定，如模拟量的精度要求、开关量的点数等。

10.2　控制方案的确定

明确了被控系统及控制任务后，应进一步确定控制方案。根据 PLC 的特点，与继电—接触器控制系统和工业控制计算机等进行比较后加以选择。如果控制对象的工业环境较差，对安全性和可靠性要求特别高，系统工艺复杂，输入/输出量以开关量为主(也可有少量模拟量)，而且用常规的继电器、接触器难以实现，工艺流程需要经常变动，则应优先选择 PLC 进行控制。另外，PLC 控制还用于能反映生产过程运行情况的场合和能用传感器直接进行参数测量的场合。而且，PLC 特别适合于用人工进行控制工作量大、操作不易满足工艺要求等场合。总之，在控制系统逻辑关系较复杂(需要大量中间继电器、时间继电器、计数器等)，工艺流程和产品改型较频繁，需要进行数据处理和信息管理(有数据运算、模拟量的控制、PID 调节等)，系统要求有较高的可靠性和稳定性，准备实现工厂自动化连网等情况下，使用 PLC 控制是很必要的。

在确定了采用 PLC 控制以后，还要确定控制系统的工作方式，是手动、半自动还是全自动，是单机运行还是多机连网运行等。这是最为重要的一步。若总体方案的决策有误，则会使整个设计任务不能顺利地完成，甚至失败，造成很大的投资浪费。因此，要在全面深入地了解控制要求的基础上确定电气控制方案。

采用 PLC 控制，就应根据被控对象的实际情况，确定 PLC 控制系统的软、硬件结构，包括 PLC 机型、系统通信方式、输入/输出节点、内存容量、I/O 响应时间、输出负载的特点、连网通信、PLC 的结构形式等。

10.2.1　PLC 机型选择

目前，可编程序控制器产品种类繁多，同一厂家也常常推出几个系列产品，这就需要用户去选择最适合自己要求的产品。一般选择机型要以满足系统功能需要为宗旨，不要盲目贪大求全，以免造成投资和设备资源的浪费。机型的选择首先是可靠性过关的产品，其次可从以下几个方面来考虑。

1.　系统类型

1) 单机控制的小系统

这种系统一般使用一台可编程序控制器就能完成控制要求，控制对象常常是一台设备或多台设备中的一个功能，如对原有系统的改造、完善或改进原设备的某方面功能等。这种系统没有可编程序控制器间的通信问题，但有时功能要求全面，容量要求变化大，有些还要与原系统设备的其他机器连接。

2) 慢过程大系统

慢过程大系统适用于对运行速度要求不高但设备间有联锁关系，设备距离远，控制动作多，如大型料场、高炉、码头、大型车站信号的控制。有的设备本身对运行速度要求高，但对部分子系统要求并不高，如大型热连续轧钢厂、冷连续轧钢厂中的辅助生产机组和控制系统供油、供风系统等。这一类型的对象，一般不选用大型机，因为它编程、调试都不方便，一旦发生故障，影响面也大，一般都采用多台中、小机型和低速网相连接。现代生产的控制器多为插件式模板结构，它的价格是由输入/输出板数和智能模板数的多少决定的。同一种机型的输入/输出点数少，则价格便宜，反之则贵，所以一般使用网络相连后就不必再选大型机了。这样选用一台中、小型可编程序控制器控制一台单体设备，其功能简化，程序好编，调试容易，运行中一旦发生故障影响面小，且容易查找。如上海宝山钢铁公司的冷连轧厂、热连轧厂以及武汉钢铁公司的薄板冷连轧厂等都是采用这种结构。在这些系统中，每套交流电动机或直流电动机传动系统的逻辑控制部分都单独用一台可编程控制器，然后用网络把整个主令系统管理起来。这种结构所用控制器的台数虽然多些，但程序编写省时，调试方便，故障影响面小，所以从总体上看是合理的。厂家提供的 PLC 产品低速网络传输速率可达 19.2 kb/s，可满足传送要求，且价格便宜得多。

3) 实时控制快速系统

随着可编程序控制器在工业领域应用的不断扩大，在中、小型的快速系统中，可编程序控制器不仅能完成逻辑控制和主令控制，而且已逐步进入了设备控制级，如高速线材，中、低速热连轧等速度控制系统。在这样的系统中，即使选用输入/输出容量大、运行速度快、计算功能强的一台大型可编程控制器，也难以满足控制要求。如果用多台可编程控制器，则有相互间信息交换与系统响应要求快的矛盾。采用可靠的高速网能满足系统信息快速交换的要求，但高速网一般价格都很贵，适用于有大量信息交换的系统。对信息交换速度要求高，但交换的信息又不太多的系统，可以用可编程控制器的输出端口与另一台可编程控制器的输入端口硬件互连，通过输入/输出直接传送信息，这样传送速度快而且可靠。当然传送的信息不能太多，否则将占用过多的输入/输出点。

2. 输入/输出点

盲目选择点数多的机型会造成一定浪费。要先弄清楚控制系统的 I/O 总点数，再按实际所需总点数的 15%～20%留出备用量(为系统的改造等留有余地)后确定所需 PLC 的点数。

一些高密度输入点的模块对同时接通的输入点数有限制，一般同时接通的输入点不得超过总输入点的 60%。PLC 每个输出点的驱动能力也是有限的，有的 PLC 每点输出电流的大小还随所加负载电压的不同而异。一般情况下，PLC 的允许输出电流是随环境温度的升高而有所降低的，在选择 PLC 机型时要考虑这些问题。

PLC 的输出点可分为共点式、分组式和隔离式几种接法。隔离式的各组输出点之间可以采用不同的电压种类和电压等级，但这种 PLC 平均每点的价格较高。如果输出信号之间不需要隔离，则应选择共点式、分组式输出方式。

3. 存储容量

对用户存储容量只能做粗略的估算。根据经验公式，在仅对开关量进行控制的系统，内存字数与输入/输出总点数的关系如下：

$$内存字数=输入/输出总点数×10$$

在只有模拟量输入的系统中，当然首先是对模拟量进行读入和数字滤波。数据进入机器后，一般只有传送与比较一类的运算，因此内存占用量相对较少。当模拟量输入/输出同时存在时，除上述数据处理内容外，一般还要进行一些较为复杂的运算。这时多数情况是闭环控制，内存需求量相对要大些。为此，在估算内存需求量时，常把这两种情况区分开来。常用的经验参考计算公式为：

只有模拟量输入时：　　　　　　$$内存字数=模拟量路数×120$$

在模拟量输入/输出同时存在时：　　$$内存字数=模拟量路数×250$$

上述路数一般是以十路模拟量为标准考虑的。当路数小于十路时所需内存量要大点，反之则小一些。最后，一般按估算容量的 50%～100%留有裕量，对缺乏经验的设计者，选择容量时留有的裕量要大些。

4. I/O 响应时间

PLC 的 I/O 响应时间包括输入电路延迟、输出电路延迟和扫描工作方式引起的时间延迟 (一般在 2～3 个扫描周期)等。对开关量控制的系统，PLC 的 I/O 响应时间一般都能满足实际工程的要求，可不必考虑 I/O 响应问题。但对模拟量控制的系统，特别是闭环控制系统，就要考虑这个问题。

5. 输出负载的特点

不同的负载对 PLC 的输出方式有相应的要求。例如，频繁通断的感性负载，应选择晶体管或晶闸管输出型，而不应选用继电器输出型。但继电器输出型的 PLC 有许多优点，如导通压降小，有隔离作用，价格相对较便宜，承受瞬时过电压和过电流的能力较强，其负载电压灵活(可交流、可直流)且电压等级范围大等。所以动作不频繁的交、直流负载可以选择继电器输出型的 PLC。

6. 连网通信

若 PLC 控制系统需要连入工厂自动化网络，则 PLC 需要有通信连网功能，即要求 PLC 应具有连接其他 PLC、上位计算机及 CRT 等的接口。大、中型机都有通信功能，目前大部分小型机也具有通信功能。

7. PLC 的结构形式

在相同功能和相同 I/O 点数的情况下，整体式 PLC 比模块式价格低。但模块式具有功能扩展灵活，维修方便(换模块)，容易判断故障等优点。因此应按实际需要选择 PLC 的结构形式。

10.2.2 输入/输出点数的简化

PLC 输入/输出的点数是有限的，在设计一个 PLC 控制系统时，可能会遇到输入/输出点数不足的问题，虽然可选择点数多的 PLC 或通过扩展单元增加输入/输出点数，但必然会增加系统投资。在合理选择的条件下，充分利用 PLC 的硬件和软件条件，往往可以解决 I/O 点数不足的问题，实现系统的控制要求。

1. 输入点数的简化

1) 利用操作开关并联连接方式

多点控制电动机启动、停止的继电器控制电路如图 10-1(a)所示。如果 PLC 输入/输出点数足够，可按图 10-1(b)进行接线。这种接线的优点是比较容易和直观地判断外部输入故障，缺点是占用 PLC 输入点数多。因为停止按钮 SB_1、SB_2、SB_3 和热继电器触点 FR 均具有使电动机停转的功能，启动按钮 SB_4、SB_5 和 SB_6 具有相同的启动电动机功能，所以可按图 10-1(d)所示的简化方法接线，即将具有相同控制功能的操作开关并联连接。显然这种接线方式与图 10-1(b)所示的接线方式相比，不仅少占用 5 个 PLC 输入点数，而且梯形图简化了，程序也简短了。图 10-1(c)是未简化的梯形图；图 10-1(e)是简化的梯形图。

2) 利用分组控制方式

例如当系统有手动、自动两种控制方式时，每种各有 N 个输入信号，那么就要占用 $2N$ 个输入点。但若利用分组控制方式，则 $2N$ 个输入信号只需占用 N 个输入点。图 10-2 是分组控制的示例。在图 10-2 中，开关 SA 有 1、2 两个工作位，PLC 的 00000 输入点作为控制点使用。当 SA 合在 2 号位(手动)时 00000 被接通，这时 00001 点输入的是 SB_1 的信息；当 SA 合在 1 号位(自动)时，00000 输入点 OFF，00001 点输入的是 KA_1 的信息。可见，同一个输入点 00001，在 00000 不同状态下输入了不同的内容。这个例子说明，采用分组控制法相当于使 PLC 的输入点扩大约 2 倍。

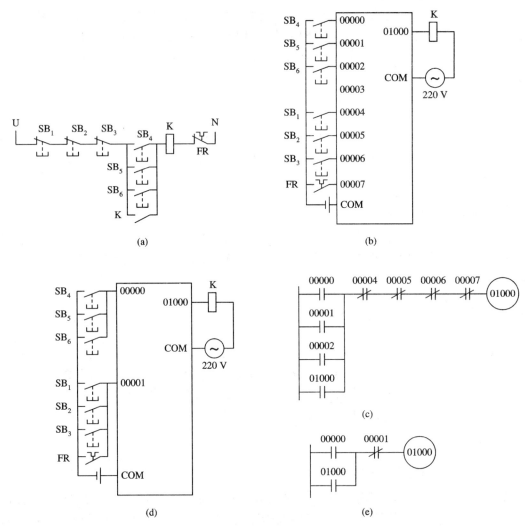

图 10-1　多点控制电动机启动、停止控制电路

(a) 继电器控制电路；(b) 未简化的 PLC 连接图；(c) 未简化的梯形图；

(d) 简化的 PLC 连接图；(e) 简化的梯形图

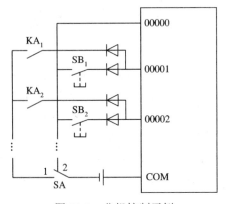

图 10-2　分组控制示例

3) 利用单按钮控制启动和停止

PLC 内部器件的数量一般远超过用户编程的需求。通过合理编程，充分利用 PLC 的内部器件，也可以达到节约输入点的目的。

图 10-3 是用一个按钮控制一台电动机启动、停止的两种方案。PLC 外部只接一个按钮，对应输入点为 00000，电动机通过输出节点 01000 控制。图 10-3(a)利用 KEEP 指令编程，当第一次按下按钮 00000 时，20000 为 ON，电动机启动；当第二次按下按钮 00000 时，由于 20000 已经为 ON，因此出现 KEEP 的置位和复位端均为 ON 的情况。由于复位优先，因此 20000 复位，电动机停止运行。

图 10-3(b)中，当第一次按下按钮 00000 时，通过在 20000 上产生的脉冲信号，使 01000 为 ON，电动机启动，但 20001 仍为 OFF；第二次按下按钮时，由于 01000 已为 ON，因此 20001 为 ON，从而使 01000 断电，电动机停止运行。

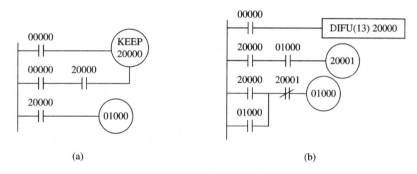

图 10-3　利用单按钮控制启动和停止

(a) 单按钮控制启动、停止方案一；(b) 单按钮控制启动、停止方案二

通过编程，也可以利用移位寄存器和计数器等指令，编写出用一个按钮启动、停止一台电动机的控制程序。另外，利用一个输入点的不同状态作为跳转或分支指令的启动条件，控制两段程序的执行，也可以达到使输入点数简化的目的。总之，通过合理编程，用 PLC 内部器件代替外部电器，也是使输入点数简化的重要途径。

2. 输出点数的简化

1) 部分电器可不接入 PLC

对控制逻辑简单、不参与系统过程循环、运行时与系统各环节不发生动作联系的电器，可不纳入 PLC 控制系统，因此就不占用输出点。例如，一些机床设备的油泵电动机或通风机的电动机等就属于这一类电器。

2) 部分输出电器并联使用

如图 10-4 所示，对于几个通、断状态完全相同的负载，如输出负载与状态指示灯等，在 PLC 输出点的电流限额允许的情况下，可以并联在同一个输出端子上，从而可少占用输出点。采用这种方法的条件是指示灯和负载的电压必须一致。若 PLC 的输出点不允许其并联连接，可用 PLC 外部的一个继电器对这两个负载进行控制。

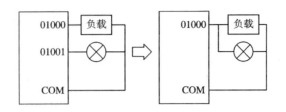

图 10-4　输出负载与状态指示灯并联

3）利用接触器辅助触点

许多控制系统，尤其是在中、大功率系统中，通常都含有接触器。必要时可考虑用接触器的辅助触点进行电气联锁或控制指示灯等，这样可少用 PLC 输出点。

4）用数字显示器代替指示灯

如果工作状态的指示灯或程序步比较多，推荐用数字显示代替指示灯，也可节省 PLC 输出点数。例如，16 步程序需要 16 点输出驱动指示灯，如果使用 BCD 码的数字显示，只需 8 点输出驱动两行数字显示器即可。两行数字显示器可显示 00～99，即 100 个状态。具体用法可参考有关资料。

5）多种故障显示或报警并联连接

有些系统可能有多种故障显示或报警，例如设有过压、过载、超速、越位、失磁、断相等显示或报警。只要条件允许，可把部分或全部显示或报警电路并联连接，用一个或少用几个输出继电器驱动，这也可减少对 PLC 输出点数的占用。

减少 PLC 输入/输出点数的方法是多样的，使用者应从实际出发，选用或设计切实有效的方案。

10.2.3　输入/输出的定义

PLC 机型选定后，应根据具体控制方案进行控制系统的软件框图设计。这时，有必要对系统的输入/输出进行定义。前面已经谈到过建立系统 I/O 分配表，但对于系统 I/O 量较多，利用模块式 PLC 构成的控制系统来说，则有必要对输入/输出进行更明确的定义，以便于系统的程序编制、系统调试以及系统打印等。

所谓输入/输出的定义，主要是指整体输入/输出点的分布和每个输入/输出点的名称定义。假设一台可编程控制器需完成多个功能，若把输入/输出点按顺序排列，则会给编写程序与调试程序带来不便。在这种情况下，最好是按控制功能把输入/输出点分段。特别是当采用模块式结构时，将相同功能的输入板和输出板组成一组，这样在进行程序编制时不容易产生混淆。

另外，在系统 I/O 分配表中对 I/O 信号的名称定义要明确、简短、合理，信号的有效状态要明确。例如，逻辑变量有"0"和"1"两个值，同时也会出现上升沿或下降沿有效的情况。所以，在 I/O 分配表中说明信号的有效状态，对系统程序的编制会有更明确的作用。典型 I/O 分配表如表 10-1 所示。

表 10-1　I/O 分配表

类型：开关量　　　类别：输入　　　框架号：1　　　　　地址号：00000~00115　　　　电压：220 V

板号	端子号	地址号	信号名称	板号	端子号	地址号	信号名称
2	1	00000	1#电动机启动，上升沿有效	3	1	00100	1#电动机油压低，"0" 有效
	2	00001	2#电动机启动，上升沿有效		…		
	…				8	00107	8#电动机油压低，"0" 有效
	9	00008	1#电动机停止，下降沿有效		9	00108	1#电动机已启动，"1" 有效
	…				…		
	16	00015	8#电动机停止，下降沿有效		16	00115	8#电动机已启动，"1" 有效

10.2.4　系统控制软件的设计

系统控制软件的设计是系统设计中工作量最大的工作，其中主要包括：

(1) 存储器(包括 RAM 和 ROM)空间的分配，它与逻辑量的输入/输出点数、模拟量的输入/输出点数、内存利用率、程序编制者的编程水平有关；

(2) 专用寄存器的确定；

(3) 系统初始化程序的设计；

(4) 各功能块子程序的编制；

(5) 主程序的编制及调试；

(6) 故障应急措施；

(7) 其他辅助程序的设计。

程序设计的质量关系到系统运行的稳定性和可靠性，应根据控制要求拟订几个设计方案，经认真比较后选择出最佳编程方案。当控制系统较复杂时，可将其分成多个相对独立的子任务，最后将各子任务的程序合理地连接在一起。系统控制软件的具体设计方法在前面几章中已有说明，此处不再赘述。

10.3　PLC 的输入/输出连接

1. PLC 与输入设备的连接

常见的 PLC 输入设备和输出设备有按钮、限位开关、转换开关、接近开关、拨码器、各种传感器、继电器、接触器、电磁阀等。正确地连接输入/输出电路，是保证 PLC 安全可靠工作的前提。

图 10-5 是以 CPM1A-40CDR 为例，说明 PLC 与输入设备接线方法的示意图。图中只画出了 000 通道的部分输入点与按钮的连接，001 通道的接线方法与其相似。电源 U 可接

在主机 24 V 直流电源的正极，COM 接电源的负极。

PLC 的输入点大部分是共点式的，即所有输入点具有一个公共端 COM。图 10-5 是共点式输入的接法。若是分组式的，则仿照图 10-5 的方法进行分组连接。

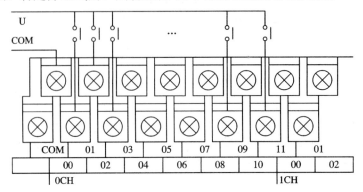

图 10-5 PLC 与输入设备的接法示意图

2. PLC 与输出设备的连接

(1) 具有相同公共端的一组输出点，其电压类型、等级相同，但与其他组输出点的电压可以不同。连接时应根据负载电压的类型和等级来决定是否分组连接。图 10-6 是以 CPM1A-40CDR 为例，说明 PLC 与输出设备的连接方法。图中只画出了 010 通道的输出点与负载的连接，011 通道的连接方法与之相似。图 10-6 所示接法是负载具有相同电压的情况，所以各组的公共端连在一起，否则要分组连接。

(2) 输入和输出的 COM 端不能接在一起。

(3) PLC 的晶体管和晶闸管型输出设备有较大的漏电流，尤其是晶闸管输出设备，当接上负载时可能出现输出设备的误动作，所以要在负载两端并联一个旁路电阻。旁路电阻 R 的阻值可由式(10-1)确定：

$$R = \frac{U_{ON}}{I} \quad (k\Omega) \tag{10-1}$$

式中：U_{ON}——负载的开启电压(V)；

I——输出漏电流(mA)。

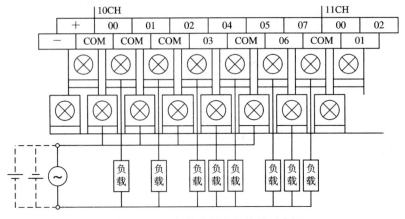

图 10-6 PLC 与输出设备的连接示意图

3．PLC 电源的连接

PLC 的电源包括 CPU 单元及 I/O 扩展单元的电源、输入设备及输出设备的电源。输入/输出设备、CPU 单元及 I/O 扩展单元最好分别采用独立的电源供电。图 10-7 是 CPU 单元、I/O 扩展单元及输入/输出设备电源的接线示意图。

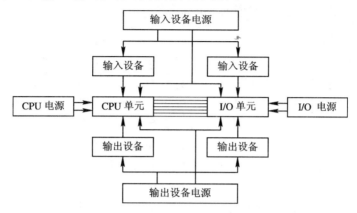

图 10-7　PLC 各种电源连接示意图

10.4　PLC 控制系统的测试

由可编程序控制器构成的控制系统在投入运行之前，必须对其进行必要的测试，以保证投入运行时可以安全正常地工作。由于可编程序控制器本身是专为工业环境应用而设计的系统，厂家在其产品出厂之前，已对可编程序控制器的基本模块及扩展模块均进行了严格的测试，因此对用户来讲，不需要对控制器的硬件再进行测试，整个系统的硬件调试相对简单。测试的主要任务是检查和考验根据整个系统的控制要求所编写的用户应用程序。

在进行应用程序测试时，可以先利用模拟实验板模拟现场信号进行初步的测试。经测试修改后，使程序基本满足控制要求。然后进行连机测试，连机测试可以发现程序中存在的实际问题和不足，最终使程序完全符合控制要求。测试前应制定周密的测试计划，以免由于工作的盲目性而忽视了应该发现的问题。另外，程序测试完毕必须经过一段时间运行实践的考验，才能确认程序是否达到控制要求。

1．程序测试的定义

软件理论已经证明：任何一个程序(除某些短小的子程序外)都存在错误。人们可以通过合理的测试来证明它仍然存在错误，但无法证明它已经没有错误了。因此，程序测试的目的就是尽可能地找出程序中的错误，即"程序测试是为了发现错误而执行程序的过程"。应该把发现错误作为测试的目的，而不能把"调通"作为目的。只有这样才能使程序中的隐患和错误得到改正，使程序的质量得到提高。

正确结束程序测试的标准尚无统一定论，一般常采用如下几种：

(1) 如果采用了按某种法则制定的测试计划，执行了计划中的全部测试，结果没有找出新的错误，那么就可以结束测试。这个标准不一定很好。因为尚无一种测试法可以查出程序中的全部错误。最好是综合若干种法则来测试，查错效果才有保障。

(2) 规定查错指标，例如"必须查出 50 个错误才算结束"。这个标准有比较积极的因素，能促使人们千方百计地去进行查错，但指标的规定是一件很困难的事情，定得太高可能永远结束不了测试。如果指标定得太低，则使程序的最终质量不高。合适的指标多数情况下是根据经验估算出来的，这与程序的规模、程序结构的复杂程度以及编程者的水平有关。较为妥当的测试结束标准是上述两种标准的某种结合。

2．程序测试的方法

程序测试的基本原理是：设计若干个测试方案，每个测试方案在执行中都会使程序按各自不同的方式来运行。当某种运行方式刚好触发某个隐含的错误时，该错误便被激发，对程序的后续运行产生影响，并以某种形式在结果中体现出来，从而被测试者发现。

在设计测试方案时，如果方案的制定要考虑程序内部的情况，即把盒子打开，就称为白盒测试法；如果方案不考虑程序内部结构，把整个程序看成一个黑盒子，仅从程序任务书或程序规范出发来设计测试方案，这种测试方法称为黑盒测试方法。

1）白盒测试法

利用白盒测试法进行系统程序测试时，程序流程图和程序清单都是制定方案的依据，通过对程序流程图和清单的分析，设计出若干组测试方案，基本思想是"搜索"错误，利用程序流程图和程序清单来制定出各种"搜索"方案，使得程序中每个判断的各个条件及各种可能的组合至少出现一次，力图通过执行到有错误的语句(指令)来暴露错误。白盒测试法的特点是比较擅长发现逻辑错误，容易遗漏非逻辑错误。

2）黑盒测试法

黑盒测试法完全不考虑程序内部逻辑结构，只从设计规范出发来设计测试方案。黑盒测试法同样需要设计出多个测试方案，组合一切可能输入的条件，包括条件的所有边界值(边缘值、稍大于边缘值和稍小于边缘值)进行测试方案的设计。

3）模块测试法

不管利用白盒法还是黑盒法，随着程序规模的增大，测试方案数将迅速上升，直到成为人们无法承受的天文数字。于是人们采用了一个策略：分而治之。先将一个程序分解成若干个模块，分别测试各个模块，然后逐渐将各个模块连接起来测试，最后连接成一个整体。当各个模块进行了比较"彻底"的测试后，在进行模块联合测试时，就可以不再注意模块内部的问题了，而只需集中精力测试各模块之间的接口关系即可。模块测试相对于整体测试不仅容易进行，而且容易对错误进行准确定位，同时还可以通过对每个模块并行测试来加快整个测试进程。在进行模块测试时，可以采用自顶向下模块测试，也可以采用自下向上模块测试。具体模块测试仍然是前面介绍的白盒法与黑盒法。

10.5　提高系统可靠性的措施

10.5.1　系统运行环境

由于 PLC 直接用于工业控制，因此其生产厂家都把它设计成能在恶劣条件下可靠工作的器件。尽管如此，每种 PLC 都有对应的环境条件，在选用时，特别是设计控制系统时，必须对环境条件给予充分的考虑。

一般情况下，可编程序控制器及其外部电路，例如 I/O 模块、辅助电源等都能在下列环境条件下可靠地工作：

- 温度：工作温度为 0℃～55℃，最高为 60℃；保存温度为 –20℃～+80℃。
- 湿度：相对湿度为 5%～95%(无凝结霜)。
- 振动和冲击：满足国际电工委员会标准。
- 电源：220 V 交流电源，允许在 –15%～+15% 之间变化，频率 47～52 Hz，瞬间停电保持 10 ms。
- 环境：周围环境不能混有可燃性、爆炸性和腐蚀性气体。

1. 温度条件

可编程序控制器及其外部电路都是由半导体集成电路(IC)、晶体管和电阻电容等器件构成的，温度的变化将直接影响这些元器件的可靠性和寿命。

温度高时容易产生下列问题：IC、晶体管等半导体器件性能恶化，故障率增加，寿命降低；电容器件漏电流增大；模拟回路的漂移增大，精度降低等。如果温度偏低，模拟回路除精度降低外，回路的安全系数也变小，超低温时可能引起控制系统动作不正常。特别是温度的急剧变化，由于电子器件热胀冷缩，更容易引起电子器件性能的恶化和温度特性变坏。

1) 超高温时应采取的对策

根据上述的温度情况，必须采取相应对策。如果控制系统的极限温度超过规定温度(55℃)，则必须采取下面的有效措施，迫使环境温度低于极限值：

(1) 盘、柜内设置风扇或冷风机，把自然风引入盘、柜内。使用冷风机时注意不能结露。

(2) 把控制系统置于有空调的控制室内，不能直接放在阳光下。

(3) PLC 的安装要考虑通风，控制器的上、下、左、右、前、后都要留有约 50 mm 的空间距离，I/O 模块配线时要使用导线槽，以免妨碍通风。

(4) 安装时要使 PLC 远离如电阻器或交流接触器等发热体，或者把 PLC 安装在发热体的下面。

2) 超低温时应采取的对策

当环境温度过低时，可采用如下对策：

(1) 盘、柜内设置加热器，冬季时这种加热特别有效，可使盘、柜内温度保持在 0℃ 以上，或者在 10℃ 左右。设置加热器时要选择适当的温度传感器，以保证能在高温时自动切断加热器电源，低温时自动接通电源。

(2) 停运时，不切断 PLC 和 I/O 模块的电源，靠其本身的发热量维持其温度，特别对于夜间低温，这种措施是有效的。

(3) 温度有急剧变化的场合，不要打开盘、柜的门，以防冷空气进入。

2. 湿度条件

在湿度大的环境中，水分容易通过模块上 IC 的金属表面的缺陷浸入内部，引起内部元件性能的恶化，印制电路板可能由于高压或高浪涌电压而引起短路。

在极干燥的环境下，绝缘物体上可能带静电，特别是 MOS 集成电路，其输入阻抗高，可能由于静电感应而损坏。

在 PLC 不运行时，由于湿度有急剧变化而可能引起结露。结露后会使绝缘电阻大大降低，且由于高压泄漏，可使金属表面生锈。特别是交流 220 V、110 V 的输入/输出模块，由于绝缘性能的恶化可能产生预料不到的事故。

对于上述湿度环境应采用如下对策：

(1) 盘、柜设计成封闭型，并放置吸湿剂。

(2) 把外部干燥的空气引入盘、柜内。

(3) 印制电路板上再覆盖一层保护层，如喷松香水等。

(4) 在温度低且极干燥的场合进行检修时，人体应尽量不接触集成电路块和电子元件，以防感应电压损坏器件。

3．振动和冲击环境

一般的可编程序控制器能承受的振动和冲击的频率为 10～50 Hz，振幅为 0.5 mm，加速度为 2 g，冲击为 10 g(g=10 m/s²)。超过这个极限时，可能会引起电磁阀或断路器误动作，机械结构松动、电气部件疲劳损坏以及连接器的接触不良等后果。

防振和防冲击的措施如下：

(1) 如果振动源来自盘、柜之外，可对相应的盘、柜采用防振橡皮，以达到减振的目的，亦可把盘、柜设置在远离振源的地方；

(2) 如果振动来自盘、柜内，则要把产生振动和冲击的设备从盘、柜内移走，或者单独设置盘、柜。

(3) 紧固 PLC 或 I/O 模块的印制板、连接器等可产生松动的部件或器件，连接线亦要固定紧。

4．周围环境的污染

周围空气中不能混有尘埃、导电性粉末、腐蚀性气体、水分、油分、油雾、有机溶剂等。否则会引起下列不良现象：

尘埃可引起接触不良，或阻塞过滤器的网眼，使盘内温度上升；导电性粉末可引起系统误动作，使绝缘性能变差和短路等；油和油雾可能引起 PLC 节点接触不良，并能腐蚀塑料；腐蚀性气体和盐分会引起印制电路板或引线的腐蚀，造成开关或继电器类的可动部件接触不良。

如果周围空气不洁，可采取下面相应措施：

(1) 盘、柜采用密封型结构。

(2) 盘、柜内打入高压清洁空气，使外界不清洁空气不能进入盘、柜内部。

(3) 印刷电路板表面涂一层保护层，如松香水等。

上述各种措施都不能保证在任何情况下绝对有效，有时需要根据具体情况具体分析，采用综合防护措施。

10.5.2 控制系统的冗余

使用 PLC 构成控制系统时，虽然其可靠性或安全性高，但无论使用什么样的设备，故障总是难免的。特别是当可编程序控制器对于用户是一个"黑盒子"时，一旦出现故障，用户一点办法也没有。因此，在控制系统设计中必须充分考虑系统的可靠性和安全性。

为了保证控制系统的可靠性，除了选用可靠性高的可编程序控制器，并使其在允许的条件下工作外，控制系统的冗余设计是提高控制系统可靠性的有效措施。

1. 环境条件留有余量

改善环境条件，其目的在于使可编程序控制器工作在合适的环境中，且使环境条件有一定的富裕量。最好留有三分之一的余量。

2. 控制器的并列运行

输入/输出分别连接两台内容完全相同的可编程序控制器，实现复用。当某一台出现故障时，可切换到另一台继续运行，从而保证整个系统运行的可靠性。

必须指出的是，可编程序控制器并列运行方案仅适用于输入/输出点数比较少、布线容易的小规模控制系统。对于大规模的控制系统，由于输入/输出点数多、电缆配线复杂，同时控制系统成本相应增加，而且几乎是成倍增加，因而限制了它的应用。

3. 双机双工热后备控制系统

双机双工热后备控制系统的冗余设计仅限于 PLC 的冗余。I/O 通道仅能做到同轴电缆的冗余，不可能把所有 I/O 点都冗余，只有在那些不惜成本的场合才考虑全部系统冗余。

4. 与继电器控制盘并用

在老系统改造的场合，原有的继电器控制盘最好不要拆除，应保留其原有的功能，以作为控制系统的后备手段使用。对于新建项目，就不必采用此方案。因为小规模控制系统中的 PLC 造价可做到同继电器控制盘相当，因此以采用 PLC 并列运行方案为好。对于中、大规模的控制系统，由于继电器控制盘比较复杂，电缆线和工时费都比较高，因此采用可编程序控制器是较好的方案，这时最好采用双机双工热后备控制系统。

10.5.3　控制系统的供电

1. 设计供电系统时应考虑的因素

供电系统的设计直接影响控制系统的可靠性，因此在设计供电系统时应考虑下列因素：
(1) 输入电源电压在一定的允许范围内变化。
(2) 当输入交流电断电时，应不破坏控制器程序和数据。
(3) 在控制系统不允许断电的场合，要考虑供电电源的冗余。
(4) 当外部设备电源断电时，应不影响控制器的供电。
(5) 要考虑电源系统的抗干扰措施。

2. 常用供电系统方案

根据上述考虑，使用如下几种常用的供电方案来提高可编程控制器控制系统的可靠性是有效的。

1) 使用隔离变压器供电

图 10-8 所示为使用隔离变压器的供电系统示意图，控制器和 I/O 系统分别由各自的隔

离变压器供电，并与主回路电源分开。这样当输入/输出供电中断时，不会影响可编程控制器的供电。

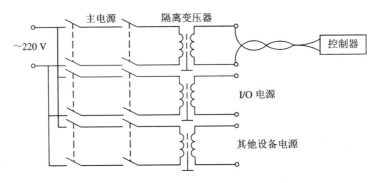

图 10-8　使用隔离变压器的供电系统示意图

2) 使用 UPS 供电

不间断电源 UPS 是电子计算机的有效保护装置。平时它处于充电状态，当输入交流电源(220 V)失电时，UPS 能自动切换到输出状态，继续向系统供电。

图 10-9 是使用 UPS 的供电示意图。根据 UPS 的容量，在交流失电后可继续向 PLC 供电 10～30 min；对于非长时间停电的系统，其效果是显著的。

3) 使用双路供电

为了提高供电系统的可靠性，交流供电最好采用双路电源分别引自不同的变电所的方式。当一路供电出现故障时，能自动切换到另一路供电。图 10-10 为双路供电系统的示意图。RAA 为欠电压继电器控制电路。假设先合上 AA 开关，令 A 路供电，由于 B 路中的 RAA 处于断开状态，继电器 RAB 处于失电状态，因此其常开触点 RAB 闭合，完成 A 路供电控制。然后合上 BB 开关，这样 B 路处于备用状态。当 A 路电压降低到规定值时，欠电压继电器动作，其常开触点 RAA 闭合，使 B 路开始供电，同时 RAB 触点断开。由 B 路切换到 A 路供电的原理与此相同。

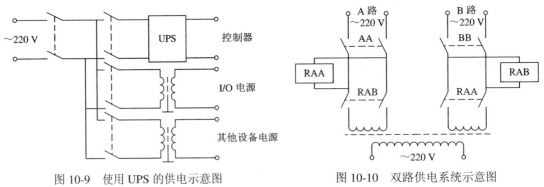

图 10-9　使用 UPS 的供电示意图　　　图 10-10　双路供电系统示意图

10.6　控制系统的抗干扰措施

可编程序控制器与电子计算机不同，它是直接连接被控对象的电子设备，工作电压为 5 V，频率为数兆赫，因此周围的干扰很容易引起 PLC 控制系统的误动作。

混入输入/输出的干扰信号或感应电压,容易引起错误的输入信号,从而产生出错误的结果,引起错误的输出信号。

为了使 PLC 稳定地工作,提高控制系统的可靠性,在控制系统中采取一些有效的抗干扰措施是非常必要的。下面按照不同的干扰源,分别介绍常用的抗干扰措施。

10.6.1 抗电源干扰

1. 使用隔离变压器

使用隔离变压器将屏蔽层良好接地,对抑制电网中的干扰信号有良好的效果。如果没有隔离变压器,不妨使用普通变压器。为了改善隔离变压器的抗干扰效果,必须注意两点:

(1) 屏蔽层要良好接地;

(2) 二次侧连接线使用双绞线,这样能减少电源线间干扰。

2. 使用滤波器

使用滤波器代替隔离变压器,在一定的频率范围内有一定的抗电网干扰作用,但要选择好滤波器的频率范围是困难的。为此,惯用的方法是既使用滤波器,又使用隔离变压器。连接方法如图 10-11 所示。但必须注意,使用时应把滤波器接入电源,然后再用隔离变压器。

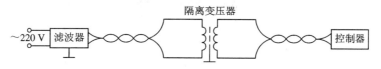

图 10-11　滤波器和隔离变压器同时使用

3. 远离高压电器和高压电源线

PLC 不能在高压电器和高压电源线附近安装,更不能与高压电器安装在同一个电器柜中。PLC 与高压电器或高压电源线之间至少应有 200 mm 的距离。

10.6.2 控制系统接地

1. 接地的意义

(1) PLC、控制盘、柜与大地之间存在着电位差,良好的接地可以减少由电位差引起的干扰电流。

(2) 混入电源和输入/输出信号的干扰,可以通过良好的接地引入大地,从而减少干扰的影响。

(3) 良好的接地可以防止由漏电流产生的感应电压。

2. 接地的方法

为了抑制干扰,PLC 应设有独立的、良好的接地装置,如图 10-12(a)所示。接地线的截面积应大于 2 mm^2。PLC 应尽量靠近接地点,其接地线不能超过 20 m。PLC 不要与其他设备共用一个接地体,像图 10-12(b)那样 PLC 与别的设备共用接地体的接法是不允许的。接地线应尽量避开强电回路和主回路的电线,不能避开时,应垂直相交;应尽量缩短平行走线长度。

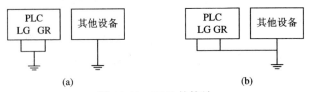

图 10-12　PLC 的接地

(a) 正确的接地方式；(b) 错误的接地方式

PLC 主机面板上有一个噪声滤波的中性端子(有的 PLC 标 LG)，通常不要求它接地，但是当电气干扰严重时,这个端子必须与保护接地端子(有的 PLC 标 GR)短接在一起之后接地。

CPU 单元必须接地。若使用了 I/O 扩展单元等，则 CPU 单元应与它们具有共同的接地体。其接线如图 10-13 所示。

CPM1A 的噪声滤波的中性端子符号是：　，接地端子符号是：　。

图 10-13　各种单元的接地

10.6.3　防 I/O 信号干扰

1．I/O 模块的定性分析

(1) 绝缘的输入/输出信号和内部回路比非绝缘的抗干扰性能好。

(2) 双向晶闸管和晶体管型的无触点输出比有触点输出在控制器侧产生的干扰小。

(3) 输入模块允许的输入信号 ON-OFF 电压差大，抗干扰性能好；OFF 电压高，对抗感应电压是有利的。

(4) 输入信号响应时间慢的输入模块抗干扰性能好。

2．选择 I/O 模块应考虑的因素

从抗干扰的角度考虑，选择 I/O 模块要考虑下列因素：

(1) 干扰多的场合，使用绝缘型的 I/O 模块。

(2) 安装在控制对象侧的 I/O 模块要使用绝缘型模块。

(3) 无外界干扰的场合，可使用非绝缘型无触点输出的 I/O 模块。

3．防止输入信号的干扰

除采用滤波器及使控制器良好接地来抑制干扰外，下面再介绍几种抗输入干扰的措施。

1) 防反冲击感应电势

如图 10-14 所示，在输入端有感性负荷时，为了防止反冲击感应电动势，在负荷两端并接电容 C 和电阻 R (为交流输入信号时)，或并接续流二极管(为直流输入信号时)。交流输入方式时，C、R 的选择要适当，才能起到较好的效果。一般参考值为：负荷容量在 10 VA 以下时选用 0.1 μF±120 Ω；负荷容量在 10 VA 以上时选用 0.47 μF±47 Ω 比较适宜。如果与

输入信号并接的感性负荷较大，则使用继电器中转效果更好。

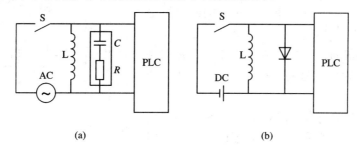

(a)　　　　　　　　　　　(b)

图 10-14　与输入信号并接感性负荷时

(a) 交流输入；(b) 直流输入

2) 防感应电压的措施

(1) 如果可能的话，在感应电压大的场合，改交流输入为直流输入。

(2) 在输入端并接浪涌吸收器。

(3) 在长距离配线和大电流场合，若感应电压大，则可用继电器转换。

4. 防止输出信号的干扰

1) 输出信号干扰的产生

在感性负载下，输出信号由 OFF 变成 ON 时产生突变电流，感性负载产生反向感应电势，交流接触器的节点等产生电弧，所有这些都可能产生干扰。

2) 防止干扰的措施

(1) 要注意 PLC 与感性负载的连接方法。若是直流负载，则要与该负载并联二极管，如图 10-15(a)所示。并联的二极管可选 1 A 的管子，其耐压要大于负载电源电压的 3 倍。接线时要注意二极管的极性。若是交流负载，要与负载并联 C、R 浪涌吸收电路，如图 10-15(b)所示。浪涌吸收电路的电阻可取 51～120 Ω，电容可取 0.1～0.47 μF，电容的耐压要大于电源的峰值电压。

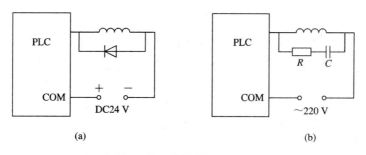

(a)　　　　　　　　　　　(b)

图 10-15　感性负载的连接

(a) 直流感性负载；(b) 交流感性负载

(2) 在 PLC 触点(开关量)输出的场合，不管 PLC 本身有无抗干扰措施，都要采取图 10-15(a)(直流负载)和图 10-15(b)(交流负载)所示的抗干扰对策。

(3) 在开、关时产生干扰较大的场合，交流负载可使用双向晶闸管输出模块。

(4) 交流接触器的触点在开闭时产生电弧干扰，可在触点两端连接 C、R 浪涌吸收器，效果较好，如图 10-16 中的 A 所示。要注意的是触点断开时，通过 C、R 浪涌吸收器会有一定的漏电流产生。电动机或变压器开关干扰时，可在线间采用 C、R 浪涌吸收器，如图 10-16 中的 B 所示。

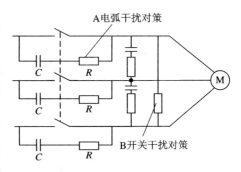

图 10-16　防大容量负载干扰对策

对于电子设备的抗干扰技术，主要原则是抑制干扰源。对 PLC 输出信号的干扰，可使用上述措施中的任何一个。

在有干扰存在的场合，PLC 的输出模块要选用装有浪涌吸收器的。没有浪涌吸收器的模块仅限用于电子式或电动机的定时、小型继电器，驱动指示灯等。

10.6.4　防外部配线干扰

为防止或减少外部配线的干扰，采取下列措施是非常有效的：

(1) 交流输入/输出信号与直流输入/输出信号分别使用各自的电缆。

(2) 对于 30 m 以上的长距离配线，输入信号线与输出信号线应分别使用各自的电缆。

(3) 集成电路或晶体管设备的输入/输出信号线必须使用屏蔽电缆，屏蔽电缆的处理如图 10-17 所示，即在输入/输出侧悬空，而在控制器侧接地。

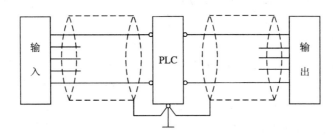

图 10-17　屏蔽电缆的处理

(4) PLC 的接地线与电源线或动力线分开。

(5) 输入/输出信号线与高电压、大电流的动力线分开配线。图 10-18 所示为利用悬挂式电缆槽配线的实例。

(6) 若远距离配线存在干扰或敷设电缆有困难或费用较大时，则采用远程 I/O 的控制系统有利。

(7) 配线距离要求：

① 对于 30 m 以下的短距离配线，直流和交流输入/输出信号线不要使用同一电缆；在不得不使用同一配线管时，直流输入/输出信号线要使用屏蔽线。

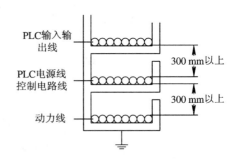

图 10-18　利用悬挂式电缆槽配线

② 对于 30~300 m 的中距离配线，不管是直流还是交流，输入/输出信号线都不能使用同一根电缆，输入信号线一定要用屏蔽线。

③ 对于 300 m 以上的长距离配线，建议用中间继电器转换信号，或使用远程 I/O 通道。

第 11 章　可编程序控制器的编程工具

11.1　编程器的使用和基本操作

　　编程器是 PLC 的基本外部设备，可用来对 PLC 进行手操编程，对程序进行编辑和语法检查。编程器可通过开关或菜单操作控制 PLC 的状态，使其处于编程、监控或运行状态。设计人员还可通过编程器对系统进行设定。CPM1A 系列 PLC 可使用的编程器为 CQM1-PRO01 或者 C200H-PRO27，这两种编程器的主要功能是相同的。本章以 CQM1-PRO01 为例介绍编程器的使用。

11.1.1　编程器面板组成及可实现的功能

1．CQM1-PRO01 编程器的面板

CQM1-PRO01 编程器的面板由以下 3 部分组成：

(1) LCD 显示部分。显示部分可显示两行，每行可显示 16 个字符，相当于微型计算机的显示器显示信息。

(2) 方式切换开关。方式切换开关用以控制 PLC 的工作状态。通过切换可使 PLC 处于编程、监控或运行状态。

(3) 键盘部分。键盘部分有 39 个按键，可分为 3 个区域：

- 数字键区：用于数字输入。
- 指令键区：用于输入 PLC 的指令。
- 编辑键区：用于控制编程或监控操作。

图 11-1 为 CQM1-PRO01 编程器键盘示意图。

2．各键区的组成及主要功能

10 个白色的数字键组成数字键区。用该键区输入程序地址或数据，再配合 FUN 键，可以形成有指令码的应用指令。

16 个灰色键组成指令键区，该键区用于输入指令。

12 个黄色键组成编辑键区，用于输入、修改、查询程序及监控程序的运行。

1 个红色清除键用于清除显示屏的显示。

通过编程器，可实现多达 28 种功能，详见表 11-1。本章将介绍几种常用功能。

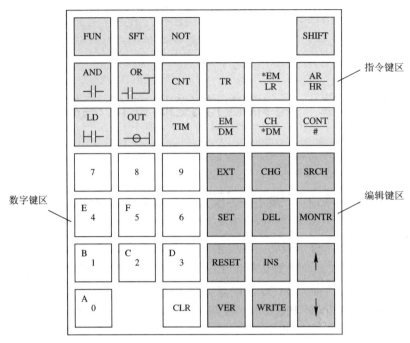

图 11-1　CQM1-PRO01 编程器键盘示意图

表 11-1　编程器功能一览表

名　　称	功　　能
内存清除	用户程序、PLC 系统设定、各继电器、定时器/计数器、数据存储器的数据全部清除
读出/解除故障及提示信息	读出发生故障以及提示信息；解除故障提示信息
蜂鸣器声音的开/关切换	切换蜂鸣器声音的 ON/OFF
地址设定	在进行程序写入、读出、插入、删除等操作时，设定操作对象地址
读出程序	读出用户存储器的内容。"运行"、"监视"模式下可读出接点的通、断状态
指令检索	检索写入用户程序的指令
继电器接点检索	检索各继电器、定时器、计数器的接点
插入/删除指令	在用户程序中插入/删除指令
写入程序	进行程序的写入、指令的修改、设定值修改等操作
检查程序	确认用户程序的内容是否符合编程规则，程序有错时，出错的地址及内容将显示出来
I/O 监视	监视各继电器、定时器/计数器、数据存储器的数据内容，并在画面上会逐渐显示出来
I/O 多点监视	同时进行 3 点的 I/O 监视
微分监视	检测接点的闭合/断开时的边沿状态
通道监视	各继电器、数据存储器以通道为单位的监视，画面上以二进制的 16 位来显示

名　　称	功　　能
3 字监视	连续的 3 个通道同时监视
带符号十进制监视	把通道内的以 2 的补码表示的十六进制数变换为带符号的十进制数显示出来
无符号十进制监视	将通道内的十六进制数变换为不带符号的十进制的数并显示出来
3 字数据修改	汇总修改连续的 3 个通道数据
修改定时器/计数器设定值 1	修改定时器/计数器的设定值
修改定时器/计数器设定值 2	以微调节方式修改定时器/计数器的设定值
修改当前值 1	修改 4 位十六进制数据、4 位十进制数据的当前值
修改当前值 2	把通道数据修改为二进制 16 位数据
修改当前值 3	将通道中以-32 767~+32 767 的十进制数自动变换为以 2 的补码表示的十六进制数
修改当前值 4	将通道中以 0~65 535 的无符号十进制数自动变换为十六进制数
强制置位/复位	将各继电器、定时器、计数器的接点强制为置位(ON) /复位(OFF)
强制置位/复位全解除	被强制置位/复位的所有区域接点一起被解除
变换数据显示形式	对数据存储器进行"I/O 监视"或"I/O 多点监视"时，HEX(十六进制)的显示形式与字母的显示形式之间的切换
读出扫描周期	显示执行程序的平均扫描周期

11.1.2　编程器的操作

1．操作准备

当利用编程器进行编程时，应将编程器的连接电缆接到 PLC 的外设端口上，如图 11-2 所示。当主机没有接编程器等外围设备时，上电后 PLC 自动处于运行方式。因此，在对 PLC 中的用户程序不了解时，一定要把 PLC 方式选择开关置于编程位置，避免一上电就运行程序而造成事故。当主机接有编程器时，上电后的工作方式取决于方式选择开关的位置。

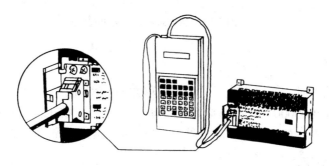

图 11-2　编程器与 PLC 的连接

2．设定编程器方式

设定编程器的方式，选开关为编程方式。

PLC 首次上电后，编程器上显示出"PASSWORD！"(口令)字样，依次按下 CLR 和 MONTR 键(回答口令)至口令消失后，再按 CLR 键，待编程器上显示出 00000 时方可进行后续操作。

3. 清除内存

在输入程序之前，应首先清除内存。在 PROGRAM 方式下执行清除内存的操作如下：

(1) 欲将存储器中的用户程序、各继电器、计数器、数据存储器中的数据全部清除时，操作过程及每步操作时屏幕显示的内容如图 11-3 所示。

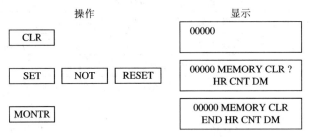

图 11-3　操作过程及显示内容

(2) 如需保留指定的数据区，则应进行部分清除。例如，要保留地址 00123 以前的用户程序及 CNT 的内容，操作过程及显示内容如图 11-4 所示。

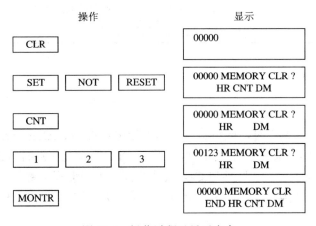

图 11-4　操作过程及显示内容

11.1.3　程序输入

在进行程序输入时，要将方式开关设为编程方式 PROGRAM。待输入口令，按下 CLR 键，编程器上显示出 00000 时，即可进行程序输入。此时，00000 表示输入程序的开始地址，如要从其他地址输入，可按下相应地址号，再按上箭头键或下箭头键即可。

1. 单字节指令输入

当输入程序时，每输入一条指令后要按一次 WRITE 键，地址会自动加 1。例如，输入 LD 00005 指令，操作过程及其显示内容如图 11-5 所示。

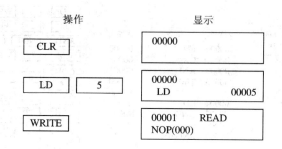

图 11-5　操作过程及显示内容

2. 双字节指令输入

在输入双字节指令时，若仅输入指令，则按 WRITE 键后地址并不加 1，而是提示输入下一字节的内容。在指令输入完整后再按 WRITE 键，地址才加 1。例如，在地址 00200 处输入 "MOV (021)#0150 200" 语句，操作过程及其显示如图 11-6 所示。其中，DATA 后面的 A、B 是指令的第一、第二个操作数，有三个操作数的指令会继续出现 C。若操作数没有输入完整的指令就输入下一条指令，则编程器发出 "嘀" 的声音并拒绝输入下一条指令。

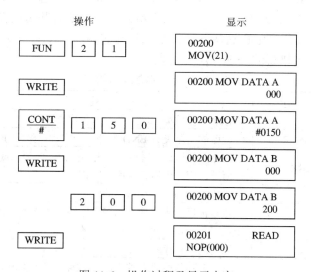

图 11-6　操作过程及显示内容

3. 微分型指令输入

输入微分型指令的操作步骤是：按 FUN→输入指令码→按 NOT 键→按 WRITE 键，表示微分型指令的 "@" 就显示出来，再按一次 NOT 键，"@" 就消失。非微分型指令不必按 NOT 键。

4. 出错纠正

如果输入的语句中有错误，只需在出错的地址处重新输入正确的语句即可。

例如，根据图 11-7(a)输入程序，按下 CLR 键，当编程器显示地址为 00000 时开始输入。程序指令表如图 11-7(b)所示，输入过程如图 11-7(c)所示。

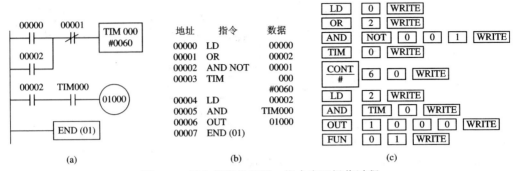

图 11-7　输入程序梯形图、指令表及操作过程

(a) 梯形图；(b)指令表；(c) 操作过程

11.1.4　程序校验

程序输入后，可在 PROGRAM 方式下检查程序，进行程序校验，以确认输入的程序是否正确。

程序错误类型分为 A、B、C 三类和 0、1、2 三级。A 类错误影响程序的正常执行，必须通过检查消除。0 级检查用于检查 A、B、C 三类错误；1 级检查用于检查 A、B 两类错误；2 级检查用于检查 A 类错误。除了这三类错误之外，还有些错误在程序输入时即被显示出来，并由系统监控程序阻止这些非法指令或数据的输入。表 11-2 为 A、B、C 三类错误的出错显示以及对各类错误的处理方法一览表。

表 11-2　程序检查出错表

等 级	出 错 显 示	处　　　　理
A	?????	程序已被破坏，应重新写入程序
	NO END INSTR	程序的结尾没有 END 指令，应在程序结尾处写入 END 指令
	CIRCUIT ERR	程序逻辑错误。这种错误大多是由于多输入或少输入了一条指令所致，应仔细检查程序并修正
	LOCN ERR	当前显示的指令在错误的区域
	DUPL	重复错误。当前使用的子程序编号或 JME 编号在程序中已使用过，应改正程序，使用不同的编号
	SBN UNDEFD	调用的子程序不存在
	JME UNDEFD	一个转移程序段有首无尾，即对于一个给出的 JME 没有相应的 JMP 与之对应
	OPER AND ERR	指定的可变操作数据错误，检查程序并改正
	STEP ERR	步进操作错误，检查并修改程序
B	IL–ILC ERR	IL-ILC 没有成对出现。它不一定是真正的错误，因为有时就需要 IL-ILC 不成对出现。检查并确认该处程序是否有错
	JMP–JME ERR	JMP-JME 没有成对出现，检查并确认该处程序是否真正有错
	SBN–RET ERR	SBN-RET 没有成对出现，检查并改正程序
C	JMP UNDEFD	对一个给出的 JME 没有 JMP 与之对应，检查并改正程序
	SBS UNDEFD	一个定义的子程序没有调用过。对于中断子程序来说，出现这种情况是正常的
	COIL DUPL	一个位号被多次用作输出，检查并确定程序是否真正有错

对程序进行校验的操作过程如图 11-8 所示。

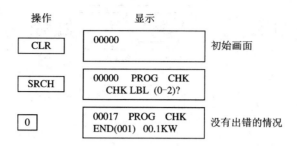

图 11-8　程序校验操作及其显示

当显示出"END(001)"时，表示没有错误。若程序有错，则显示出错地址和表 11-2 所示的错误内容。每按一次 SRCH 键，就会显示下一个出错的内容和地址。

11.1.5　程序读出

用户可在 RUN、MONITOR 和 PROGRAM 方式下读出程序。

程序读出操作用于检查程序的内容。其过程为：建立开始读出的首地址→按向下箭头或向上箭头读出程序。读程序的操作及其显示如图 11-9 所示。

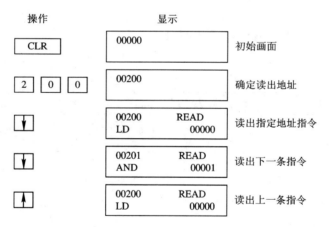

图 11-9　读程序操作及其显示

11.1.6　指令检索

在 RUN、MONITOR 和 PROGRAM 方式下检索指令。

欲检索用户程序中的某条指令，操作步骤为：建立开始检索的首地址→键入要检索的指令→按 SRCH 键→显示出要检索的指令内容及地址→按向下箭头→显示出操作数。

例如，检索某程序中 LD 指令的操作步骤为：按 CLR→20→按向下箭头→LD→SRCH，此时操作过程及显示的内容如图 11-10 所示。如果要检索 TIM/CNT 指令的设定值，可在先检索到 TIM/CNT 指令后，再按向下箭头，就可显示出要检索的 TIM/CNT 指令的设定数据。连续按 SRCH 键可继续向下检索，一直检索到 END 指令。如果程序中无 END 指令，则一直可找到程序存储器的最后一个地址。

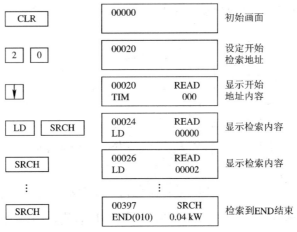

图 11-10　检索操作过程及显示

11.1.7　触点检索

在 PROGRAM、MONITOR、RUN 方式下检索触点。

触点检索操作和指令检索基本相同。只是指令检索操作检索的是一条指令，而触点检索操作检索的是一个触点。在 MONITOR 和 RUN 方式下进行触点检索时，还可显示该触点的实际通、断状态。

例如，检索触点 00001 的操作显示如图 11-11 所示。

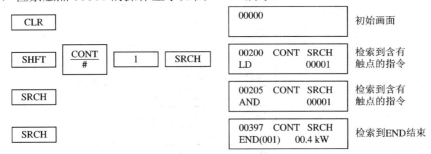

图 11-11　触点检索操作过程及显示

11.1.8　指令的插入与删除

在 PROGRAM 方式下，可进行指令的插入与删除。具体操作时，可利用 INS 键或 DEL 键进行。

例如，用户程序如图 11-12 所示，在其中可完成指令的插入与删除操作。

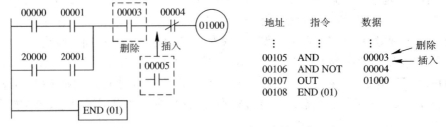

图 11-12　需插入指令与删除指令的程序示意

1. 指令插入

完成指令插入的操作如图 11-13 所示。

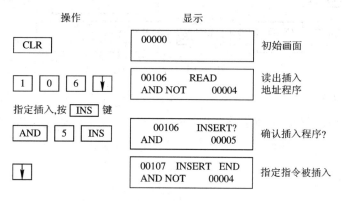

图 11-13 指令插入操作

当插入多字节指令时，可连续指定设定值(操作数)，然后按下 WRITE 键。

2. 指令删除

完成指令删除操作时，首先应读出操作地址的程序，检查无误后，再通过 DEL 键删除，完成指令删除的操作，如图 11-14 所示。

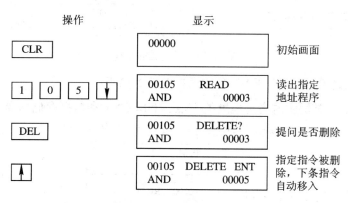

图 11-14 指令删除操作

11.1.9 I/O 监视

可在 RUN、MONITOR、PROGRAM 方式下进行 I/O 监视。I/O 监视在进行程序调试时经常用到。在 MONITOR、RUN 方式下，可以监视 I/O、IR、AR、HR、SR 和 LR 的状态，也可以监视 TIM/CNT 的状态及数据内容。

在监视程序内的节点、通道时，可利用 MONITOR 键进行。当按下上、下箭头键时，可对当前显示的节点、通道的前后节点以及通道进行监视，并可改变当前节点和通道的状态。监视结束后按下 CLR 键可停止监视。

1. 对节点的监视

图 11-15 所示为对 00001 节点的状态监视。

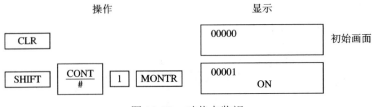

图 11-15 对节点监视

2. 对通道的监视

图 11-16 所示为对 LR 01 通道的监视。

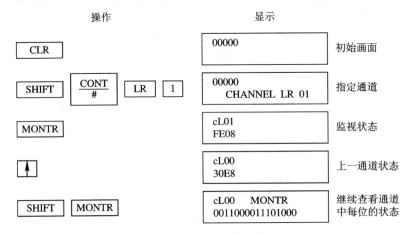

图 11-16 对通道的监视

3. 对程序内的节点、TIM/CNT 和数据存储器的监视

图 11-17 所示为对程序内指定地址的节点、TIM/CNT 和数据存储器监视的示意图。

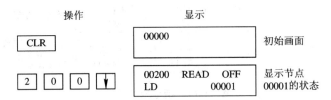

图 11-17 对程序内指定地址的节点、TIM/CNT 和数据存储器的监视

11.1.10 I/O 多点监视

在 MONITOR、RUN 方式下执行多点监视。

当监控程序运行时，经常需要同时监视多个节点或通道的状态，这时需进行多点监视。多点监视可与通道监视同时执行，最多可以同时监视 6 个对象。第一个被监视对象的显示在屏幕左边，当监视第二点或通道时，第一个被监视对象的显示就向右移动。监视情况示意图如图 11-18 所示。如果被监视的对象为 4 个，则第一个被监视对象就移出显示屏(移到内部寄存器中)。这时，显示屏上从左到右显示的是第四个、第三个、第二个被监视对象。屏幕上的内容与寄存器中的内容形成一个环，可以用 MONTR 键从左边再调出环上的某一个。显示器显示 3 个，寄存器内保存 3 个，因此，最多可以同时监视 6 个点或通道。如果要监视第 7 个对象，则最先被监视的那个内容被挤出且丢失。

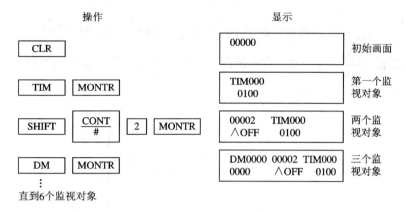

图 11-18　多点监视情况示意图

如果显示器最左边显示的是点，则可以强迫将其置为 ON 或 OFF。如果最左边显示的是通道、TIM/CNT、DM 等，则可以改变它们的值。

11.1.11　修改 TIM/CNT 的设定值

在 PROGRAM、MONITOR 方式下可修改 TIM/CNT 的设定值。

在 PROGRAM 方式下用编程器修改参数的操作在此不再赘述。在 MONITOR 方式下，运行程序时可以改变 TIM/CNT 的设定值。例如，欲将定时器 TIM000 的设定值改为#0600，其操作及相应显示如图 11-19 所示。

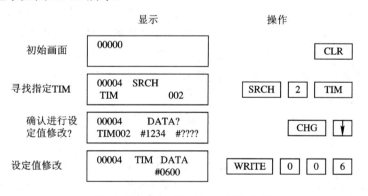

图 11-19　修改 TIM/CNT 的设定值

若欲将 TIM002 的设定值改为一个通道，则可依次按 CHG、SHIFT、$\dfrac{CH}{*DM}$ 键及通道号，最后按 WRITE 键。

此修改应在确认不影响设备的情况下进行，以免对设备或系统产生损害。

11.1.12　修改当前值

在 PROGRAM、MONITOR 方式下可修改当前值。

这个操作用来改变 I/O、AR、HR 和 DM 通道的当前值(4 位十六进制数)及 TIM/CNT 的当前值(4 位十进制数)。其操作过程为：

先对被修改的通道或 TIM/CNT 进行监视，然后按 CHG 键→键入修改后的数值→按 WRITE 键。

例如，要将 DM0000 通道的内容 0800 修改为 0200，应首先对被修改的通道进行监视，操作为：按 CLR→$\dfrac{\text{EM}}{\text{DM}}$→0→MONTR 键，然后开始修改。操作及显示如图 11-20 所示。

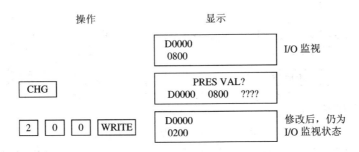

图 11-20　修改当前值的操作及显示

在进行修改时应注意不可对特殊辅助继电器 253～255 通道进行修改，同时应在确认不影响设备的情况下进行修改，以免对设备或系统产生损害。

11.1.13　强制置位/复位

在 PROGRAM、MONITOR 方式下可强制置位/复位。

使用 SET 或者 RESET 键可以把 I/O 点和 IR、HR 的位及 TIM/CNT 等的状态强制置为 ON 或者 OFF。在程序调试中常用到这个功能。这种操作分为强制置位/复位和持续强制置位/复位两种情况。操作应在 I/O 监视或 I/O 多点监视执行时使用。在 I/O 多点监视时，以左端节点为对象。

利用 SET 键进行强制置位/复位。按下 SET 键，指定节点被置位/复位，抬起按键，节点复原，如图 11-21 所示。

强制置位/复位和持续强制置位/复位的操作按键如图 11-22 所示。

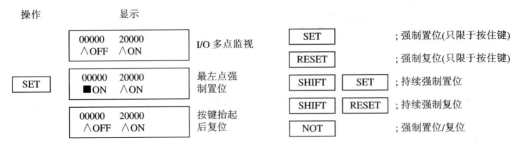

图 11-21　强制置位/复位操作及显示　　图 11-22　强制置位/复位和持续强制置位/复位的操作按键

当进行了强制置位/复位操作后，可按下 CLR 键→SET 键→RESET 键→NOT 键对所有强制置位/复位操作的节点解除。

在进行强制置位/复位操作时，应在确认不影响设备的情况下进行，以免对设备或系统产生损害。

11.1.14 读出扫描周期时间

在 RUN、MONITOR 方式下可读出执行程序的平均扫描周期时间，如图 11-23 所示。

图 11-23　读出执行程序的平均扫描周期时间

由于读出的数值是平均值，因此每次读出的数据会稍有不同。

11.2　编程软件 CX-P

利用计算机图形化编程软件进行辅助编程，是各 PLC 公司推出的另一种编程方式。计算机辅助编程既省时省力，又便于程序管理，它具有简易编程器无法比拟的优越性。计算机辅助编程时要安装专用编程软件，还要和 PLC 建立通信连接。PLC 与计算机通信时，通常使用 CPU 单元内置的通信口，或使用 Host Link 单元的通信口。通信口大多为 RS-232C 口，有时也用 RS-422 口。

使用编程软件可以实现的功能有：梯形图或语句表编程，编译检查程序，数据和程序的上载、下载及比较，对 PLC 的设定区进行设置，对 PLC 的运行状态及内存数据进行监控和测试，打印程序清单，文件管理等。

OMRON 公司先后开发出多种编程软件。在 DOS 环境下，早期使用 LSS(Ladder Support Software)，后来升级为 SSS(SYSMAC Support Software)。在 Windows 环境下，使用 CPT(SYSMAC-CPT)，近期又开发出 CX-P(CX-Programmer)。

11.2.1　CX-P 软件简介

CX-P 支持 C、CV、CS 系列 PLC，它具有比 CPT 更加强大的编程、调试、监控功能和完善的维护功能，使程序开发及系统维护更为简单、快捷。

CX-P 有 1.1、1.2 和 2.0 多个版本，高版本兼容低版本的功能。CX-P 2.0 版主要特性如下所述。

1) 树状目录形式

CX-P 2.0 以树状目录的形式分层显示一个工程的各个项目，这些项目能够被直接访问。

2) Windows 风格界面

CX-P 2.0 具有 Windows 风格的界面，使用鼠标及标准菜单系统。用户可自定义工具栏和快捷键。

3) 多个 PLC

CX-P 2.0 在单个工程下支持多个 PLC；单个 PLC 可支持一个应用程序，其中 CV、CS 系列的 PLC 可支持多个应用程序；单个应用程序支持多个程序段，一个应用程序可以分为一些可自行定义的、有名字的程序段，能够方便地管理大型程序。可以一人同时编写、调试多个 PLC 的程序；也可以多个人同时编写、调试同一个 PLC 的多个程序。

4) 符号编程功能

CX-P 除了可以直接采用地址和数据编程外，还提供了符号编程的功能。编程时使用符号时不必考虑其位和地址的分配。符号编程使程序易于移植，易于拖放。

5) 具有兼容性

CX-P 对 Windows 应用软件的数据具有兼容性。对于 I/O 分配表，包括符号、地址和 I/O 注释，可输入到 Microsoft Excel 的表格中，然后由 CX-P 使用。

6) 用梯形图或助记符编程

在输入指令时，可使用快捷按钮迅速建立梯形图。可向一个梯形图元素(接触点、线圈或指令)附加一个注释，增强程序的可读性。为了节省空间，操作人员能够对梯形图上显示的符号信息格式和数量进行选择，能够快速打开和关闭注释。

7) 颜色使用

颜色的使用可以自定义。缺省设置时，全局和本地符号在梯形图中具有不同的颜色。梯形图中的错误显示为红色。

8) 显示转移

在梯形图视图和助记符视图中，可以将当前的显示转移到程序中需要的位置。例如，转移到一个指定的梯级或步，或者转移到某一有注释的梯级，或者转移到指定地址的下一个引用等。

9) 查找和替换功能

CX-P 2.0 提供较强的查找和替换功能，支持文本通配符和内存地址范围的操作。

10) 提供较强的在线功能

例如，操作人员可对多个 PLC 梯形图在线编程；监视窗口支持本地符号；可以将监视设置为在十六进制下工作；为了检查程序的逻辑性，监视可以暂时被冻结。

11) 显示分开

CX-P 2.0 可将程序分开显示，以监控多个位置。一个程序能够垂直和水平分开，同时显示在 4 个区域上，达到监控整个程序，同时也监控或输入特定指令的目的。

12) 具有远程编程和监控功能

上位机通过被连接的 PLC 可以访问本地网络或远程网络的 PLC；还可以通过 Modem，利用电话线访问远程 PLC。

CX-P 软件具有一个许可序列号码，如果只使用 CX-P 的初级功能，可不需要许可序列号，这时仅仅支持 CPM1、CPM2 和 SRM1 这三种 PLC 编程。要使用 CX-P 的全部功能，需要输入许可序列号码，号码可以在安装时或者在以后输入。

由于 CX-P 软件的功能强大，操作内容很多，因此本节仅围绕一些常见的应用问题来介绍 CX-P 软件的使用。

11.2.2　CX-P 的主窗口

启动 CX-P 之后，将显示出 CX-P 的主窗口，如图 11-24 所示。

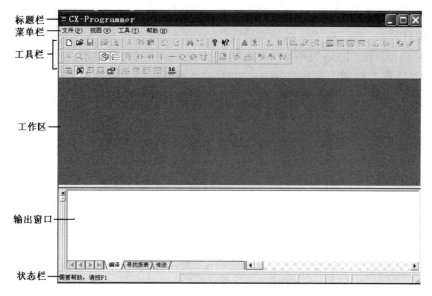

图 11-24 CX-P 的主窗口

1) 标题栏

标题栏显示打开的工程文件名称、编程软件名称和其他信息。

2) 菜单栏

通过单击主菜单各选项及下拉子菜单中的命令，可进行 CX-P 各种功能的操作。

3) 工具栏

工具栏以图标按钮的形式显示 CX-P 经常使用的功能。可以通过"视图"菜单中的"工具栏"来选择常用图标按钮。

4) 输出窗口

输出窗口显示编译程序结果、查找报表和程序传送结果等。

5) 状态栏

状态栏位于窗口的底部，显示即时帮助、PLC 在线/离线状态、工作模式、连接的 PLC 和 CPU 类型、扫描循环时间、在线编辑缓冲区大小以及光标在窗口中的位置。用户可通过"视图"菜单中的"打开"和"关闭"选项来打开或关闭状态栏。

11.2.3 建立工程

1. 建立工程的步骤

当初次使用 CX-P 时，可通过建立新工程项目的方式建立工程。操作时单击"文件"菜单中的"新建"命令，将出现如图 11-25 所示的"改变 PLC"对话框。

(1) 设备名称。在"设备名称"栏中输入为 PLC 工程定义的名称，例如输入"交通灯控制"。

(2) 设备型号。在"设备型号"栏中选择 PLC 的系

图 11-25　"改变 PLC"对话框

列，例如，选择"CPM1(CPM1A)"。单击对应的"设置"按钮可进一步配置 CPU 型号，例如选择"CPU10"。

(3) 网络类型。在"网络类型"栏中选择 PLC 的网络类型，例如选择"SYSMAC WAY"。单击对应的"设置"按钮，显示如图 11-26 所示"网络设定"对话框。

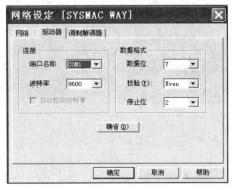

图 11-26 "网络设定"对话框

该对话框有三个标签，单击"网络"标签，可以进行网络参数设定；单击"驱动器"标签，可以选择计算机通信端口，设定通信参数等。注意计算机与 PLC 的通信参数应设置一致，否则无法通信。若使用 Modem，可单击"调制解调器"标签来设置相关参数。设置完成后单击"确定"按钮确认操作，或按"取消"按钮放弃操作，然后回到"改变 PLC"对话框。

(4) 注释。在"注释"栏中输入与此 PLC 工程相关的注释。

(5) 改变 PLC。在"改变 PLC"对话框中，单击"确定"按钮，在 CX-P 主窗口中将出现新建立的工程工作区和图表工作区，表明建立了一个新工程，如图 11-27 所示。若单击"取消"按钮，则放弃操作。

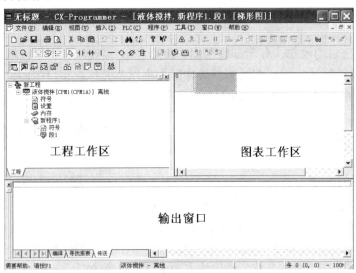

图 11-27 主窗口中新建的工程工作区和图表工作区

工程工作区位于主窗口的左边，它将显示一个工程的分层树形结构。一个工程可生成多个 PLC，每一个 PLC 包括全局符号、I/O 分配表(CPM1A 无)、设置、内存、程序等，而每一个程序包括本地符号表和程序段。

图表工作区位于主窗口的右边，是编辑梯形图和助记符程序的区域。

2. 工程项目操作

对工程项目进行操作时，可以右击该项目的图标，在出现相关上下文菜单后，选择相应的命令；也可单击主菜单的选项，在出现下拉命令子菜单后，选择相应的命令。在工程工作区中可进行操作的项目如图 11-28 所示。

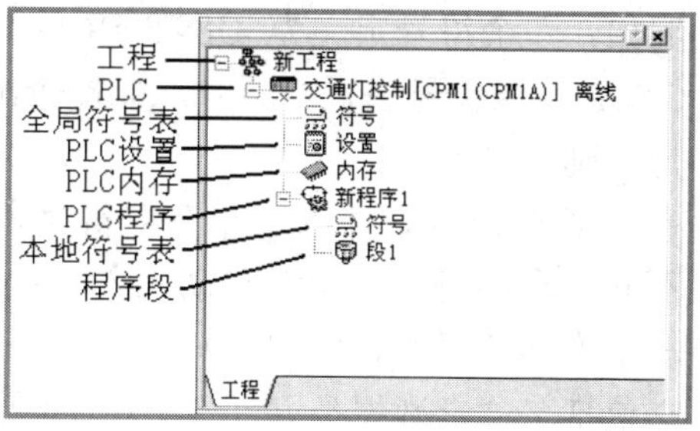

1) 工程

用户可为工程重命名；创建新的 PLC；将 PLC 粘贴到工程中等。

图 11-28　工程工作区中可进行操作的项目

2) PLC

用户可对 PLC 进行修改、剪切、复制、粘贴和删除；符号自动分配；编译所有的 PLC 程序；在线工作；改变 PLC 操作模式等。

3) 全局符号表和本地符号表

CX-P 除了直接采用地址和数据编程外，还提供了符号编程功能。符号是用来表示地址、数据的标识符。在 PLC 下各个程序都可以使用的符号叫全局符号，仅为某个程序定义的专有符号叫本地符号。

在编程中使用符号，具有简化编程、增强程序可读性、方便程序维护等优点。例如，仅改变符号对应的地址，程序就会自动使用新地址。程序越复杂，符号编程的优势越显著。

符号除了分配有地址或数值外，还被规定了数据类型。符号的数据类型如表 11-3 所示。

表 11-3　符号的数据类型

符号名称	容　量	符　号	格　式	备　注
BOOL	1 位	—	二进制	逻辑二进制地址位，用于接触点和线圈
CHANNEL	1 个或多个字	—	任意	任何除 BOOL 和 NUMBER 以外的非位地址
DINT	2 个字	有	二进制	一个有符号的双字二进制字地址
INT	1 个字	有	二进制	一个有符号的单字二进制字地址
LINT	4 个字	有	二进制	一个有符号的四字二进制字地址
NUMBER		有	十进制	它是一个数字值，而不是一个地址。这个值可以是有符号数或者浮点数，缺省时为十进制，可以使用前缀 "#" 来表明它是一个十六进制数
REAL	2 个字	无	IEEE	一个双字浮点值的地址
UDINT	2 个字	无	二进制	一个无符号的双字二进制字地址
UDINT_BCD	2 个字	无	BCD	一个无符号的双字 BCD 地址
UINT	1 个字	无	二进制	一个无符号的单字二进制字地址
UINT_BCD	1 个字	无	BCD	一个无符号的单字 BCD 地址
ULINT	4 个字	无	二进制	一个无符号的四字二进制字地址
ULINT_BCD	4 个字	无	BCD	一个无符号的四字 BCD 地址

在对符号进行定义时，使用 BOOL 数据类型来定义定时器/计数器的触点，使用 NUMBER 数据类型来定义定时器号和设定值。例如，将"TIM001"的"001"定义为 NUMBER 类型的符号"RTimer"，将设定值定义为 NUMBER 类型的符号"TimeInterval"。

由于规定了符号的数据类型，因此 CX-P 能够检查符号是不是以正确的方式被使用。例如，一个符号定义为 UINT_BCD 类型，这表示其代表的数据是无符号 BCD 单字整数。CX-P 对该符号进行检验时，能检查出其是否只被用于操作数是 BCD 类型的指令，如果不是，则给出警告。

每一个 PLC 下有一个全局符号表，当工程中添加了一个新 PLC 时，根据 PLC 型号的不同，全局符号表中会自动添入一些预先定义好的与该型号有关的符号。每一个程序下有一个本地符号表，它包含只有在这个程序中要用到的符号。本地符号表被创建时是空的，它包括名称、数据类型、地址/值和注释等。对于 CV 系列、CSI 系列的 PLC，这个列表还提供关于机架位置等信息。

在符号表中，每一个符号名称在表内必须是唯一的，但是，允许在全局符号表和本地符号表里出现同样的符号名称。这种情况下，本地符号优先于同样名称的全局符号。

全局符号表中最初自动填进的一些预置的符号取决于 PLC 的类型。例如，许多 PLC 都能生成符号"P_1s"(1 s 的时钟脉冲)。所有的预置符号都具有前缀"P"，且不能被删除或者编辑。当双击全局符号或本地符号时，会显示出如图 11-29 所示的符号表窗口。它是一个可以编辑的符号列表。在符号表中可以对符号进行添加、编辑、剪切、复制、粘贴、删除和重命名等操作。符号显示可选择大图标、小图标、列表和详细内容四种方式。

名称	类型	地址 / 值	机架位置	使用	注释
· LB1	BOOL	0.01		工作	支线检测器1
· LB2	BOOL	0.02		工作	支线检测器2
· 开机	BOOL	0.00		工作	系统开机
=× 支线车辆到定时器	NUMBER	000			支线车辆到定时器
· 支线车辆到定时器触点	BOOL	TIM000		工作	
· 支线红灯	BOOL	10.00		工作	
· 支线黄灯	BOOL	10.02		工作	
=× 支线黄灯定时器	NUMBER	003			支线黄灯定时器
· 支线黄灯定时器触点	BOOL	TIM003		工作	
=× 支线计数器	NUMBER	047			支线计数器
· 支线计数器触点	BOOL	CNT047		工作	
· 支线绿灯	BOOL	10.01		工作	
=× 支线绿灯定时器	NUMBER	002			支线绿灯定时器
· 支线绿灯定时器触点	BOOL	TIM002		工作	
=× 主干线黄灯定时器	NUMBER	001			主干线黄灯定时器
· 主干线黄灯定时器触点	BOOL	TIM001		工作	
=× 主干线计数器	NUMBER	046			主干线计数器
· 主干线计数器触点	BOOL	CNT046		工作	
· MA1	BOOL	0.03		工作	主干线检测器1
· MA2	BOOL	0.04		工作	主干线检测器2
· 主干红灯	BOOL	10.10		工作	
· 主线黄灯	BOOL	10.09		工作	

图 11-29　符号表窗口

4) PLC 设置

各种机型的 PLC 都开辟了系统设置区，用来设置各种系统参数。CX-P 通过设置图标进行设定。

双击"设置"图标，显示如图 11-30 所示的设定窗口。利用该窗口中的标签可对 CPM1A 系统设定区进行设定。设定完毕，将设定传送到 PLC 后，该设定才能生效。

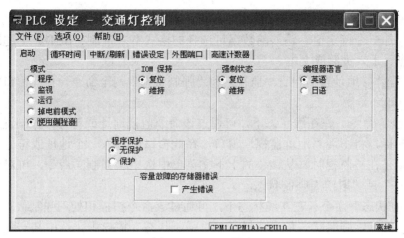

图 11-30　PLC 设定

5) PLC 内存

通过 PLC 内存可以查看、编辑和监视 PLC 内存区，监视地址和符号、强制置位地址以及扫描和处理强制状态信息。

在工程工作区中双击 PLC "内存"图标，将显示如图 11-31 所示的"PLC 内存"窗口。

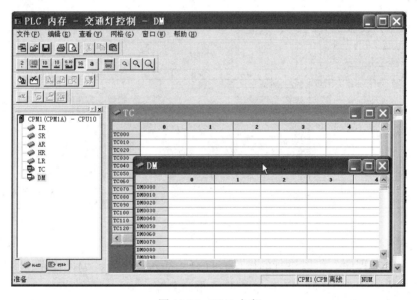

图 11-31　PLC 内存

如图 11-31 所示，在左窗口的下方有两个标签："内存"和"地址"。

(1) 内存操作。在内存窗口中可完成如下操作：

● 数据的编辑。数据的编辑是指向 PLC 允许读/写操作的内存区输入或修改数据。输入数据可选择的格式有二进制、BCD、十进制、有符号十进制、浮点型、十六进制或文本。

● 数据的下载、上载及比较。下载是将计算机已编辑的 PLC 内存区数据下传到 PLC 中；上载是将 PLC 内存区中的数据上传到计算机；比较是将计算机中的数据与 PLC 内存区的数据比较。这 3 种操作必须在在线状态下进行。

● 数据的监视。数据的监视是指在在线状态下，监视 PLC 内存中某一数据区的数据变化。

● 数据的清除和填充。在在线状态下，可清除 PLC 内存区中某一数据区的数据，或向某一数据区添加一个特定值。输入的数据可选择的格式有二进制、BCD、十进制、有符号十进制、浮点、十六进制或文本。

(2) 地址操作。地址窗口包含"监视"和"强制状态"两个命令。在此窗口中可完成如下的操作：

● "监视"命令。在在线状态下，可通过该命令监视地址或符号，强制置位地址。双击"监视"图标，将出现"地址监视"窗口，在此窗口中输入一个地址或符号即可进行监视。当一个位正在被监视时，从该位的上下文菜单中选中"强制"命令，可对该位强制置"ON"、"OFF"或"取消"强制状态。

● "强制状态"命令。在在线状态下，可通过该命令扫描和处理强制状态信息。双击"强制状态"图标，强制状态信息将显示在"强制状态"窗口中。选中某一强制状态位地址，从该位的上下文菜单中，可将其从"强制状态"窗口中复制到"地址监视"窗口中进行监视；也可清除所有的强制位；还可更新强制状态窗口。

图 11-32 所示为强制状态时显示的"地址监视"窗口。

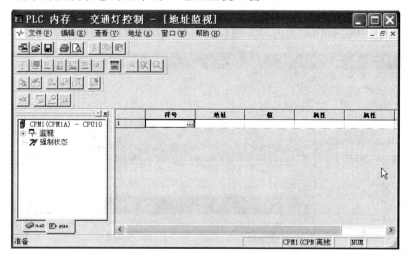

图 11-32　显示"地址监视"窗口

6) PLC 程序

对项目"PLC 程序"可以进行的操作有打开、插入程序段、编译程序、将显示转移到程序中指定位置、剪切、复制、粘贴、删除、重命名等。

7) 程序段

为了便于对大型程序的管理，可以将一个程序分成一些有定义、有名称的段。一个程序可以分成多个段，如段 1、段 2 等。一个段就如同书的一章，PLC 按照顺序来搜索各段。程序中的段可以重新排序或重新命名，但最后的段必须包含"END"指令。

在特定的程序中，可以使用段来存储经常使用的算法，这样就可以把段作为一个库，能够将其拷贝到另一个程序里面去。

对项目"段"进行的操作有打开梯形图、打开助记符、将显示转移到程序中指定的位置、剪切、复制、粘贴、删除、上移、下移、重命名等。

可以直接用鼠标拖放一个段，若在当前程序拖放，则改变段的顺序；也可将段拖到另一个程序中。

CX-P 允许在在线状态下上载一个单独的段，但程序段不能单独被下载。要下载一个程序段，要先把这个段复制到一个完整的程序中去。

8) 错误日志

当 CPU 处于在线状态时，工程工作区的树形结构中将显示 PLC "错误日志"图标。双击该图标，出现"PLC 错误"窗口，窗口中有三个标签：错误、错误日志和信息。通过这些标签，可得到 PLC 运行中的当前错误状态、错误历史及由程序设置的相关显示信息。

11.2.4　CX-P 编程

用 CX-P 编程时的基本步骤是：建立一个新工程→生成符号和地址→创建一个梯形图程序→编译程序→将程序传送到 PLC→将 PLC 程序传到计算机→将计算机程序与 PLC 程序比较→在执行程序时进行监视及调试。

本节以第 8 章所介绍的十字路口交通灯控制为例，介绍 CX-P 的编程。

1. 建立新工程

为编写交通灯控制程序，首先建立一个新工程。单击"文件"菜单中的"新建"命令，出现如图 11-25 所示的"改变 PLC"对话框。在此对话框的"设备名称"栏中输入"交通灯控制"；在"设备型号"栏中选择"CPM1(CPM1A)"，在其"设置"中选择"CPU10"；在"网络类型"栏中选择"SYSMAC WAY"，在其"设置"中设置适当的通信参数。

2. 生成符号和地址

建立一个梯形图程序的重要一步，就是对程序要访问的那些 PLC 数据区进行定义，建立符号与地址、数据的对应关系，并输入到符号表中。

双击工程工作区中的本地"符号"图标，打开本地符号表。在符号表窗口中单击鼠标右键，出现如图 11-33 所示的弹出菜单。选择"插入符号"选项，显示出如图 11-34 所示的"新符号"对话框。

图 11-33　弹出菜单

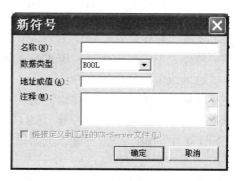

图 11-34　"新符号"对话框

参照表 11-4，按以下步骤逐个输入符号。

表 11-4 交通灯控制符号分配表

符号名称	数据类型	地址/值	注 释
LB1	BOOL	00001	支线检测器 1
LB2	BOOL	00002	支线检测器 2
开机	BOOL	00000	系统开机
支线车辆到定时器	NUMBER	000	支线车辆到定时器
支线车辆到定时器触点	BOOL	TIM000	
支线红灯	BOOL	01000	
支线黄灯	BOOL	01002	
支线黄灯定时器	NUMBER	003	支线黄灯定时器
支线黄灯定时器触点	BOOL	TIM003	
支线计数器	NUMBER	047	支线计数器
支线计数器触点	BOOL	CNT047	
支线绿灯	BOOL	01001	
支线绿灯定时器	NUMBER	002	支线绿灯定时器
支线绿灯定时器触点	BOOL	TIM002	
主干线黄灯定时器	NUMBER	001	主干线黄灯定时器
主干线黄灯定时器触点	BOOL	TIM001	
主干线计数器	NUMBER	046	主干线计数器
主干线计数器触点	BOOL	CNT046	
MA1	BOOL	00003	主干线检测器 1
MA2	BOOL	00004	主干线检测器 2
主线红灯	BOOL	01010	
主线黄灯	BOOL	01009	
主线绿灯	BOOL	01008	

(1) 在"名称"栏中键入"LB1";

(2) 在"数据类型"栏中选择"BOOL",表示 LB1 为一位二进制值;

(3) 在"地址或值"栏中输入 00001;

(4) 在"注释"栏中输入"支线检测器 1";

(5) 单击"确定"按钮,完成符号"LB1"的输入。

对于表 11-4 中的每一项,重复以上的操作,即可完成本地符号表的建立,如图 11-29 所示。

在符号表中除了可以添加符号外,还可以编辑、复制、移动和删除符号。

用户可以在工程工作区、符号表、程序窗口等处添加符号。在每一种情况下,都要使用"新符号"对话框。

3. 梯形图编程

在工程工作区中双击"段1"，则显示出空梯形图视图。图中左端所标数字为当前梯级，用户可利用图11-35所示梯形图工具栏中的按钮来编辑交通灯控制梯形图程序。通过图中的各种新建按钮，可在梯形图视图的对应位置建立相应符号。

图11-35　梯形图工具栏

现以图8-10所示的感应式交通信号灯自动控制梯形图为例，说明梯形图程序的编辑过程。

1) 新建常开接点

单击梯形图工具栏中的新建常开节点按钮，将其放在0号梯级的开始位置，将出现如图11-36所示的"新接点"对话框。

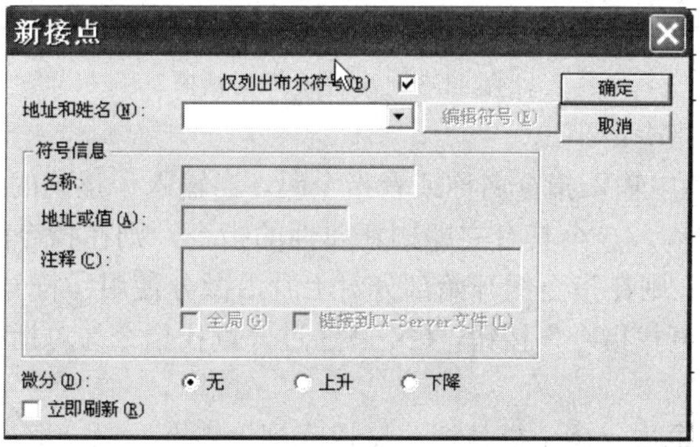

图11-36　"新接点"对话框

2) 地址和姓名

在"地址和姓名"栏输入触点的地址或名称。用户可以直接输入或者在其下拉列表(表中为全局符号表和本地符号表中已有的符号)中选择符号。本例在"地址和姓名"栏中选择"LB1"。

用户也可以定义一个新的符号，这时符号信息框中的"地址或值"栏由灰变白，在此栏中输入相应的地址，并把它添加到本地或者全局符号表中去。如果需要输入一个自动定位地址的符号，则需输入符号名称；如果不需要符号名称，则可直接输入地址。

3) 确定

单击对话框中的"确定"按钮，保存操作；单击"取消"按钮，放弃操作。现在梯级边缘将显示一个红色的记号(颜色可以定义)，这是因为该梯级没编辑完，CX-P认为是一个错误。

4) 新建垂直线

在梯形图工具栏中选择新建垂直线按钮，单击LB1触点的右端，梯级区域将加宽，在LB1触点的下端再次输入LB2触点，过程同LB1。

5) 新建 PLC 指令

在梯形图工具栏中选择新建 PLC 指令按钮，并单击梯级的右侧，则出现如图 11-37 所示的"指令"对话框。

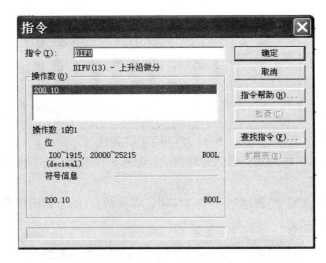

图 11-37 "指令"对话框

按以下步骤输入指令：

(1) 在"指令"栏中输入指令名称或者指令码。当输入了正确的号码后，相应的指令名称将自动分配。若要输入一个具有立即刷新属性的指令，则在指令的开头使用感叹号；若要插入一条微分指令，则在指令的开始部分对上升沿微分使用@符号，对下降沿微分使用%符号。也可以单击"查找指令"按钮，CX-P 通过"查找指令"对话框提供了所选机型的所有指令。

选择一条指令后单击"确定"按钮，又返回到"指令"对话框。

(2) 在"操作数"栏中输入指令操作数。操作数可以是符号、地址和数值。本例在"指令"栏中输入"DIFU"；在"操作数"栏中输入"20010"；

(3) 单击"指令"对话框中的"确定"按钮，一条指令就添加到梯形图中了。单击"取消"按钮，放弃操作。

6) 新建水平线

在梯形图工具栏中选择"新建水平线"按钮，将触点 LB1 和指令连接起来。此时，梯级的边缘不再有红色的记号，这表明该梯级里面已经没有错误了。至此，0 号梯级编辑完毕。

以下梯级都可按上述方式进行编辑。对于不同的梯形图符号，选择相应的新建按钮输入。在最后一个梯级里，添加指令"END"。

7) 给程序添加注释

在编写程序时添加注释，可以提高程序的可读性。可通过梯级的属性或梯形图元素的属性来为其设置注释。被添加到梯形图中的注释并不被编译。当一个注释被输入时，相关元素的右上角将出现一个圆圈，这个圆圈包括一个梯级中标识注释的特定号码。在"工具"菜单的"选项"命令中做一定设置后，注释内容会出现在圆圈的右部(对输出指令)或者出现在梯级(条)批注列表中。

用户可以通过梯级上下文菜单中的命令，在所选择梯级的上方或下方插入梯级，还可以通过梯形图元素的上下文菜单中的命令，插入行和元素或删除行和元素。

十字路口交通灯控制部分的梯形图如图 11-38 所示。

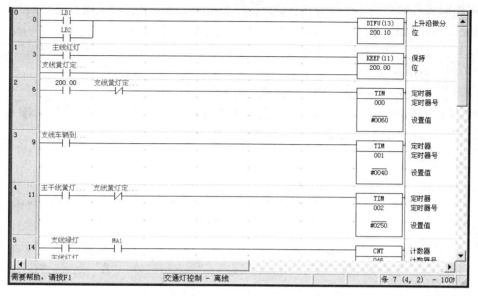

图 11-38　十字路口交通灯控制部分梯形图

4. 助记符编程

CX-P 允许在助记符视图中直接输入助记符指令。选中工程工作区中的"段 1"，单击工具栏中的"查看助记符"按钮，显示出如图 11-39 所示的助记符视图。

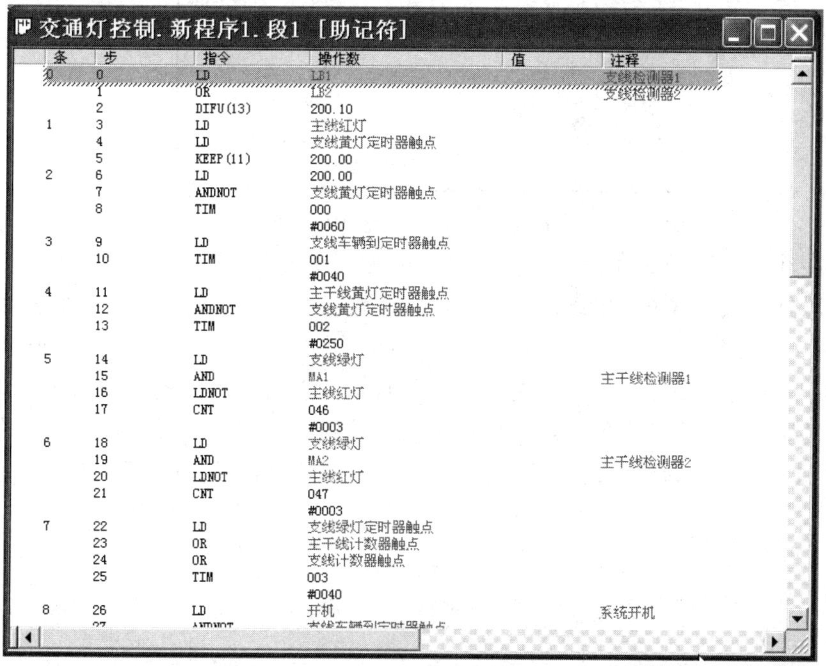

图 11-39　助记符视图

助记符编程步骤如下：

(1) 在"助记符"视图中，把光标定位在相应的位置。

(2) 按回车键，即进入编辑模式。

(3) 编辑或者输入新的指令。一个助记符指令由一个指令名称以及用空格分隔开来的操作数组成，如 LD LB1。

(4) 再次按回车键，把光标移动到下一行，或者使用键盘上的上、下箭头将光标移动到另一行，所做的输入被保存。

(5) 当输入完成以后，按"ESC"键来结束编辑模式。

对于助记符视图而言，在梯级的开始输入梯级注释时，先输入字符"′"，后输入文本；为了给一个元素输入注释，要先输入字符"//"，然后输入文本。

5. 程序的编译

当程序编辑完成后，应当对其进行编译。编译时选中工程工作区中的 PLC 对象，并选择主菜单中的"程序"项，在其中点击"编译"，编译结果将显示在输出窗口的"编译"窗口下面。

选择"PLC"菜单中的"程序检查选项"命令，弹出的"程序检查选项"对话框如图11-40 所示。用户可在检查级"A"、"B"和"C"（"A"最严格，"B"次之，"C"最宽松）或"定制"之间选择。当选择"定制"时，可任意选择检查项。

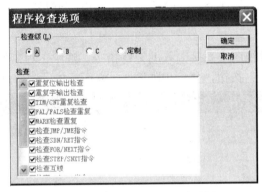

图 11-40 程序检查选项对话框

无论是在线程序还是离线程序，在它的生成和编辑过程中都不断被检验。在梯形图中，程序错误将以红色(缺省)线条出现。如果梯级中出现一个错误，则在梯形图梯级的左边出现一道红线。

CX-P 是一个功能很强的软件，通过这个软件，可以实现程序的上载与下载、程序的比较、内存的自动分配等多种功能，还可以以离线或在线的方式实现对 OMRON 的各种系列及型号的 PLC 进行编程、调试、运行和监视。更详细的内容请参阅有关资料或软件使用说明。

下 篇 习 题

1. PLC 有哪些主要特点？
2. 比较 PLC 控制和继电器控制的优缺点。
3. 为什么称 PLC 的继电器是软继电器？和物理继电器相比，软继电器在使用上有何特点？
4. PLC 主要由哪几部分组成？简述各部分的作用。
5. 输入/输出电路中设置光电隔离器的目的是什么？
6. PLC 的扫描周期分为哪几个阶段，各阶段完成什么任务？
7. PLC 控制与继电器控制的工作方式有何不同？
8. 微分型指令和非微分型指令有什么区别？什么情况下需使用微分型指令？
9. 画出下列指令程序表的梯形图。

LD	25313		LD	00000
LD	25502		AND	00003
LD	01012		AND NOT	01000
SFT(10)	200		LD	20000
	200		AND NOT	00002
LD	20001		OR LD	
OUT	01000		LD	20001
LD	20011		OR	00004
OUT	01001		AND LD	
END(01)			OUT	01001

　　　　　　(a)　　　　　　　　　　　　　　　(b)

10. 写出图 1 所示梯形图的语句表。

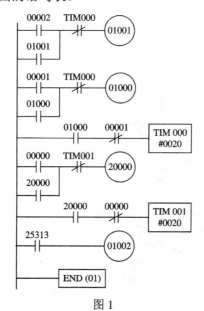

图 1

11. 写出图 2 所示梯形图的语句表，并画出 01000、01001 和 01002 的波形。

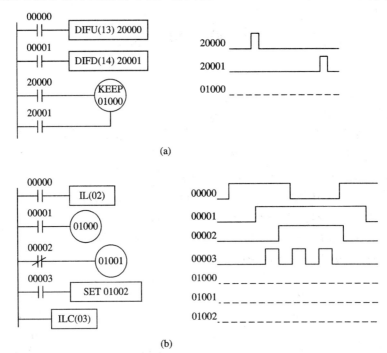

图 2

12. 有一台用三条皮带运输的传输系统，分别由三台电动机带动，如图 3 所示。要求：启动时，3D 启动后，5 s 后 2D 启动，再 5 s 后 1D 启动；停止时，1D 先停，5 s 后 2D 停，再 5 s 后 3D 停。试设计该传送带电动机控制系统，并编写出控制程序。

13. 按下面的要求，用 JMP/JME 指令编写一个程序：当闭合控制开关时，灯 1 和灯 2 亮，经过 10 s 两灯均灭；当断开控制开关时，灯 3 和灯 4 开始闪烁(亮 1 s、灭 1 s)，经过 10 s 两灯均灭。

14. 图 4 所示为由两个计数器组成的计数控制电路，该电路对外部事件(00001)的通、断次数进行计数。设 00002 处于断开状态。问 00001 由断开到接通多少次时，线圈 01005 接通？

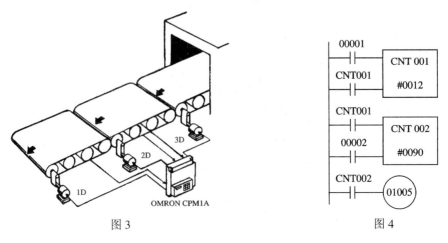

图 3　　　　　　　　　　　　　　　　图 4

15. 分别用 CNTR 的加、减计数指令编写一个能记录 1 万个计数脉冲的循环计数器程序，画出梯形图，写出语句表。

16. 在图 5 所示的梯形图中，当 00000 为 OFF 且 00001 是 ON 时是连续移位；当 0001 为 OFF 时，可用 00000 进行手动移位。试分析两种情况下移位过程的区别，并画出连续移位时 200 通道相关位的波形。

17. 设计一个程序实现如下要求，画出梯形图，写出语句表。

(1) 在 PLC 上电的第一个扫描周期，计数器自动复位；当计数器达到设定值时也自动复位。

(2) CNT 的设定值为 #600，每隔 1 秒其当前值减 1。

(3) 在 PLC 上电的第一个扫描周期，用 MOV 指令将 #500 传送到通道 200。

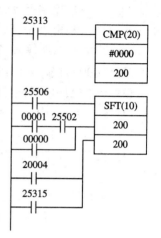

图 5

(4) 将通道 200 的内容与 CNT 比较，若通道 200 的内容小于 CNT 的当前值，则 01000 为 ON；若通道 200 的内容大于 CNT 的当前值，则 01001 为 ON；若通道 200 的内容等于 CNT 的当前值，则 01002 为 ON。

18. 用 200 通道作 SFTR 指令的控制位，设计一个可逆移位寄存器程序。当 00000 为 ON 且 00001 为 OFF 时，010 通道最低位的"1"每秒左移 1 位；当 00001 为 ON 且 00000 为 OFF 时，010 通道最高位的"1"每秒右移 1 位。画出梯形图，写出语句表。

建议：可配合使用 KEEP 指令和 25502。

19. 分别编写一个程序完成下列各运算，并画出梯形图，写出语句表。

(1) HR01 的内容为 #3210，HR00 的内容为 #7601，用 ADD 指令完成 (3210 + 7601) 的运算，结果放在 DM0000 中，进位放在 DM0001 中。

(2) HR01 的内容为 #3210，HR00 的内容为 #7601，用 SUB 指令完成 (3210 - 7601) 的运算，结果放在 DM0000 中，进位放在 DM0001 中。

(3) 用十进制运算指令编写一个程序，完成 (200-100)×2/10 的运算，运算结果放在 DM 数据区。

20. 用逻辑运算指令分别编写一个程序以实现下列各要求，结果放在 DM 数据区。请画出梯形图，写出语句表。

(1) 将 200 通道全部清零。

(2) 保留 200 通道中低 8 位的状态，其余为 0。

(3) 令 200 通道中是 1 的位变为 0，是 0 的位变为 1。

(4) 将 200 通道各位全置为 1。

21. 两个计数器分别记录两个加工站的产品数量，每过 15 min 要进行一次产品数量的累计 (设 15 min 内每个加工站的产品数量都不超过 100)，经过 8 h 计数器停止计数。用子程序控制指令编写一个能实现上述控制要求的程序。画出梯形图，写出语句表。

22. CPM1A 高速计数的输入信号有几种模式？频率各是多少？高速计数器使用前怎样进行设定？

23. CPM1A 有哪些中断功能？中断优先级怎样规定？外部输入中断和间隔定时器中断各有几种模式？使用中断控制之前应怎样进行设定？

24．用中断控制指令分别编写一个能实现下列各要求的控制程序，并进行必要的设定。画出梯形图，写出语句表。

(1) 只要 00003 输入了一个信号，则立即启动 CNT001 开始计数。

(2) 当00004 输入了 100 个信号时，则立即启动 CNT001 开始计数。

(3) 当电磁阀的线圈接通 200 ms 时，启动电动机运行。

(4) 每 500 ms 中，电磁阀线圈接通 400 ms，断 100 ms。

25．按下面的要求，分别设计一个报警程序，并画出梯形图，写出语句表。

(1) 某产生线中装有检测次品的传感器，当每小时的次品数达到 5 个时，应发出不停机故障报警信号；若 10 min 之内不能排除故障，则发出停机报警信号，并立即停机。

(2) 某系统中设置了三种报警：两个非停机报警和一个停机报警，并能显示出各种报警的内容。当故障排除后，能自动清除显示(自设报警内容)。

(3) 某系统中设置了两种报警：一个非停机报警和一个停机报警。当每小时的非停机报警数达到 5 次时，应发出停机报警，且停止系统运行。

26．四台电动机的运行状态用 L_1、L_2 和 L_3 三个指示灯显示。要求：只有一台电动机运行时 L_2 亮；两台电动机运行时 L_1 亮；三台以上电动机运行时 L_3 亮；都不运行时三个灯都不亮。

按上述要求，提出所需的控制电器元件，选择 PLC 机型(CPM1A 系列)，做 I/O 分配，画出 PLC 外部的接线图及电动机的主电路图，用逻辑设计法设计一个满足要求的梯形图程序。

27．某包装机，当光电开关检测到空包装箱放在指定位置时，按一下启动按钮，包装机按下面的动作顺序开始运行：

(1) 料斗开关打开，物料落进包装箱。当箱中物料达到规定重量时，重量检测开关动作，使料斗开关关闭，并启动封箱机对包装箱进行 5 s 的封箱处理。封箱机用单线圈的电磁阀控制。

(2) 当搬走处理好的包装箱，再搬上一个空箱时(均为人工搬)，又重复上述过程。

(3) 当成品包装箱满 50 个时，包装机自动停止运行。

按上述要求，提出所需的控制电器元件，选择 PLC 机型(CPM1A 系列)，做 I/O 分配，画出 PLC 外部的接线图和控制电路的主电路图，设计一个满足要求的梯形图程序。

28．试比较 RS-232C、RS-422/RS-485 串行通信的特点。

29．数据传输中常用的校验方法有哪几种？

30．为了提高 PLC 控制系统的可靠性和稳定性，应主要从哪几个方面采取措施？

31．对 PLC 外部电路，应主要采取哪些保护措施？

附录1 实　　验

实验一　三相异步电动机可逆控制线路

1. 实验目的

(1) 了解接触器、热继电器、熔断器、控制按钮等低压电器的构成及使用方法；

(2) 了解三相异步电动机的可逆与互锁控制线路的工作原理。

2. 预习要求

(1) 阅读教材中三相异步电动机的启动、自锁、互锁及可逆控制的内容；

(2) 仔细分析图1所示线路的工作原理及接线方式。

3. 实验内容

(1) 仔细检查与熟悉电动机控制实验线路板，了解线路中器件位置与接线方式；

(2) 按照附图1所示线路完成接线；

(3) 经实验教师检查无误后接通电源；

(4) 利用 SB_1、SB_2 和 SB_3 按钮分别进行电动机的正转、停机和反转运行，观察电动机及控制线路的工作情况。

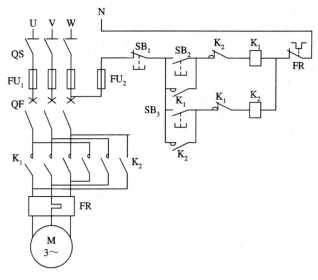

附图1　三相电动机可逆控制线路

4. 实验报告

(1) 说明线路中接触器、热继电器、熔断器、按钮的工作原理及线路的保护环节；

(2) 分析附图1线路的工作原理，说明线路中自锁、互锁环节的工作情况。

实验二　Y-D 型降压启动控制线路

1．实验目的

(1) 理解三相异步电动机的降压启动方式及 Y-D 型降压启动控制线路的工作原理；

(2) 了解时间继电器的结构及工作原理。

2．预习要求

(1) 阅读教材中三相异步电动机的启动控制的内容；

(2) 仔细分析附图 2 所示 Y-D 型降压启动控制线路的工作原理及接线方式。

3．实验内容

(1) 仔细检查与熟悉电动机控制实验线路板，了解线路中器件位置与接线方式；

(2) 按照附图 2 所示线路完成接线；

(3) 经实验教师检查无误后接通电源；

(4) 利用 SB$_1$、SB$_2$ 按钮分别进行电动机的启动、停机运行，观察电动机及控制线路的工作情况。

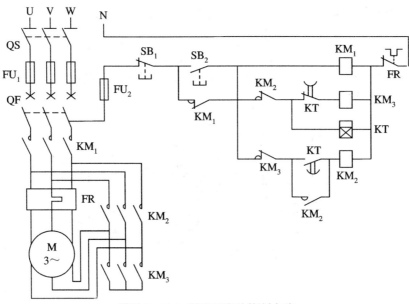

附图 2　Y-D 型降压启动控制电路

4．实验报告

(1) 说明线路中时间继电器的工作原理及线路的保护环节；

(2) 分析附图 2 所示线路的工作原理，说明线路中降压启动环节的工作情况。

实验三　PLC 灯光移位控制电路

1．实验目的

(1) 了解 PLC 的系统结构及工作原理；

(2) 学习编程器的使用方法。

2．预习要求

(1) 阅读教材中关于编程器的使用方法，熟悉编程器的面板及操作；

(2) 阅读教材中关于 PLC 灯光移位的有关内容；

(3) 写出附图 3 所示梯形图助记符程序表；

(4) 掌握在实验中实现双灯或三灯循环移位的修改程序的方法。

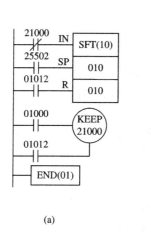 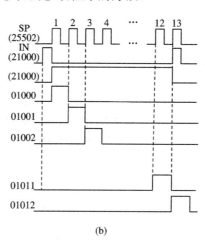

(a)   (b)

附图 3　灯光移位控制电路

3．实验内容

(1) 按要求连接好可编程控制器和编程器；

(2) 将编程器工作方式选择开关拨到 PROGRAM 方式并接通电源；

(3) 输入 PASSWORD 解除编程器自锁并清除系统内原有程序；

(4) 按照附图 3 所示梯形图及编好的程序表输入程序；

(5) 检查无误后将编程器工作方式选择开关拨到 RUN 方式开始运行，观察编程器面板输出 LED 指示灯的移位情况(暂以编程器面板输出 LED 指示灯代替外部设备)；

(6) 修改程序，实现双灯或三灯循环移位。

4．实验报告

(1) 写出系统程序表；

(2) 说明程序输入过程；

(3) 说明系统运行情况及实现双灯或三灯循环移位的修改方法及原理。

实验四　模拟液体混合自动控制实验

1．实验目的

(1) 了解在监控方式下进行系统调试的方法；

(2) 掌握在 MONITOR 方式下对继电器触点强制置位与复位的方法。

2．预习要求

(1) 阅读教材中关于液体混合自动控制系统的内容；

(2) 做出液体混合自动控制系统 I/O 分配表；

(3) 写出模拟液体混合自动控制系统程序表；

(4) 阅读教材中利用编程器对继电器触点强制置位与复位的方法；

(5) 写出模拟液体混合自动控制系统工作过程的相关继电器触点强制置位与复位的次序、操作方法及系统应有的反应。

3．实验内容

(1) 按要求连接好可编程控制器和编程器；

(2) 将编程器工作方式选择开关拨到 PROGRAM 方式并接通电源；

(3) 输入 PASSWORD 解除编程器自锁并清除系统内原有程序；

(4) 按照附图 4 所示梯形图及编好的程序表输入程序；

(5) 按照系统工作过程，利用 IR200 通道内的节点，用置位与复位代替外部输入信号，观察系统的工作情况。

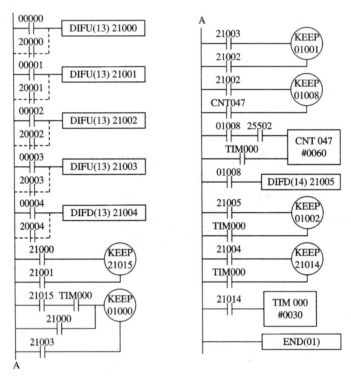

附图 4　模拟液体混合自动控制系统梯形图

4．实验报告

(1) 写出系统 I/O 分配表和程序表；

(2) 说明系统工作过程及程序中模拟外部信号的方法；

(3) 说明利用编程器对继电器触点强制置位与复位的操作过程。

附录 2　CPM1A 继电器一览表

名　称	点　数	通　道	继电器	功　能
输入继电器	160 点 (10 字)	000～009CH	00000～00915	能分配给外部输入/输出端子的继电器(输入/输出通道不使用的继电器号能作为内部辅助继电器使用)
输出继电器	160 点 (10 字)	010～019CH	01000～01915	
内部辅助继电器	512 点 (32 字)	200～231CH	20000～23115	程序中能自由使用的继电器
特殊辅助继电器	384 点 (24 字)	232～255CH	23200～25507	具有特定功能的继电器
暂存继电器	8 点	TR0～TR7		用于在回路分叉点临时记忆 ON/OFF 状态的继电器
保持继电器(HR)	320 点 (20 字)	HR00～19CH	HR0000～HR1915	程序中能自由使用的继电器，电源断时能记住 ON/OFF 状态
辅助记忆继电器 (AR)	256 点 (16 字)	AR00～15CH	AR0000～AR1515	具有特定功能的继电器
链接继电器(LR)	256 点 (16 字)	LR00～15CH	LR0000～LR1515	1:1 连接中作为输入/输出使用的继电器(也可作为内部辅助继电器使用)
定时器/计数器 (TIM/CNT)	128 点	TIM/CNT000～TIM/CNT127		定时器和计数器共用相同号
数据内存(DM) 可读/写	1002 字	DM0000～DM0999 DM1022～DM1023		以字为单位(16 位)使用，电源断时数据保持 DM1000～DM1021 不作为存放异常历史使用时，可作为一般的 DM 自由使用 DM6144 ～ DM6599 、DM6600～DM6655 不能在程序中写入(可以从外围设备设定)
数据内存(DM) 异常历史存放区	22 字	DM1000～DM1021		
数据内存(DM) 只读	456 字	DM6144～DM6599		
数据内存(DM) PC 系统设置区	56 字	DM6600～DM6655		

附录3 CPM1A 指令一览表

助记符	微分型	字数	指令功能	助记符	微分型	字数	指令功能
ADB(50)	@	4	二进制加	END(01)		1	结束
ADD(30)	@	4	单字 BCD 加	FAL(06)	@	2	继续运行故障报警
ADDL(54)	@	4	双字 BCD 加	FALS(07)		2	停止运行故障报警
AND		1	与	IL(02)		1	互锁
AND LD		1	逻辑块与	ILC(03)		1	解除互锁
AND NOT		1	与非	INC(38)	@	2	BCD 递增
ANDW(34)	@	4	字逻辑与	INI(61)	@	4	模式控制
ASC(86)	@	4	ASCII 码转换	INT(89)	@	4	中断控制
ASFT(17)	@	4	异步移位寄存器	IORF(97)	@	3	I/O 刷新
ASL(25)	@	2	算术左移	JME(05)		2	跳转结束
ASR(26)	@	2	算术右移	JMP(04)		2	跳转
BCD(24)	@	3	BIN→BCD 变换	KEEP(11)		2	锁存继电器
BCMP(68)	@	4	块比较	LD		1	载入
BCNT(67)	@	4	位计数	LD NOT		1	载入非
BIN(23)	@	3	BCD→BIN 变换	MCRO(99)	@	4	宏指令
BSET(71)	@	4	块设置	MLB(52)	@	4	二进制乘
CLC(41)	@	1	清进位位	MLPX(76)	@	4	数字译码
CMP(20)		3	单字比较	MOV(21)	@	3	传送
CMPL(60)		4	双字比较	MOVB(82)	@	4	位传送
CNT		2	计数器	MOVD(83)	@	4	数字传送
CNTR(12)		3	可逆计数器	MSG(46)	@	2	信息显示
COLL(81)	@	4	数据调用	MUL(32)	@	4	单字 BCD 乘
COM(29)	@	2	字逻辑非	MULL(56)	@	4	双字 BCD 乘
CTBL(63)	@	4	注册比较表	MVN(22)	@	3	传送非
DEC(39)	@	2	BCD 递减	NOP(00)		1	空操作
DIFD(14)		2	下微分	OR		1	或
DIFU(13)		2	上微分	OR LD		1	逻辑块或
DIST(80)	@	4	变址传送	OR NOT		1	或非
DIV(33)	@	4	单字 BCD 除	ORW(35)	@	4	字逻辑或
DIVL(57)	@	4	双字 BCD 除	OUT		2	输出
DMPX(77)	@	4	数字编码	OUT NOT		2	输出非
DVB(53)	@	4	二进制除	PRV(62)	@	4	当前值读出

助记符	微分型	字数	指令功能	助记符	微分型	字数	指令功能
PULS(65)	@		设置脉冲	SRD(75)	@	3	数字右移
RET(93)		1	子程序返回	STC(4)	@	1	置进位位
ROL(27)	@	2	循环左移	STEP(08)		2	步结束
ROR(28)	@	2	循环右移	STIM(69)	@	4	间隔定时器中断
RESET		2	复位	SUB(31)	@	4	单字 BCD 减
SBB(51)	@	4	二进制减	SUBL(55)	@	4	双字 BCD 减
SBN(92)		2	子程序定义	TCMP(85)	@	4	表比较
SBS(91)	@	2	子程序调用	TIM		2	定时器
SDEC(78)	@	4	七段译码	TIMH(15)		3	高速定时器
SET		2	置位	TR			暂存继电器
SFT(10)		3	移位寄存器	WSFT(16)	@	3	字移位
SFTR(84)	@	4	双向移位寄存器	XCHG(73)	@	3	数据交换
SLD(74)	@	3	数字左移	XFER(70)	@	4	块传送
SNXT(09)		2	步定义/步开始	XNRW(37)	@	4	字逻辑同或
SPED(64)	@		速度输出	XORW(36)	@	4	字逻辑异或

附录4 CPM1A 各种单元的规格

附表1 CPM1A 特殊功能单元的规格

名称	项 目	规 格	
模拟量 I/O 单元	型号	CPM1A.MAD01	
	模拟量输入	输入路数：2 输入信号范围：电压为 0～10 V 或 1～5 V，电流为 4～20 mA 分辨率：1 / 256 精度：1.0%(全量程) 转换 A/D 数据：8 位二进制数	
	模拟量输出	输出路数：1 输出信号范围：电压为 0～10 V 或 -10～10 V，电流为 4～20 mA 分辨率：1/256(当输出信号范围是-10～10 V 时为 1/512) 精度：1.0%(全量程) 数据设定：带符号的 8 位二进制数	
	转换时间	最大 10 ms/单元	
	隔离方式	模拟量 I/O 信号间无隔离，I/O 端子和 PLC 间采用光电耦合隔离	
温度传感器和模拟量输出单元	型号	CPM1A．TS101-DA	
	Pt100 输入	输入路数：2 输入信号范围：最小为 82.3 Ω/-40℃；最大为 194.1 Ω/+250℃ 分辨率：0.1℃ 精度：1.0%(全量程)	
	模拟量输出	输出路数：1 输出信号范围：电压为 0～10 V 或 –10～10 V，电流为 4～20 mA 分辨率：1/256(当输出信号范围是 –10～10 V 时为 1/512) 精度：1.0%(全量程)	
	转换时间	最大 60 ms / 单元	
温度传感器单元	型号	CPM1A.TS001/TS002	CPM1A-TS101/102
	输入类型	热电偶：K_1、K_2、J_1 和 J_2 之间选一 (由旋转开关设定)	铂热电阻：Pt100、JPt100 之间选一 (由旋转开关设定)
	输入点数	TS001、TS101：2 点 TS002、TS102：4 点	
	精度	1.0%(全量程)	
	转换时间	250 ms/所有点	
	温度转换	4 位十六进制	
	绝缘方式	光电耦合绝缘(各温度输入信号之间)	

附表 2　CPM1A 通信单元的规格

名　称	项目	规　格
RS-232C 通信适配器	型号	CPM1-CIF01
	功能	在外设端口和 RS-232C 口之间作电平转换
RS-422 通信适配器	型号	CPM1-CIF11
	功能	在外设端口和 RS-422 口之间作电平转换
外设端口转换电缆	型号	CQM1-CIF01/CIF02
	功能	PLC 外设端口与 25/9 引脚的计算机串行端口连接时用 (电缆长度：3.3 m)
链接适配器	型号	B500-AL004
	功能	用于个人计算机 RS-232C 口到 RS422 口的转换
CompoBus/S I/O 链接单元	型号	CPM1A-SRT21
	功能	I/O 点数：8 点输入，8 点输出 占用 CPM1A 的通道：1 个输入通道，1 个输出通道 (与扩展单元相同的分配方式) 节点号：用 DIP 开关设定

附表 3　CPU 单元的输入规格

项　目	规　格	电路构成图
输入电压	DC 20.4～26.4 V	
输入阻抗	IN00000～00002:2 kΩ 其他：4.7 kΩ	
输入电流	IN00000～00002:12 mA 其他：5 mA	
ON 电压	最小 DC 14.4 V	
OFF 电压	最大 DC 5.0 V	注：括号内电阻值为 PLC00000～00002 节点的情况
ON 响应时间	1～128 ms(缺省时为 8 ms)	
OFF 响应时间	1～128 ms(缺省时为 8 ms)	

附表4 I/O 扩展单元的输入规格

项　目	规　格	电路构成图
输入电压	DC 20.4～26.4 V	
输入阻抗	4.7 kΩ	
输入电流	5 mA	
ON 电压	最小 DC 14.4 V	
OFF 电压	最大 DC 5.0 V	
ON 响应时间	1～128 ms(缺省时 8 ms)	
OFF 响应时间	1～128 ms(缺省时 8 ms)	

注：(1) 输入电路的 ON/OFF 响应时间为 1 ms/2 ms/4 ms/8 ms/16 ms/32 ms/64 ms/128 ms 中的一个，此时间由 PLC 设定区 DM6620～DM6625 设置决定。

(2) 输入点 00000～00002 作为高速计数输入时,输入电路的响应很快。计数器输入端 00000(A 相)、00001(B 相)的响应时间足够快，满足高速计数频率(单相 5 kHz、两相 2.5 kHz)的要求；复位输入端 00002(Z 相)的响应时间为：ON 时是 100 μs；OFF 时是 500 μs。

(3) 输入点 00003～00006 作为中断输入时，从输入 ON 到执行中断子程序的响应时间为 0.3 ms。

附表5 CPU 单元、I/O 扩展单元继电器输出的规格

项　目			规　格	电路构成图
最大开关能力			AC 250 V/2 A(cos φ=1) DC 24 V/2 A (4 A/公共端)	
最小开关能力			DC 5 V，10 mA	
继电器寿命	电气	阻性负载	30 万次	
		感性负载	10 万次	
	机械		2000 万次	
ON 响应时间			15 ms 以下	
OFF 响应时间			15 ms 以下	

附表6 CPU 单元、I/O 扩展单元晶体管输出的规格

项　目	规　格	电路构成图
最大开关能力	DC 20.4～26.4 V 300 mA	
最小开关能力	100 mA	
漏电流	0.1 mA 以下	
残留电压	1.5 V 以下	
ON 响应时间	0.1 ms 以下	
OFF 响应时间	1 ms 以下	

附录5 ASCII 码表

代码	字符	代码	字符	代码	字符	代码	字符
0	NUL	20	SP	40	@	60	`
1	SOH	21	!	41	A	61	a
2	STX	22	"	42	B	62	b
3	ETX	23	#	43	C	63	c
4	EOT	24	$	44	D	64	d
5	ENQ	25	%	45	E	65	e
6	ACK	26	&	46	F	66	f
7	BEL	27	'	47	G	67	g
8	BS	28	(	48	H	68	h
9	HT	29	)	49	I	69	i
A	LF	2A	*	4A	J	6A	j
B	VT	2B	+	4B	K	6B	k
C	FF	2C	,	4C	L	6C	l
D	CR	2D	-	4D	M	6D	m
E	SO	2E	.	4E	N	6E	n
F	SI	2F	/	4F	O	6F	o
10	DLE	30	0	50	P	70	p
11	DC1	31	1	51	Q	71	q
12	DC2	32	2	52	R	72	r
13	DC3	33	3	53	S	73	s
14	DC4	34	4	54	T	74	t
15	NAK	35	5	55	U	75	u
16	SYN	36	6	56	V	76	v
17	ETB	37	7	57	W	77	w
18	CAN	38	8	58	X	78	x
19	EM	39	9	59	Y	79	y
1A	SUB	3A	:	5A	Z	7A	z
1B	ESC	3B	;	5B	[	7B	{
1C	FS	3C	<	5C	\	7C		
1D	GS	3D	=	5D	]	7D	}
1E	RS	3E	>	5E	^	7E	~
1F	US	3F	?	5F	–	7F	DEL

参 考 文 献

[1] 赵明，许鏐. 工厂电气控制设备. 2 版. 北京：机械工业出版社，1995

[2] 王仁祥. 常用低压电器原理及其控制技术. 北京：机械工业出版社，2002

[3] 邓则名，邝穗芳. 电器与可编程控制器应用技术. 北京：机械工业出版社，1997

[4] 李一丹，丛望. 电器控制原理及其应用. 哈尔滨：哈尔滨工程大学出版社，1999

[5] 宫淑贞，王冬青，等. 可编程控制器原理及应用. 北京：人民邮电出版社，2002

[6] 朱翁君，翁樟，等. 可编程序控制系统原理、应用、维护. 北京：清华大学出版社，1992

[7] 王卫兵，高俊山，等. 可编程序控制器原理及应用. 2 版. 北京：机械工业出版社，2002

[8] 陈根正. 可编程序控制器原理及应用. 西安：陕西科学技术出版社，1993

[9] 袁任光. 可编程序控制器应用技术与实例. 广州：华南理工大学出版社，1997

[10] 路林吉，王坚，等. 可编程控制器原理及应用. 北京：清华大学出版社，2002

[11] 上海欧姆龙自动化系统有限公司. 可编程序控制器 SYSMAC CPM1A 操作手册. 上海：OMRON，1997

[12] 上海欧姆龙自动化系统有限公司 OMRON CPM1/CPM1A/CPM2A/CPM2AH/CPM2C/SRM1(–V2)可编程序控制器编程手册. 上海：OMRON，1997

[13] OMRON CX-Programmer 2.0 用户手册. OMRON Corporation，2000

[14] OMRON CX-Server 1.5 用户手册. OMRON Corporation，2000